U0259112

普通高等教育电气电子类工程应用型“十二五”规划教材

电工仪表及测量

主　编　周启龙

副主编　王立地

参　编　吴仕宏　刘恒赤　杨　薇　孟晓芳　周志巍

机 械 工 业 出 版 社

本教材是根据最新的教学大纲编写的。本教材主要内容包括：测量与电工仪表的基本知识、磁电系仪表、电磁系仪表、电动系仪表与功率测量、感应型电能表与电能测量、数字式仪表、智能电能表、电气测量常用的其他几种仪表、电测量指示仪表的选择与校验等内容。

本书通俗易懂、深入浅出、实践性强，不但适合于各类电气专业的在校学生学习使用，也可以作为从事电气测量工作的工程技术人员的参考书。

图书在版编目（CIP）数据

电工仪表及测量/周启龙主编．—北京：机械工业出版社，2013.6（2022.5重印）

普通高等教育电气电子类工程应用型“十二五”规划教材

ISBN 978-7-111-42202-0

Ⅰ.①电… Ⅱ.①周… Ⅲ.①电工仪表—高等学校—教材②电气测量—高等学校—教材 Ⅳ.①TM93

中国版本图书馆CIP数据核字（2013）第077102号

机械工业出版社（北京市百万庄大街22号 邮政编码100037）
策划编辑：王雅新 责任编辑：王雅新
版式设计：霍永明 责任校对：陈 越
封面设计：张 静 责任印制：郜 敏
北京富资园科技发展有限公司印刷
2022年5月第1版第5次印刷
184mm×260mm · 11印张 · 267千字
标准书号：ISBN 978-7-111-42202-0
定价：24.00元

凡购本书，如有缺页、倒页、脱页，由本社发行部调换

电话服务	网络服务
服务咨询热线：010-88379833	机 工 官 网：www.cmpbook.com
读者购书热线：010-88379649	机 工 官 博：weibo.com/cmp1952
	教育服务网：www.cmpedu.com
封面无防伪标均为盗版	金 书 网：www.golden-book.com

前　言

本教材是根据最新的教学大纲编写的。本教材适用于各类电气专业的学生学习使用，也可以作为从事电气测量工作的工程技术人员的参考书。

教材中比较详细地介绍了测量的基本知识、测量误差的基本概念和电工仪表的基本知识，并重点介绍了目前电气测量中常用的模拟型仪表的基本结构和基本原理。内容包括：磁电系仪表、电磁系仪表、电动系仪表和感应型电能表，以及应用这些仪表测量相关电气参数的测量电路、测量过程和测量原理，并介绍了数字式仪表的基本组成原理、智能电能表的组成原理、电测量指示仪表的选择与校验原理及方法等。本教材注重理论联系实际、注重实际应用仪表和实际应用电路，内容安排深入浅出、便于自学。

参加本教材编写的单位有沈阳农业大学、河北农业大学、山西农业大学和沈阳供电公司，参加编写的人员有周启龙、王立地、吴仕宏、刘恒赤、杨薇、孟晓芳、周志巍，全书由周启龙教授统稿，由朴在林教授主审，感谢主审老师的认真工作。

由于作者水平有限，书中难免有疏漏和不足之处，恳请广大读者批评指正。同时对参考文献的作者表示感谢。

作　者

目　录

第 1 章　测量与电工仪表的基本知识

人们在工农业生产、科学研究、商品贸易和日常生活中都离不开测量。通过测量可以定量地认识客观事物，从而达到逐步深入地掌握事物的本质和揭示自然界规律的目的。英国的一位物理学家曾经说过："每一件事只有当可以测量时才能被认识。"由此可以看出测量的重要意义。

电力工业的主要产品是电能，电能这种特殊的产品是人们的感觉器官所不能直接感觉和反映的。在电能的生产、传输、分配和使用等各个环节中，只有通过各种仪表的测量，才能对系统的运行状态（如电能质量、负荷情况等）加以监视，并采取相应的调节和控制手段，保证系统安全和经济地运行。因此，人们常常把电工仪表和测量叫做电力工业的窗口和脉搏。因为在电气设备的安装、调试、试验、运行和维修中，以及对电气产品进行检验、测试和鉴定中都会遇到电工仪表和测量方面的技术问题，所以电工仪表和测量技术是从事电气工作的技术人员必须掌握的一门学科。

1.1　测量的基本知识

1.1.1　测量的定义

1. 测量

所谓测量，就是指用实验的方法，将被测量（未知量）与已知的标准量进行比较，以得到被测量的具体数值，达到对被测量定量认识的过程。

这里应该注意，被测量与标准量应该是同类物理量，如用尺子量长度；也可以是能够被推算出被测量的等量的异类物理量，如用电流表测电流，电流表里找不到同类物理量，但游丝弹簧的弹力可以等效出电流单位的大小，因此也可以实现电流的测量。

2. 电工测量

电工测量，是指把被测的电量或磁量直接或间接地与作为测量单位的同类物理量或者可以推算出被测量单位的异类物理量进行比较的过程。

在测量过程中实际使用的已知标准量是被测量所用测量单位的实体体现或复制体，称为量具或度量器。度量器可以是测量单位本身，也可以是测量单位的分数倍或整数倍。

1.1.2　测量方法分类

1. 直接测量

直接测量指的是被测量与度量器直接进行比较，或者采用事先刻好刻度数的仪器进行测量，从而在测量过程中直接求出被测量的数值。直接测量的特点是，测出的数值就是被测量本身的值，如用电流表测量电流、用电桥测量电阻等。这种方法简便迅速，但它的准确程度受所用仪表误差的限制。

2. 间接测量

如果被测量不便于直接测定，或直接测量该被测量的仪器不够准确，那么就可以利用被测量与某种中间量之间的函数关系，先测出中间量，然后通过计算公式，算出被测量的值，这种方式称为间接测量。例如，用伏安法测电阻就是先测出电阻上的电压与通过电阻的电流，然后利用欧姆定律间接算出电阻的值。

3. 组合测量

如果被测量有多个，那么虽然被测量与某种中间量存在一定函数关系，但由于函数式有多个未知量，因此对中间量的一次测量是不可能求得被测量的值的。这时，可以通过改变测量条件来获得某些可测量的不同组合，然后测出这些组合的数值、解联立方程，求出未知的被测量。例如，要测量电阻温度系数 α 和 β，可以分别测出温度为20℃、θ_1 和 θ_2 时的电阻值 $R_{20℃}$、R_{θ_1} 和 R_{θ_2}，列出下列方程组：

$$R_{\theta_1}=R_{20℃}[1+\alpha(\theta_1-20)+\beta(\theta_1-20)^2] \tag{1-1}$$

$$R_{\theta_2}=R_{20℃}[1+\alpha(\theta_1-20)+\beta(\theta_2-20)^2] \tag{1-2}$$

求解式（1-1）、式（1-2）联立方程，从而可求得 α、β 的值。

4. 比较测量

比较测量是指将被测量与已知的同类度量器在比较仪器上进行比较，从而求得被测量的一种方法。这种方法常用于高准确度的测量，当然，为了保证测量的准确度，还要有较准确的比较仪器，要求保持较严格的实验条件，如温度、湿度、振动和防电磁干扰等。这种测量方法的特点是，已知的同类度量器必须大于未知的被测量。根据比较时的具体特点，比较测量又有三种方法：

（1）零值法　被测量与已知量进行比较，使两者之间的差值为零，这种方法称为零值法。例如用电桥测电阻，若被测电阻与已知电阻满足公式

$$R_x=\frac{R_1}{R_2}R_0$$

则这时指零仪读数为零，被测电阻值即可由 R_1、R_2、R_0 三个值求得。零值法测电阻如图1-1所示。由于零值法中电测量指示仪表只用于指零，因此仪表误差不影响测量准确度，测量准确度只取决于已知电阻和指示仪表的灵敏度。使用天平测重量就是零值法的一个例子。

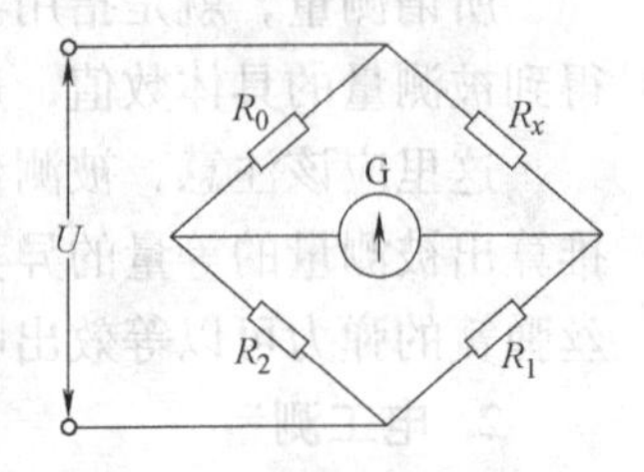

图1-1　零值法测电阻

（2）差值法　差值法是通过测量已知量与被测量的差值，从而求得被测量的一种方法。差值法实际上是一种不彻底的零值法。例如比较两个标准电池的电动势，其电路如图1-2所示。图中，E_0 为已知量，从电位差计可测出被测量 E_x 与已知量 E_0 的差值 δ，然后再根据 E_0 和 δ 值求得 E_x 值。通常差值仅为被测量的很小一部分，例如 δ 是 E_x 的1/100，如果测量差值 δ 时产生了1/1000的误差，那么反映到被测量 E_x 中仅为1/100 000的误差。

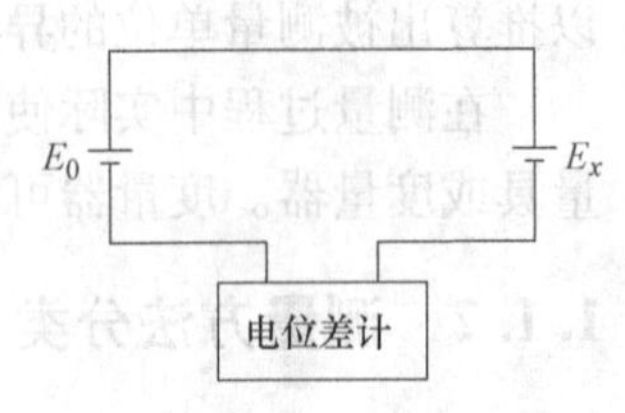

图1-2　差值法测电动势

（3）替代法　替代法是将被测量与已知量先后接入同一测量仪器，如果不改变仪器的工作状态，则认为被测量等于已知量。由于测量仪器的状态不改变，内部特性和外界条件对前后两次测量的影响是相同的，因此这种方法的测量结果与仪器本身的准确度无关，只取决

于替代的已知量。曹冲称象就是替代法的一个例子。

1.1.3　测量的单位

正确的测量结果应该包括两部分：一部分是一个数字；另一部分是被测量的单位。例如，测量某电流 $I=25\text{A}$，某长度 $L=500\text{m}$，其中，25 和 500 是数字，A 和 m 是单位。一般，测量结果可表示成 $x=A_x x_0$。其中，x 是被测量，A_x 是数字值，x_0 是测量单位。x_0 是非常重要的一个参数，它不仅能反映被测量的性质，而且对同一个被测量来说，还会因为所选取单位大小不同而使测量结果的数字大小不同。

在生产、科研、商品贸易及日常生活中，需要测量的物理量非常广泛，因此，确定和统一这些物理量的单位是十分重要的。由于历史的原因，世界各国和地区，甚至一个国家的不同地区都有自己采用的单位，如长度单位有公里、米、尺、丈、英里、英寸等。为了解决这一问题，国际上成立了国际计量委员会，并制定了国际计量单位。具体内容包括：

1. 国际单位制的基本单位

长度单位：米（m）；

质量单位：千克（kg）；

时间单位：秒（s）；

电流单位：安［培］（A）；

热力学温度单位：开［尔文］（K）；

发光强度单位：坎［德拉］（cd）；

物质的量单位：摩［尔］（mol）。

2. 国际单位制的辅助单位

平面角单位：弧度（rad）；

立体角单位：球面度（sr）。

3. 国际单位制中具有专门名称的导出单位

利用基本单位，经过计算、推理、仪器测定等辅助手段，可以推出许多其他不同的物理量单位。例如：

频率：赫［兹］（Hz），在 1 秒时间间隔内发生一个周期过程的频率，即 $1\text{Hz}=1\text{s}^{-1}$；

力（重力）：牛［顿］（N），使 1 千克质量的物体产生 1 米每二次方秒加速度的力，即 $1\text{N}=1\text{kg}\cdot\text{m/s}^2$；

压力（压强）：帕［斯卡］（Pa），等于 1 牛顿每平方米，即 $1\text{Pa}=1\text{N/m}^2$；

能量（功、热）：焦［耳］（J），1 牛顿力的作用点在力的方向上移动 1 米距离所做的功，即 $1\text{J}=1\text{N}\cdot\text{m}$；

电荷量：库［仑］（C），1 安培电流在 1 秒时间间隔内所运送的电荷量，即 $1\text{C}=1\text{A}\cdot\text{s}$；

电位（电压、电动势）：伏［特］（V），流过 1 安培恒定电流的导线内，当两点之间所消耗的功率为 1 瓦特时，这两点之间的电位差为 1 伏特，即 $1\text{V}=1\text{W/A}$；

电容：法［拉］（F），当电容器充 1 库仑电荷量时，它的两极板之间出现 1 伏特的电位差，即 $1\text{F}=1\text{C/V}$。

4. 国家选定的非国际单位制单位

1986 年 7 月 1 日，我国颁布的“中华人民共和国计量法”中规定，我国的法定计量单位是国际单位制。但考虑到现实的具体情况，现在还允许使用一些非国际单位制的单位。例如：

时间单位：天，(日)(d)、[小] 时 (h)、分 (min)；

平面角单位：度 (°)、[角] 分 (′)、[角] 秒 (″)；

体积单位：升 (L)；

质量单位：吨 (t)。

1.2 电工仪表的分类

测量各种电磁量的仪器仪表统称为电工仪表。电工仪表不仅可以用来测量各种电磁量，还可以通过相应的变换器用来测量非电磁量，如温度、压力、速度等。尽管电工仪表应用广泛，品种规格繁多，但基本上可以分为两大类。

1. 电测量指示仪表

电测量指示仪表又称为直读仪表，常用的交直流电流表、电压表、功率表、万用表等，大多是电测量指示仪表。这种仪表的特点是先将被测电磁量转换为可动部分的角位移，然后通过可动部分的指针在标度尺上的位置直接读出被测量的值。电测量指示仪表还可以作以下分类：

1）按准确度等级：可分为0.1、0.2、0.5、1.0、1.5、2.5、5.0七级。

2）按使用环境条件：可分为A、A_1、B、B_1、C五个组。

3）按外壳防护性能：可分为普通、防尘、防溅、防水、水密、气密、隔爆七种类型。

4）按仪表防御外界磁场或电场影响的性能：可分Ⅰ、Ⅱ、Ⅲ、Ⅳ四等。

5）按读数装置：可分为指针式、光指示式、振簧式等。

6）按使用方式：可分为安装式、便携式等。

7）按工作原理：可分为磁电系、电磁系、电动系、感应系、静电系和振簧系等。

此外还可以按可动部分的支承方式、机械结构的形式等来进行分类。

2. 比较仪器

比较仪器用于比较法测量，它包括各类交直流电桥和交直流补偿式的测量仪器。在1.1节已经讨论过，比较法的测量准确度比较高，但操作过程复杂，测量速度较慢。

除了以上两大类之外，电工仪表还包括数字式仪表、记录式仪表、机械示波器等，不过机械示波器及记录式仪表的原理和一般电测量指示仪表相似，只是读数方式不同或附加有记录部分而已，所以可以看成是电测量指示仪表的特殊形式。至于扩大量程装置，如分流器、互感器也可以看做是仪表的附件不单独列成一类。度量器可以单独列成一类，也可以作为比较仪器的附件。

1.3 电工仪表的组成和基本原理

1.3.1 电测量指示仪表的组成

电测量指示仪表的组成框图如图1-3所示。从图1-3可以看出，整个电测量指示仪表可以分为测量线路和测量机构两个部分。

测量线路的作用是把被测量 x 转换为测量机构可以接受的过渡量 y（例如转换为电流）；

然后，再通过测量机构把过渡量 y 转换为指针的角位移 α。由于测量线路中的 x 和 y 与测量机构中的 y 和 α 能够严格保持一定的函数关系，因此可以根据角位移 α 的值，直接读出被测量 x 的值。

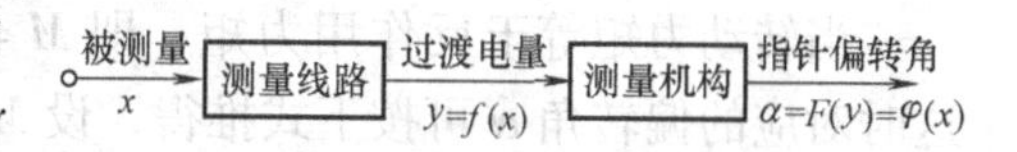

图 1-3　电测量指示仪表的组成框图

测量机构是电测量指示仪表的核心，没有测量机构就不成为电测量指示仪表。而测量线路则根据被测对象的不同而有不同的配置，如果被测对象可以直接为测量机构所接受，也可以不配置测量线路。例如变换式仪表，不论是功率表、频率表还是相位表，都是用磁电系仪表作为表芯（即测量机构），然后配上不同的变换器（即测量线路），以达到测量不同被测量的目的。为此，下面着重介绍一下测量机构的组成。

1.3.2　测量机构的组成与原理

电测量指示仪表的测量机构是由固定部分和可动部分组成的，它接受被测量，并转换成机械能，推动可动部分转动，以便能将被测量转换为可动部分的偏转角。按可动部分在偏转过程中各元件所完成的功能和作用，可以把测量机构分为下面三个部分。

1. 产生转动力矩 M 的驱动装置

为了使电测量指示仪表的指针能够在被测量的作用下产生偏转，就必须有一个能产生转动力矩的驱动装置。不同类型的仪表，驱动原理也不一样，例如磁电系仪表是利用永久磁铁和通电线圈间的电磁力，以驱动可动部分偏转，而静电系仪表，则是利用固定电极板和可动电极板之间的电场力，使可动部分得到转动力矩。

电磁力矩的大小除了与电磁场的强弱有关外，还取决于电磁场的分布状况。通常电磁场强弱由被测量的大小决定，而分布状况则与可动部分所处的位置有关。例如，电磁系、电动系仪表，其转动力矩 M 是 x 和 α 的二元函数，即 $M=f(x,\alpha)$，而磁电系仪表则由于气隙中磁场比较强，不受可动线圈位置影响，所以其转动力矩 M 只与被测量 x 有关，并且是 x 的线性函数。

2. 产生反作用力矩 M_α 的控制装置

如果测量机构只有驱动装置，而没有控制装置，则不论被测量 x 是大还是小，可动部分在转动力矩作用下，总是要偏转到尽头，好像一杆不挂秤砣的秤，不论被测重量多大，秤杆总是向上翘起。为了使被测量 x 大小不同时，可动部分能转过不同的角度，测量机构上需要设置能产生反作用力矩的控制装置。如图 1-4 所示，盘形弹簧游丝就是一种常用的产生反作用力矩的装置。

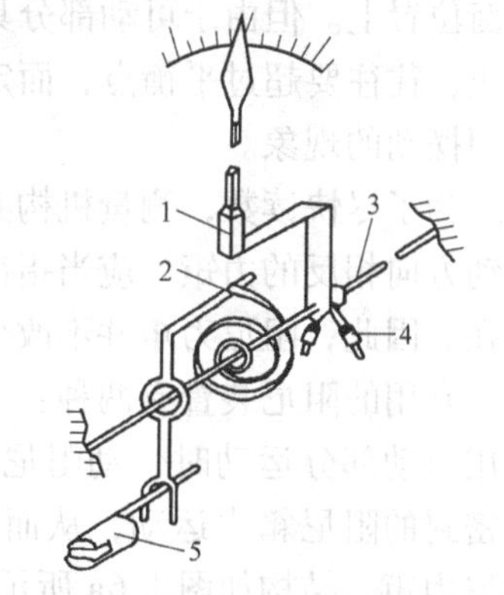

图 1-4　用弹簧游丝产生反作用力矩

1—指针　2—弹簧游丝　3—轴　4—平衡锤　5—调零器

当可动部分在转动力矩作用下产生偏转时，就会同时扭紧游丝使游丝产生一个与转动力矩方向相反的反作用力矩。游丝是一种弹性材料，所以在弹性范围内反作用力矩的大小正比于扭动游丝的偏转角 α，即

$$M_\alpha = D\alpha \qquad (1\text{-}3)$$

式中　D——反作用力矩系数，由游丝的材料、外形所决定；

α——可动部分的偏转角。

当转动力矩等于反作用力矩，即 $M=M_\alpha$ 时，可动部分就停止偏转。对于磁电系仪表，这时对应的偏转角 α 可按下式推得，设 $M=F(x)$，则

$$F(x)=D\alpha$$

$$\alpha=F(x)/D \tag{1-4}$$

如果用图形表示，则如图 1-5 所示。假设转动力矩 M 是 x 的函数，而与可动部分所在的位置 α 无关，转矩曲线是一条与 α 坐标轴平行的直线。而 M_α 与 α 成正比，所以反作用力矩曲线是一条向上倾斜的直线。两线的交点就是可动部分平衡点，对应的角度 α 就是可动部分停止位置。转动力矩 M 不同时，例如 $M=M'$ 或 $M=M''$，对应的 α 也不同。从图 1-5 中还可以看出，当外界因素（如振动）使可动部分偏离平衡位置时，如图 1-5 上的 M_1 或 M_2 点，将使 $M\neq M_\alpha$，从而产生差力矩，这个力矩被称为定位力矩 M_b，即

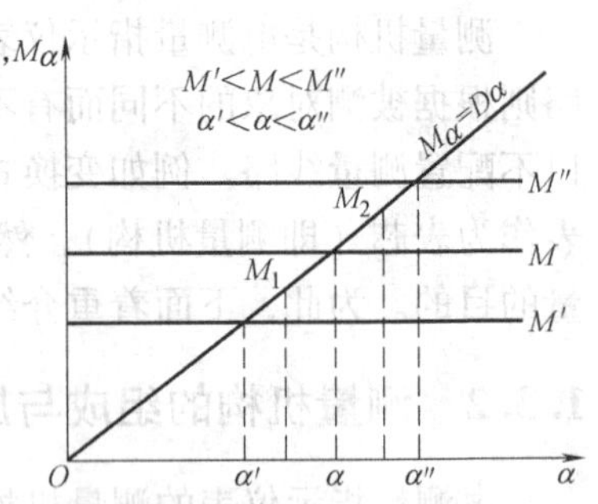

图 1-5 转动力矩、反作用力矩与偏转角 α 的关系

$$M_b=M-M_\alpha \tag{1-5}$$

定位力矩将力图使仪表的可动部分返回原来的平衡位置。但是由于轴尖与轴承间总是存在摩擦力，因此可动部分总是没有办法回到原来的平衡点，从而造成仪表的示数误差。这种误差也称为摩擦误差，它是仪表基本误差的一部分。为了减小摩擦误差，可以提高游丝反作用力矩系数 D，以便增加定位力矩，也可以想办法减轻可动部分的重量，或提高制造精度减少摩擦力矩。

除了用游丝产生反作用力矩外，还可以用张丝、吊丝或重力装置，也有用电磁力产生反作用力矩的，例如比率型仪表。

3. 产生阻尼力矩 M_p 的阻尼装置

从转动力矩和反作用力矩的关系可知，可动部分受转动力矩作用后，最终总会停在一个平衡位置上。但由于可动部分具有一定的转动惯量，故可动部分达到平衡位置后，并不立即停止，往往要超过平衡点，而定位力矩又会使它返回到平衡位置，这就造成指针在读数位置来回摆动的现象。

为了尽快读数，测量机构必须设有吸收这种振荡能量的阻尼装置，以便产生与可动部分运动方向相反的力矩。应当指出，阻尼力矩是一种动态力矩，当可动部分稳定后，它就不复存在。因此，阻尼力矩并不改变由转动力矩和反作用力矩所确定的偏转角。

常用的阻尼装置有两种：一种是空气阻尼器，利用可动部分运动时带动阻尼翼片，使翼片在一个密封的阻尼箱中运动，从而产生空气阻力作为阻尼力矩，结构如图 1-6a 所示；另一种是磁感应阻尼器，利用可动部分运动时带动一个金属阻尼片，使之切割阻尼磁场的磁力线，从而使阻尼片产生涡流，涡流与磁场形成的电磁力作为阻尼力矩，结构如图 1-6b 所示。

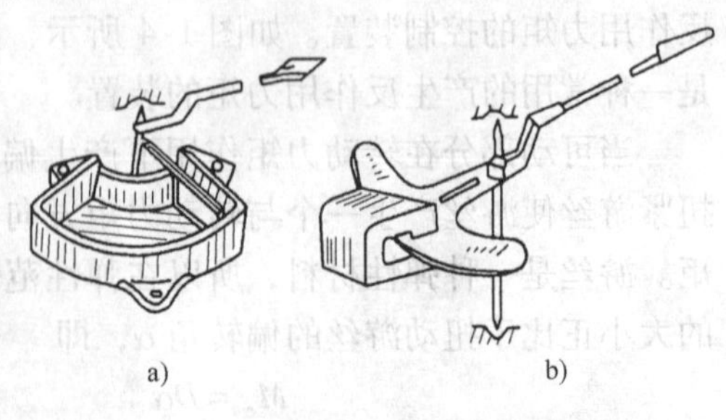

图 1-6 阻尼器的结构

a）空气阻尼器 b）磁感应阻尼器

此外还有油阻尼器，这种阻尼装置结构比较

复杂，多用于高灵敏度的张丝仪表中。

测量机构除了以上三种主要装置外，还应有指示装置，即指针式的指针与标度尺、光标式的光路系统和标度尺，以及调零器、平衡锤、止动器和外壳等附属部分。

1.4　电工仪表的误差和准确度

1.4.1　电工仪表误差的分类

仪表的误差是指仪表的指示值与被测量真值之间的差异，而仪表的准确度是指仪表指示值与被测量真值之间的接近程度，可见仪表准确度越高，它的误差就越小。无论仪表的制造工艺多么完美，仪表的误差总是无法完全消除的。

电工仪表的误差分为下面两类。

1. 基本误差

基本误差是在规定的工作条件下，即在规定的温度、湿度，规定的放置方式，在没有外界电场和磁场干扰等条件下，由于制造工艺的限制等所造成的仪表本身所固有的误差。例如，摩擦误差、标尺刻度不准、轴承与轴间间隙造成的倾斜误差等，都属于基本误差。

2. 附加误差

仪表在规定的工作条件之外使用，例如温度过高，波形非正弦，或受外电场或外磁场的影响所引起的误差都属于附加误差。因此，仪表离开规定的工作条件形成的总误差中，除了基本误差之外，还包含附加误差。

1.4.2　误差的表示方法

1. 绝对误差 Δ

测量值 A_x 与被测量真值 A_0 之差，称为绝对误差 Δ，即

$$\Delta = A_x - A_0 \tag{1-6}$$

由式（1-6）可知，绝对误差的单位与被测量的单位相同，绝对误差的符号有正负之分，用绝对误差表示仪表误差的大小比较直观。

例如，用一块电压表测量电压，其读数为201V，而标准表的读数（认为是真值）为200V，其绝对误差由式（1-6）得出为

$$\Delta = A_x - A_0 = 201\text{V} - 200\text{V} = +1\text{V}$$

2. 相对误差 γ

用绝对误差有时很难判断测量结果的准确程度。例如，用一块电压表测量200V电压，绝对误差为+1V，而用另一块电压表测量20V电压，绝对误差为+0.5V，前者的绝对误差大于后者，但误差值对测量结果的影响，后者却大于前者。因此，衡量对测量结果的影响，通常要用相对误差表示。

所谓相对误差，就是绝对误差 Δ 与被测量真值 A_0 之比，并用百分数表示为

$$\gamma = \frac{\Delta}{A_0} \times 100\% \tag{1-7}$$

由于测量值与真值相差不大，故式（1-7）中的 A_0 有时也可以用 A_x 代替，即相对误差也

可表示为

$$\gamma = \frac{\Delta}{A_x} \times 100\% \tag{1-8}$$

上面两块电压表测量的结果如果用相对误差表示如下：

第一块电压表为

$$\gamma_1 = \frac{\Delta_1}{A_{x1}} \times 100\% = \frac{1}{200} \times 100\% = 0.5\%$$

第二块电压表为

$$\gamma_2 = \frac{\Delta_2}{A_{x2}} \times 100\% = \frac{0.5}{20} \times 100\% = 2.5\%$$

可见用第一块电压表测量的结果，绝对误差Δ_1比Δ_2大，但其相对误差γ_1却比γ_2小。所以，相对误差反映了测量结果的准确程度。

3. 引用误差 γ_n

引用误差指的是用仪表表示值计算的相对误差。它是以某一刻度点读数的绝对误差Δ为分子，以仪表的上量限为分母，其比值称为引用误差，用γ_n表示，即

$$\gamma_n = \frac{\Delta}{A_m} \times 100\% \tag{1-9}$$

由于仪表不同刻度点的绝对误差略有不同，其值有大有小，因此，若取可能出现的最大绝对误差Δ_m与仪表上量限A_m之比，则称该比值为最大引用误差，即

$$\gamma_{max} = \frac{\Delta_m}{A_m} \times 100\% \tag{1-10}$$

最大引用误差是一种简化的和比较实用的表示方法。说它简化，是因为不论读数为多少，分母都取仪表的上量限，所以在读数接近上量限时，它可以反映测量结果的相对误差，但在读数较小时，可能与实际测量结果的相对误差有较大的差别。说它实用，是因为最大引用误差可以用来确定仪表的准确度级别。

仪表的准确度决定于仪表本身的性能。通常仪表的绝对误差在仪表标度尺的全长上基本保持恒定，而相对误差却随着被测量的减小逐渐增大，所以相对误差的数值并不能说明仪表的优劣，只能说明测量结果的准确程度。最大引用误差，即式（1-10）中的分子、分母是由仪表本身的性能所决定，因此，这是一种判断仪表性能优劣的比较简便的方法。

1.4.3　仪表的准确度

由于仪表各示值的绝对误差有一些小差别，因此规定用最大引用误差表示仪表的准确度，即

$$K\% = \frac{|\Delta_m|}{A_m} \times 100\% \tag{1-11}$$

式中　Δ_m——仪表的最大绝对误差；

K——仪表准确度；

A_m——仪表的上量限。

K的值表示仪表在规定使用条件下，允许的最大引用误差的百分数。仪表的准确度越高，最大引用误差越小，也就是基本误差越小。

根据 GB/T 776—1976《电测量指示仪表通用技术条件》规定，仪表准确度分为七级，它们的基本误差在标度尺工作部分的所有分度线上不应该超过表 1-1 的规定。

表 1-1　仪表准确级和误差的规定

仪表的准确级	0.1	0.2	0.5	1.0	1.5	2.5	5.0
基本误差（%）	±0.1	±0.2	±0.5	±1.0	±1.5	±2.5	±5.0

仪表离开规定工作条件下使用，其附加误差会使仪表误差发生改变，不同准确度、误差改变允许值在 GB/T 776—1976《电测量指示仪表通用技术条件》中也做了相应规定。

1.5　电工仪表的主要技术性能

在国家标准中对各类型仪表所应具备的技术性能都做了相应规定，这些性能主要包括下面几点。

1. 仪表灵敏度和仪表常数

仪表灵敏度是指仪表可动部分偏转角变化量与被测量变化量的比值，即

$$S=\frac{\Delta\alpha}{\Delta x} \tag{1-12}$$

如果被测量 x 与偏转角 α 成正比例关系，则 S 为常数，可得到均匀的标度尺刻度，这时

$$S=\frac{\alpha}{x} \tag{1-13}$$

仪表灵敏度取决于仪表的结构和线路，通常将灵敏度的倒数称为仪表常数 C，均匀标度尺的仪表常数

$$C=\frac{x}{\alpha} \tag{1-14}$$

2. 仪表误差

因为任何仪表的误差都无法彻底消除，所以误差大小是仪表的重要技术性能之一，它表征仪表的准确程度，误差越小，准确度越大。

仪表误差包括基本误差和附加误差。仪表在测量过程中还产生一种误差叫升降变差。升降变差是指测量被测量 A_0 时，指针从零向上量限摆动的读数为 A_0'，而从上量限向零方向摆动的读数为 A_0''，A_0' 与 A_0'' 之差就是变差，即 $\Delta=A_0'-A_0''$。升降变差也包括在基本误差之内。仪表的基本误差和附加误差都不能超过国家标准的规定。

视差是测量时产生的读数误差。为了减少视差，不同准确度的仪表，对指针和标度尺的结构也有不同要求。图 1-7 所示是一种附有镜面的精密仪表的标度尺，读数时应使眼睛、指针和镜中影像成一直线。

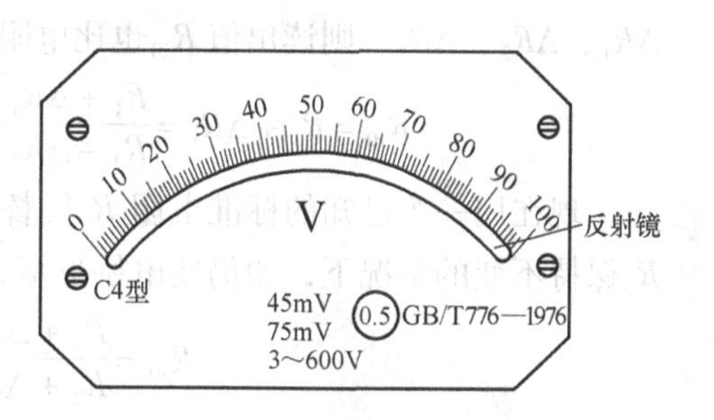

图 1-7　精密仪表的标度尺

3. 仪表的阻尼时间

仪表阻尼时间指仪表接入被测量至仪表指针摆动幅度小于标度尺全长 1% 所需要的时间。阻尼时

间要尽可能短，以便迅速取得读数，一般不得超过4s，对于标度尺长度大于150mm者，不得超过6s。

4. 仪表的功率损耗

电测量指示仪表接入被测电路，总要消耗一定能量，这不但会引起仪表内部发热，而且影响被测电路的原有工作状态，从而产生测量误差。仪表的功率损耗应尽量小。

5. 仪表的坚固性与可靠性

仪表的坚固性与可靠性是指仪表所能耐受的负载能力、仪表的绝缘强度，以及在机械力作用下不受损坏、在气候条件改变时能保持正常工作的能力等。

1.6 测量误差及其消除方法

不论是采用什么样的测量方式和方法，也不论是采用什么样的仪器仪表，由于仪表本身不够准确、测量方法不够完善以及实验者本人经验不足、人的感觉器官不完善等原因，都会使测量结果与被测量的真值之间存在着差异，这种差异就称为测量误差。测量误差可分为系统误差、偶然误差和疏忽误差三类。

1.6.1 系统误差

测量过程保持恒定或者遵循某种规律变化（例如有规律地增大或减小）的误差称为系统误差。系统误差总是由于某种特定的原因引起的，这些原因包括仪表本身的基本误差和附加误差，如果能设法消除产生这些误差的原因，则系统误差也会随之消除。例如，如果是仪表放置不当造成的误差，那么正确安装之后，误差也就消除了。但多数情况下产生系统误差的原因是无法消除的，只能采取一些特殊的测量方法减小这种误差。消除系统误差有以下几种方法。

1. 用比较法消除系统误差

在测量方法中提到的零值法和差值法可以消除或减小电测量指示仪表的系统误差，替代法不仅可以消除指示仪表的误差，而且比较仪器产生的误差也可以得到消除。

图 1-8 所示为替代法测电阻的电路。

先将被测电阻 R_x 接入电桥，可求得其值为

$$R_x = \frac{R_1}{R_2} R_3 \tag{1-15}$$

如果 R_1、R_2、R_3 三个桥臂电阻存在一定误差，其值分别为 ΔR_1、ΔR_2、ΔR_3，则读出值 R_{x0} 也比电阻的真实值 R_x 相差 ΔR_x，即

$$R_{x0} = R_x + \Delta R_x = \frac{R_1 + \Delta R_1}{R_2 + \Delta R_2}(R_3 + \Delta R_3) \tag{1-16}$$

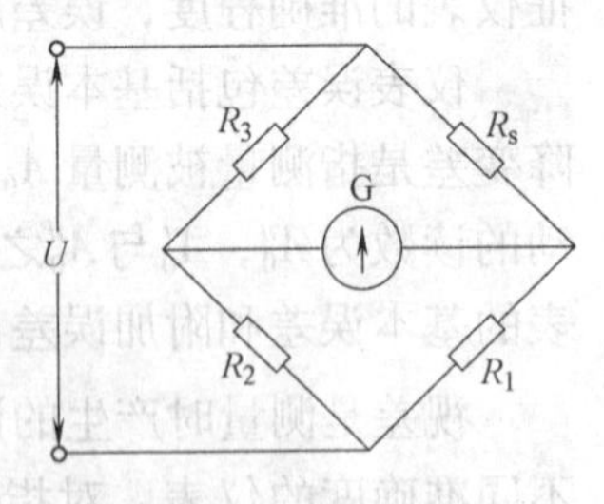

图 1-8 替代法测电阻

现在用一个已知的标准电阻 R_s 代替 R_x 接入电桥，在 R_1、R_2、R_3 保持不变的情况下，如仍使电桥平衡，则有

$$R_{x0} = \frac{R_1 + \Delta R_1}{R_2 + \Delta R_2}(R_3 + \Delta R_3) = R_s + \Delta R_s \tag{1-17}$$

比较式（1-16）和式（1-17）得 $R_x = R_s$。

这就消除了 ΔR_1、ΔR_2、ΔR_3 对读数的影响，R_x 只决定于 R_s，而与 R_1、R_2、R_3 值的读数无关，也就是跟比较仪器的准确度无关。

2. 正负误差补偿法

为了消除系统误差，还可以采用正负误差补偿法，即对同一被测量反复测量两次，并使其中一次误差为正，另一次误差为负，取其平均值，便可消除系统误差。例如，为了消除外磁场对电流表读数的影响，可在一次测量之后，将电流接入方向调转 180°，重新测量一次，取前后两次测量结果的平均值，可以消除外磁场带来的系统误差。

3. 利用校正值求出被测量的真值

在精密测量中也常常使用校正值。所谓校正值，就是被测量的真值 A_0（即标准仪表的读数）与仪表读数 A_x 之差，用 δ 表示，即

$$\delta_\gamma = A_0 - A_x \tag{1-18}$$

由式（1-18）可知，校正值在数值上等于绝对误差，但符号相反，即

$$\Delta = A_x - A_0 = -\delta_\gamma \tag{1-19}$$

如果在测量之前能预先求出测量仪表的校正值，或给出仪表校正后的校正曲线或校正表格，就可以从仪表读数与校正值求得被测量的真值，即

$$A_0 = A_x + \delta_\gamma \tag{1-20}$$

图 1-9 所示为某一电流表的校正曲线，从曲线可以看出，该电流最大绝对误差 Δ_m = 0.13A，则仪表准确度为

$$K\% = \frac{|\Delta_m|}{A_m} \times 100\% = \frac{0.13}{5} \times 100\% = 2.6\%$$

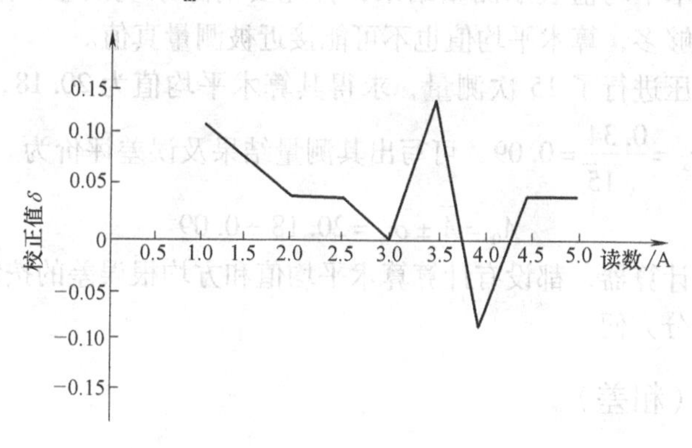

图 1-9　校正曲线

如果电流表读数为 3.5A，该读数的校正值为 +0.13A，则

$$A_0 = A_x + \delta_\gamma = 3.5\text{A} + 0.13\text{A} = 3.63\text{A}$$

1.6.2　偶然误差

偶然误差也称随机误差，是一种大小、符号都不确定的误差。偶然误差是由周围环境的偶发原因引起的，因此无法消除，但这种误差具有以下几个特征：① 在一定测量条件下，偶然误差的绝对值不会超过一定界限，即所谓有界性；② 绝对值小的误差出现的机会多于绝对值大的误差出现的机会，即所谓单峰性；③ 当测量次数足够多时，正误差和负误差出

现的机会基本相等，即所谓对称性。

如果用 δ 表示误差，用 f 表示误差出现次数，δ 和 f 的关系，即偶然误差正态分布曲线如图 1-10 所示。

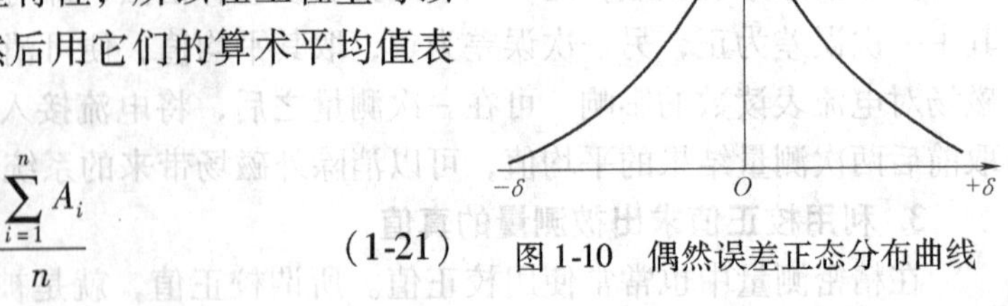

图 1-10 偶然误差正态分布曲线

由于偶然误差具有以上这些特性，所以在工程上可以对被测量进行多次重复测量，然后用它们的算术平均值表示被测量的真值，即

$$A_0 = \overline{A} = \frac{\sum_{i=1}^{n} A_i}{n} \tag{1-21}$$

式中 A——算术平均值；

n——测量次数。

如果测量次数不够多，算术平均值与真值偏离较大，那么用算术平均值表示测量结果时，其测量精度可用标准差表示，即

$$A_0 = \overline{A} \pm \sigma_x \tag{1-22}$$

式中 σ_x——标准差。

根据概率论原理，所谓标准差可通过方均根差 σ 或剩余误差 $V_i = A_i - \overline{A}$（A_i为每次测量值）求出，即

$$\sigma_x = \frac{\sigma}{\sqrt{n}} = \sqrt{\frac{V_1^2 + V_2^2 + \cdots + V_n^2}{(n-1)}} \tag{1-23}$$

应该指出，用算术平均值表示测量结果，首先要消除系统误差，因为有系统误差存在时，测量次数尽管足够多，算术平均值也不可能接近被测量真值。

例如，对某一电压进行了 15 次测量，求得其算术平均值为 20.18，并计算得出方均根差为 0.34，标准差 $\sigma_x = \frac{0.34}{\sqrt{15}} = 0.09$，可写出其测量结果及误差评价为

$$A_0 = \overline{A} \pm \sigma_x = 20.18 \pm 0.09$$

现在常用的电子计算器，都设有计算算术平均值和方均根误差的按键，利用它来处理偶然误差，计算起来十分方便。

1.6.3 疏忽误差（粗差）

疏忽误差是一种严重偏离测量结果的误差，这种误差是由于实验者粗心、不正确操作、仪器故障和试验条件突变等引起的。例如，读数误差、记录错误所引起的误差等，都属于疏忽误差。由于包含疏忽误差之后的实验数据是不可信的，所以应该舍弃不用，因此凡是剩余误差 V_i大于 $|3\sigma|$ 的数据，都认为是包含疏忽误差的数据，应该予以剔除。

1.7 工程上最大测量误差的估算

在工程上，因为偶然误差比较小，所以常常略去不计，只有在精密测量或精密实验中才需要按偶然误差的理论，对实验数据进行处理。在工程上主要考虑的是系统误差。系统误差可按下面方法进行计算。

1.7.1　直接测量法的最大误差

测量仪表的准确级 K 一般标在仪表表盘上，K 的表达式见式（1-11），由式（1-11）可得出

$$\Delta_m = \pm\frac{K\% A_m}{100\%} = \pm K\% A_m \tag{1-24}$$

如果已知仪表的准确度为 K 级，最大量限为 A_m，测量时读数为 A_x 则被测量 A_x 的可能最大相对误差为

$$\gamma = \pm\frac{K\% A_m}{A_x}\times 100\% \tag{1-25}$$

例如用最大量限为 30A、准确度为 1.5 级的电流表，测得某电流为 10A，求得可能出现的最大相对误差为

$$\gamma = \frac{1.5\% \times 30}{10} = \frac{0.015\times 30}{10}\times 100\% = \pm 4.5\%$$

1.7.2　间接测量方式的最大误差

1. 被测量 y 为几个其他量之和

被测量 y 为几个其他量之和，即

$$y = x_1 + x_2 + x_3$$

式中　x_1、x_2、x_3——与被测量有关的几个已知量。

如用 Δ_y 表示被测量的绝对误差，Δ_{x_1}、Δ_{x_2}、Δ_{x_3} 代表测量 x_1、x_2、x_3 时的绝对误差，可得

$$y + \Delta_y = (x_1 + \Delta_{x_1}) + (x_2 + \Delta_{x_2}) + (x_3 + \Delta_{x_3}) \tag{1-26}$$

$$\Delta_y = \Delta_{x_1} + \Delta_{x_2} + \Delta_{x_3} \tag{1-27}$$

两端同除以 y，得

$$\frac{\Delta_y}{y} = \frac{\Delta_{x_1}}{y} + \frac{\Delta_{x_2}}{y} + \frac{\Delta_{x_3}}{y} \tag{1-28}$$

这里，感兴趣的是求得被测量的最大相对误差，显然它是出现在各个量的相对误差为同一符号的情况下，设 γ 表示最大相对误差，则

$$\gamma = \left|\frac{\Delta_{x_1}}{y}\right| + \left|\frac{\Delta_{x_2}}{y}\right| + \left|\frac{\Delta_{x_3}}{y}\right| = \left|\frac{x_1}{y}\gamma_1\right| + \left|\frac{x_2}{y}\gamma_2\right| + \left|\frac{x_3}{y}\gamma_3\right| \tag{1-29}$$

式中　γ_1、γ_2、γ_3——分别表示 x_1、x_2、x_3 各量的相对误差，$\gamma_1 = \frac{\Delta_{x_1}}{x_1}$、$\gamma_2 = \frac{\Delta_{x_2}}{x_2}$、$\gamma_3 = \frac{\Delta_{x_3}}{x_3}$。

例 1-1　用电流表测量各支路电流，第一支路为 15A，$\gamma_1 = \pm 2\%$，第二支路为 25A，$\gamma_2 = \pm 3\%$，求电路总电流和可能的最大相对误差。

解：如图 1-11 所示，得

$$I = I_1 + I_2 = (15 + 25)\text{A} = 40\text{A}$$

最不利的情况是被测结果的最大相对误差取同符号，即

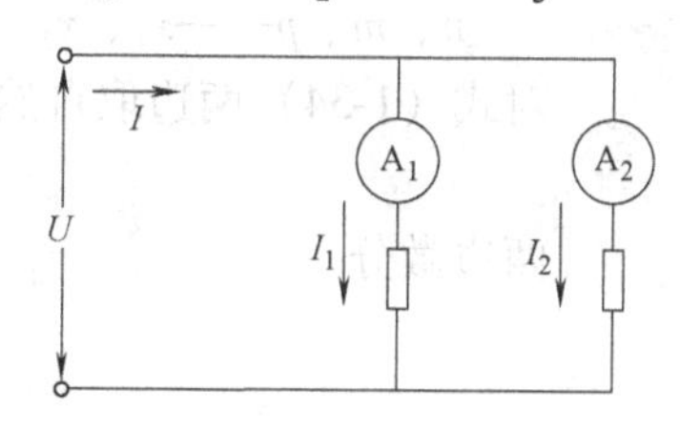

图 1-11　例 1-1 图

$$\gamma=\frac{I_1}{I}\gamma_1+\frac{I_2}{I}\gamma_2=\frac{15}{40}\times 2\%+\frac{25}{40}\times 3\%=2.63\%$$

2. 被测量 y 为两个其他量之差

被测量 y 为两个其他量之差，即

$$y=x_1-x_2 \tag{1-30}$$

用上述同样方法可求出被测量可能的最大相对误差。即同样用 Δ_y、Δ_{x_1}、Δ_{x_2} 分别表示被测量 y 和已知量 x_1、x_2 的绝对误差，则

$$y+\Delta_y=(x_1+\Delta_{x_1})-(x_2+\Delta_{x_2}) \tag{1-31}$$

考虑到最不利情况是 Δ_{x_1}、Δ_{x_2} 取相同符号，$\Delta_y=|\Delta_{x_1}|+|\Delta_{x_2}|$，则

$$\gamma=\frac{\Delta_y}{y}=\frac{|\Delta_{x_1}|+|\Delta_{x_2}|}{y}=\left|\frac{x_1}{y}\gamma_1\right|+\left|\frac{x_2}{y}\gamma_2\right| \tag{1-32}$$

将 $y=x_1-x_2$ 代入式（1-32）得

$$\gamma=\left|\frac{x_1}{x_1-x_2}\gamma_1\right|+\left|\frac{x_2}{x_1-x_2}\gamma_2\right| \tag{1-33}$$

可见被测结果为两量之差时，可能的最大相对误差不仅与各个测量结果的相对误差 γ_1、γ_2 有关，而且与两个已知量之差有关。若两量之差越大，则被测量可能的最大相对误差越小，反之若两量之差越小，则相对误差就会增大，故通过两个量之差求被测量的方法应尽量少用。

例 1-2 如图 1-12 所示，测得第一支路电流 I_1 和总电流 I 分别为 $I=30\text{A}$、$\gamma=\pm 2\%$，$I_1=20\text{A}$、$\gamma_1=\pm 2\%$，求计算 I_2 时的可能最大相对误差。

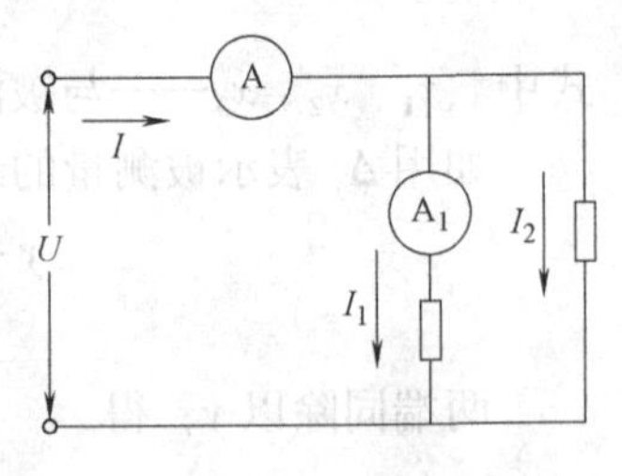

图 1-12 例 1-2 图

解： $I_2=I-I_1=(30-20)\text{A}=10\text{A}$

$$\gamma_2=\frac{30}{10}\times 0.02+\frac{20}{10}\times 0.02=0.10=10\%$$

若 $I=30\text{A}$，$\gamma=\pm 2\%$，$I_1=5\text{A}$，$\gamma_1=\pm 2\%$，则

$$I_2=(30-5)\text{A}=25\text{A},\quad \gamma_2=\frac{30}{25}\times 0.02+\frac{5}{25}\times 0.02=2.8\%$$

可见两量相差越小，可能出现的相对误差越大。

3. 被测量 y 为 n 个其他量之积（商）

被测量 y 为 n 个其他量之积（商），即

$$y=x_1^n x_2^m x_3^p \tag{1-34}$$

式中 x_1、x_2、x_3——直接测得的已知量；

n、m、p——x_1、x_2、x_3 的指数，可能为整数、分数、正数或负数。

对式（1-34）两边取自然对数，得

$$\ln y=n\ln x_1+m\ln x_2+p\ln x_3 \tag{1-35}$$

两边微分

$$\frac{\mathrm{d}y}{y}=n\frac{\mathrm{d}x_1}{x_1}+m\frac{\mathrm{d}x_2}{x_2}+p\frac{\mathrm{d}x_3}{x_3} \tag{1-36}$$

式（1-36）中，$\frac{\mathrm{d}y}{y}$、$\frac{\mathrm{d}x_1}{x_1}$、$\frac{\mathrm{d}x_2}{x_2}$、$\frac{\mathrm{d}x_3}{x_3}$ 分别为被测量和各量的相对误差，取最不利的情况，

即都取正值

$$\gamma_y = |n\gamma_1| + |m\gamma_2| + |p\gamma_3| \tag{1-37}$$

显然被测量为 n 个量之商时，其情况与积的结论相同。因为 $\gamma = \frac{x_1}{x_2} = x_1^n x_2^{-m}$ 时同样得

$$\gamma_y = |n\gamma_1| + |m\gamma_2| \tag{1-38}$$

例1-3　用间接法求某一电阻消耗的电能，设测量电压 U 的相对误差为 ±1%，测量电阻 R 的相对误差为 ±0.5%，测量时间 t 的相对误差为 ±1.5%，求计算电能 W 的可能最大相对误差。

解：电能计算公式为

$$W = U^2R^{-1}t$$

$$\gamma_W = n\gamma_U + m\gamma_R + p\gamma_t = 2\times1\% + 1\times0.5\% + 1\times1.5\% = 4\%$$

例1-4　测量三相交流电路的功率 P、电压 U 和电流 I，其相对误差分别为 $\gamma_P = \pm1.5\%$，$\gamma_U = \pm1\%$、$\gamma_I = \pm1.2\%$，求计算功率因数 $\cos\varphi$ 的可能最大相对误差。

解：求功率因数的公式为

$$\cos\varphi = \frac{P}{\sqrt{3}UI} = 3^{-\frac{1}{2}}PU^{-1}I^{-1}$$

$$\gamma_\varphi = 1\times1.5\% + 1\times1\% + 1\times1.2\% = 3.7\%$$

例1-5　求通过测量振荡回路的电感 L 和电容 C，以便间接计算角频率为 ω 时的可能最大相对差。设测量电感 L 时相对误差 $\gamma_L = \pm1\%$，测量电容 C 时相对误差 $\gamma_C = \pm0.5\%$。

解：$\omega = \frac{1}{\sqrt{LC}} = L^{-\frac{1}{2}}C^{-\frac{1}{2}}$

$\gamma_y = \frac{1}{2}\times1\% + \frac{1}{2}\times0.5\% = 0.75\%$

可见用这种方法测频率是有利的。

例1-6　试估计用伏安法测温升时可能的最大相对误差，假设电流表和电压表的准确度都是0.5级，而温度较高时电阻 r_H 与温度较低时电阻 r_L 的比值为1.4。

解：温升公式如下（式中 α 为电阻温度系数）：

$$\Delta t = \alpha\frac{r_H - r_L}{r_L}$$

用伏安法测电阻的可能的最大相对误差 γ_r 为

$$\gamma_r = UI^{-1} = 1\times0.5\% + 1\times0.5\% = 1\%$$

测热态电阻 r_H 与冷态电阻 r_L 之差时，可能的最大相对误差可由下式求得，因 $\frac{r_H}{r_L} = 1.4$，则

$$\gamma_{(r_H - r_L)} = \frac{r_L}{r_H - r_L}\gamma_r + \frac{r_H}{r_H - r_L}\gamma_r = \frac{1}{0.4}\times1\% + \frac{1.4}{0.4}\times1\% = 6\%$$

最后求得温度的最大相对误差为

$$\Delta t = \alpha(r_H - r_L)r_L^{-1}$$

$$\gamma_1 = 1\times6\% + 1\times1\% = 7\%$$

可见用伏安法测电阻来确定温升时的误差很大，最大相对误差为仪表误差的10倍以上，若改用0.2级的电压表和电流表，上述方法测得的误差仍有2.8%，如采用0.1级电桥测量，即 $\gamma_r = \pm 0.1\%$，则

$$\gamma_{(r_H - r_L)} = \left(\frac{1.4}{0.4} + \frac{1}{0.4}\right) \times 0.1\% = 0.6\%$$

$$\gamma_1 = 1 \times 0.6\% + 1 \times 0.1\% = 0.7\%$$

1.8　电工仪表的表面标记和型号

1.8.1　电工仪表的表面标记

电工仪表的表面有各种标记符号，以表明它的基本技术特性。根据国家规定，每一只仪表应有测量对象的电流种类、单位、工作原理的系别、准确度等级、工作位置、外界条件、绝缘强度、仪表型号以及额定值等标志。电工仪表常见的测量单位和表面标记符号见表1-2、表1-3。

表1-2　电工仪表常见的测量单位

名　称	符　号	名　称	符　号
千安	kA	兆欧	MΩ
安	A	千欧	kΩ
毫安	mA	欧	Ω
微安	μA	毫欧	mΩ
千伏	kV	微欧	μΩ
伏	V	相位角	φ
毫伏	mV	功率因数	cosφ
微伏	μV	无功功率因数	sinφ
兆瓦	MW	库仑	C
千瓦	kW	毫韦伯	mWb
瓦	W	毫特斯拉	mT
兆乏	Mvar	微法	μF
千乏	kvar	微微法	pF
乏	var	亨	H
兆赫	MHz	毫亨	mH
千赫	kHz	微亨	μH
赫	Hz	摄氏温度	℃
太欧	TΩ		

表1-3　电工仪表常见的表面标记符号

名　　称	符　　号
磁电系仪表	
磁电系比率表	
电磁系仪表	
电磁系比率表	
电动系仪表	
电动系比率表	
铁磁电动系仪表	
铁磁电动系比率表	
感应系仪表	
静电系仪表	
整流系仪表（带半导体整流器和磁电系测量机构）	
热电系仪表（带接触式热变换器和磁电系测量机构）	

电流种类的符号

名　　称	符　　号
直流	
交流（单相）	
具有单元件的三相平衡负载交流	

准确度等级的符号

名　　称	符　　号
以标度尺量限百分数表示的准确度等级（例如1.5级）	1.5
以标度尺长度百分数表示的准确度等级（例如1.5级）	1.5
以指示值的百分数表示的准确度等级，例如1.5级	1.5

工作位置的符号

名　　称	符　　号
标度尺位置为垂直的	
标度尺位置为水平的	
标度尺位置与水平面倾斜成一角度（例如60°）	60°

绝缘强度的符号

名　　称	符　　号
不进行绝缘强度试验	0
绝缘强度试验电压为2kV	2

端钮、调零器的符号

名　　称	符　　号
负端钮	
正端钮	
公共端钮（多量限仪表和复用电表）	
接地用的端钮（螺钉或螺杆）	
与外壳相连接的端钮	
与屏蔽相连接的端钮	
调零器	

按外界条件分组的符号

名　　称	符　　号
Ⅰ级防外磁场（例如磁电系）	
Ⅰ级防外电场（例如静电系）	
Ⅱ级防外磁场及电场	Ⅱ　Ⅱ
Ⅲ级防外磁场及电场	Ⅲ　Ⅲ
Ⅳ级防外磁场及电场	Ⅳ　Ⅳ
A组仪表	（不标注）
B组仪表	B
C组仪表	C

1.8.2　型号

电工仪表的产品型号按有关规定的标准编制。安装式与便携式仪表的型号编制是不同的。

1. 安装式仪表的型号组成

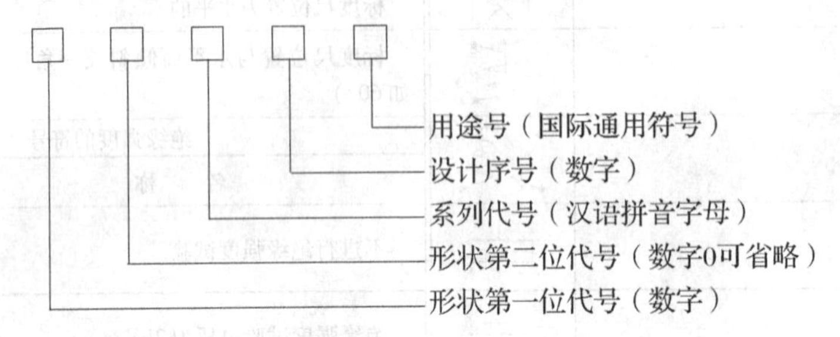

形状第一位代号：按仪表的面板形状最大尺寸编制。

形状第二位代号：按仪表的外壳形状尺寸编制。

系列代号：按仪表的工作原理编制。例如，C 表示磁电系，T 表示电磁系，D 表示电动系，G 表示感应系，L 表示整流系。

例如，44C7—KA 型电流表。其中，44 为形状代号，可由产品目录查得其尺寸和安装开孔尺寸；C 表示磁电系仪表；7 为设计序号；KA 表示用于电流测量。

2. 便携式仪表的型号组成

例如，T21—V 型电压表。其中，T 表示电磁系仪表；21 为设计序列；V 表示用于测量电压。

电工仪表的型号标明在仪表的表盘上。

思　考　题

1-1　什么是测量误差？产生测量误差的主要原因有哪些？

1-2　根据误差的性质，可以把误差分为哪几类？

1-3　简述消除误差的基本方法。

1-4　什么是差值法、零值法、替代法，它们的差别是什么？

1-5　说出表示误差方法的种类及其含义。

1-6　如何表示仪表的灵敏度和准确度？

1-7　仪表的好坏为什么不能用相对误差的数值来表示？

1-8　用 1.5 级、30A 的电流表，测得某段电路中的电流为 20A。求：

（1）该电流表最大允许的基本误差；（2）测量结果可能产生的最大相对误差。

1-9　使用某电流表测量电流时，测得读数为 9.5A，查该表的校验记录标明该点的误差为 -0.04A，问该电流的实际值是多少？

1-10　某功率表的准确度等级是 0.5 级，分格有 150 个。试问：

（1）该表的最大可能误差是多少格？

（2）当读数为 140 分格和 40 分格时的最大可能相对误差是多少？

1-11　有一电流为 10A 的电路，用电流表甲测量时，其指示值为 10.3A；另一电流为 50A 的电路，用电流表乙测量时，其指示值为 49.1A。试求：

（1）甲、乙两只电流表测量的绝对误差和相对误差各为多少？

（2）能不能说甲表比乙表更准确？那么哪块表准确呢？

1-12　用量限为 300V 的电压表去测量电压为 250V 的某电路上的电压，要求测量的相对误差不大于 ±1.5%，问应该选用哪一个准确度等级的电压表？若改用量限为 500V 的电压表，则又如何选择准确度等级？

1-13　用一只满刻度为 150V 的电压表测电压，测得电压值为 110V，绝对误差为 +1.2V，另一次测量为 48V，绝对误差为 +1.08V，试求：

（1）两种情况的相对误差；（2）两种情况的引用误差。

1-14　某一电流表满量限为 50μA，满刻度为 100 格。试求：（1）此电流表的灵敏度；（2）仪表常数；（3）当测量电路电流时，如果仪表指针指到 70 格处，其电流值为多少？

1-15　用电压表测量电阻 R_1、R_2 两端电压，电路如图 1-13 所示。测得数据为：$U_1=20\text{V}$，$\gamma_1=\pm3\%$，$U_2=40\text{V}$，$\gamma=\pm3\%$。求：（1）总电压；（2）其可能产生的最大相对误差。

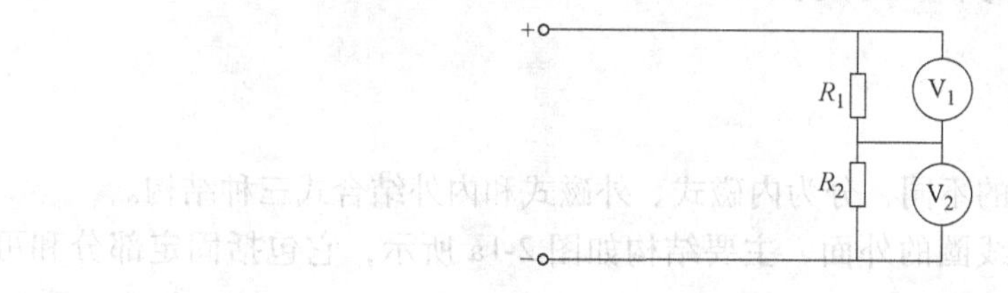

图 1-13　题 1-15 图

1-16　电路如图 1-14 所示，测得总电流为 5A，电流表 A_1 的读数为 3A，总电流表产生的相对误差和电流表 A_1 的相对误差 $\gamma=\pm4\%$。求：电流表 A_2 的读数和可能的最大相对误差。

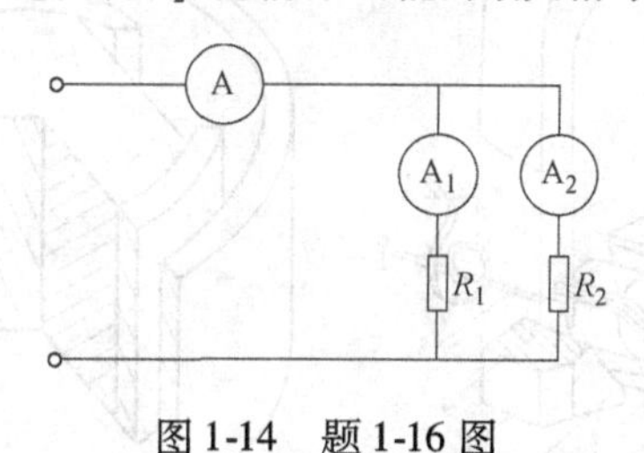

图 1-14　题 1-16 图

1-17　用 1.0 级 6V 量限的直流电压表来测量晶体管放大电路静态时的 U_{BE}，测量方法是测 B 极对地电压 U_{B}，再测 E 极对地电压 U_{E}，再求两者之差 $U_{\text{B}}-U_{\text{E}}=U_{\text{BE}}$，如图 1-15 所示。若测得 $U_{\text{B}}=3\text{V}$、$U_{\text{E}}=2.4\text{V}$，试分析测量误差。

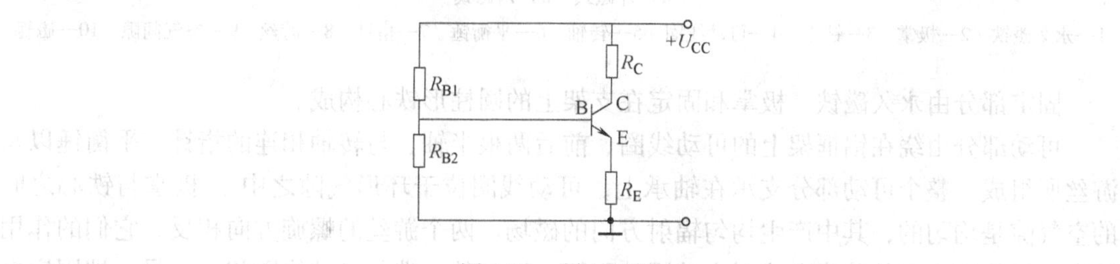

图 1-15　题 1-17 图

1-18　当利用公式 $W=I^2Rt$ 来测量直流电能时，所选用的电流表是 0.5 级的，上量限是 100A，电流表的读数是 60A，所用电阻是 0.1 级的，电阻 R 为 0.5Ω，时间为 50s，误差为 ±0.1%。试求：（1）总电能；（2）最大可能相对误差；（3）最大误差。

第2章　磁电系仪表

磁电系仪表在电气测量指示仪表中占有极其重要的地位，常用于直流电路中测量直流电压和电流。若附上整流器以后，可以用来测量交流电流和交流电压；与变换器配合，可以测量交流功率、频率、温度、压力等。采用特殊结构时还可以构成检流计，用来测量极其微小的电流（可小到10^{-10}A）。

2.1　磁电系仪表的结构和工作原理

2.1.1　磁电系仪表的结构

磁电系仪表根据磁路形式的不同，分为内磁式、外磁式和内外结合式三种结构。

外磁式的永久磁铁在可动线圈的外面，主要结构如图2-1a所示，它包括固定部分和可动部分：

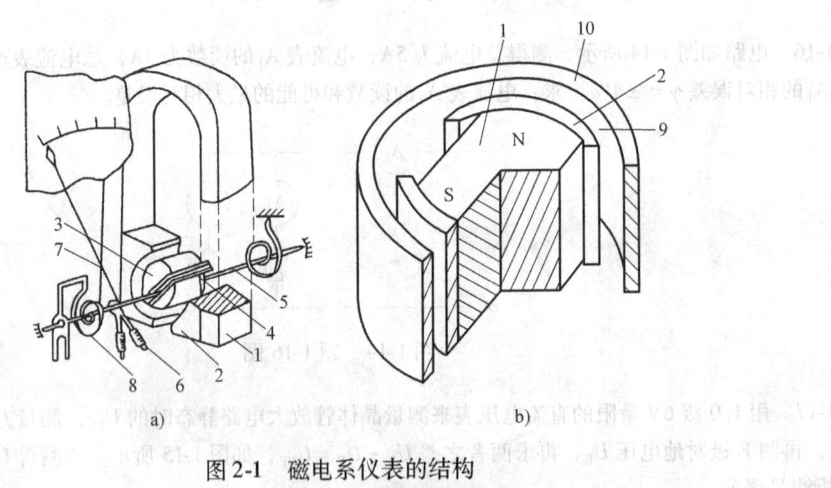

图2-1　磁电系仪表的结构

a）外磁式　b）内磁式

1—永久磁铁　2—极掌　3—铁心　4—可动线圈　5—转轴　6—平衡锤　7—指针　8—游丝　9—空气间隙　10—磁轭

固定部分由永久磁铁、极掌和固定在支架上的圆柱形铁心构成。

可动部分由绕在铝框架上的可动线圈、前后两根半轴、与转轴相连的指针、平衡锤以及游丝所组成。整个可动部分支承在轴承上，可动线圈位于环形气隙之中 。极掌与铁心之间的空气隙是均匀的，其中产生均匀辐射方向的磁场。两个游丝的螺旋方向相反，它们的作用是产生反作用力矩并兼作电流引入动圈的引线，游丝的一端与可动线圈相连，另一端固定在支架上。

内磁式是将永久磁铁做成圆柱形并放在可动线圈之内，它既是磁铁又是铁心。为了能形成工作气隙，并能在工作气隙中产生一个均匀的磁场且磁场的方向能处处与铁心的圆柱面垂直，在内磁式的永久磁铁外面要加装一个闭合的导磁环。内磁式的结构紧凑、受外界磁场的影响小。内磁式磁电系磁路系统的结构如图 2-1b 所示。

内外结合式是在可动线圈的内外部均使用永久磁铁，气隙磁场更强、仪表灵敏度更高、受外界磁场影响更小，但结构复杂，实际用得较少。

2.1.2 工作原理

磁电系仪表是利用可动线圈中的电流与气隙中磁场相互作用，产生电磁力而使可动部分转动的原理制成的。当可动线圈中通入电流时，仪表的可动部分要受以下几个力矩的作用。

1. 转动力矩

当可动线圈中有电流流过时，电流的方向如图 2-2 所示，载流导体在磁场中受到力的作用，可动线圈的两个边所受力的方向由左手定则可以确定为图 2-2 所示的方向，每边所受力的大小为

$$F = BlIN \tag{2-1}$$

式中 B——工作气隙中的磁场磁感应强度；

l——线圈有效边长；

I——通过线圈的电流；

N——线圈的匝数。

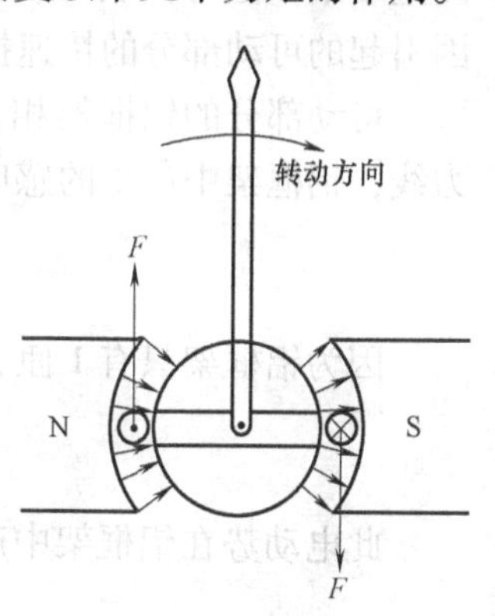

图 2-2 磁电系测量机构产生转动力矩的原理

由于磁力线方向与圆柱面垂直，所以电磁力 F 的方向与可动线圈平面垂直，可动线圈沿顺时针方向转动，其转动力矩为

$$M = Fr = 2BlINr \tag{2-2}$$

式中 r——转轴中心到有效边的距离。

由于可动线圈平面的面积 $S = 2lr$，所以式（2-2）变为

$$M = BSIN = KI \tag{2-3}$$

式中 K——与气隙中磁感应强度、线圈尺寸及匝数有关的常数。

由于气隙磁场强度是均匀辐射状的，不管可动线圈转到什么位置，磁感应强度 B 均不变；对已制成的仪表，线圈面积 S、线圈匝数 N 都是一定的，所以转动力矩的大小与被测电流成正比，其方向决定于电流流进可动线圈的方向。

2. 反作用力矩

可动线圈在电磁力的作用下顺时针转动的同时，会受到游丝产生的反作用力矩作用，反作用力矩的大小与游丝形变大小成正比，即与可动线圈偏转角 α 成正比

$$M_\alpha = D\alpha \tag{2-4}$$

式中 D——常数，是游丝的反抗力矩系数，其大小由游丝的材料性质、形状和尺寸决定。

反抗力矩与偏转角成正比，当转动力矩与反抗力矩大小相等时，指针稳定在平衡点，这时式（2-3）和式（2-4）相等，即

$$KI = D\alpha$$

$$\alpha = \frac{K}{D}I = S_I I \tag{2-5}$$

式中 S_I——常数，称为测量机构的电流灵敏度，即单位电流所能引起的稳定偏转角。

由式（2-5）可知，磁电系仪表指针的偏转角与通过可动线圈的电流成正比。

3. 阻尼力矩

磁电系仪表的阻尼力矩属于电磁阻尼力矩，它是由铝框中产生的感应电流和磁场相互作用而产生的，如图 2-3 所示。当铝框按图中方向转动时，由右手定则可知，将产生图示的感应电流，再根据左手定则可知产生如图示的阻尼力，从而产生阻尼力矩，该阻尼力矩总是反抗铝框运动。指针稳定在平衡位置时，阻尼力矩也就消失了，因此，阻尼力矩仅在指针偏转的过程中存在，不影响测量结果，但对仪表可动部分起保护作用，可以防止各种原因引起的可动部分的快速摆动，以免损坏轴承及指针等。

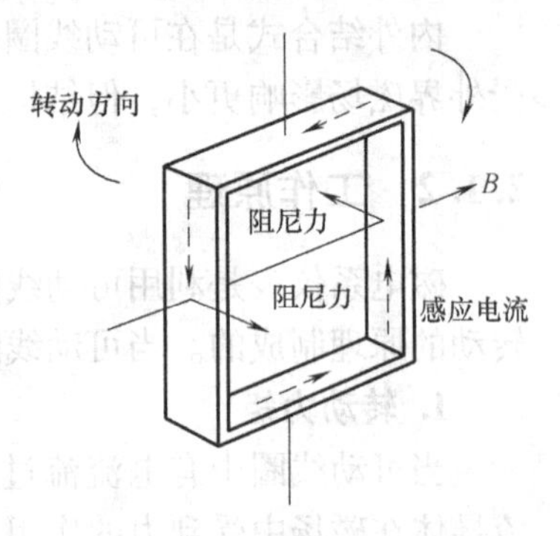

图 2-3　铝框的阻尼作用

可动部分的铝框架相当于一个短路匝，在转动时切割磁力线，铝框架中产生的感应电动势为

$$e = -\frac{d\Phi}{dt}$$

因为铝框架只有 1 匝，所以感应电动势的数值为

$$e = -\frac{d\Phi}{dt} = -BS\frac{d\alpha}{dt}$$

此电动势在铝框架中产生的电流数值为

$$i = \frac{e}{R} = \frac{BS}{R}\frac{d\alpha}{dt}$$

该电流与流过线圈的电流一样，也要产生转矩

$$M = \Phi i = -BS\frac{BS}{R}\frac{d\alpha}{dt} = -\Phi^2\frac{1}{R}\frac{d\alpha}{dt} = -p\frac{d\alpha}{dt} \tag{2-6}$$

式中　B——磁感应强度；

S——铝框架的面积；

R——铝框架的电阻；

Φ——穿过铝框架的总磁通，$\Phi = BS$；

p——阻尼系数，$p = \frac{\Phi^2}{R}$。

由式（2-6）可见，阻尼力矩与运动速度成正比，其方向与运动方向相反，可以阻止可动部分在平衡位置来回摆动。

此外，可动线圈与外电路构成闭合回路时，也能产生阻尼力矩，其原理与上面相似。

2.1.3　磁电系仪表的表头参数

由于磁电系表头常用来制成电流表和电压表，因此在构成电流表和电压表过程中必须知道表头的量程和表头内阻。

表头的量程一般指该表头的满偏电流，即表头的最大直接测量电流 I_g。它的范围一般在几十微安到几十毫安之间，设计时流过表头的电流不得超过 I_g，否则会损坏表头。其值一般标在表头上，也可由实验方法获得。表头量程越小，其灵敏度越高，即较小的电流可引起指针发生较大的偏转。

表头内阻 R_g 指表头中的可动线圈和两个游丝的直流电阻，其值一般标在表头上，也可以由实验方法测得，但不能用万用表的电阻挡或电桥测量表头内阻，因用万用表的电阻挡和电桥测内阻时的工作电流一般在几十毫安以上，该电流大于表头的量程，测量时会损坏表头。

2.1.4　磁电系仪表的技术特性

1）准确度高：由于表头本身的磁场很强，受外界磁场的影响小，因此可以制成准确度等级较高的仪表，一般可达 0.1 级。

2）灵敏度高：因为磁电系表头内永久磁铁的磁场很强，线圈内有很小的电流就可以使表头的可动部分偏转。磁电系表头的灵敏度可以达到 1μA/格。由于灵敏度很高，可以制成内阻很高的电压表，也可以制成量程很小的电流表。

3）刻度均匀：由式（2-5）可知，偏转角与流入线圈的电流成正比，所以仪表的刻度是均匀的。

4）功耗小：因表头灵敏度高（即 I_g 小），所以仪表内消耗的功率很小。

5）过载能力小：由于被测电流经过游丝导入可动线圈，电流过大会引起游丝发热使弹性发生变化，产生不允许的误差，甚至可能因过热而烧毁游丝。另外，可动线圈的导线截面小，也不允许流过较大电流。

6）只能测量直流：这是因为，如果在磁电系测量机构中直接通入交流电流，则所产生的转动力矩也是交变的，可动部分由于惯性作用而来不及转动。

2.2　磁电系电流表

2.2.1　直接接入电路测量电流

磁电系表头的指针偏转角 α 与流过可动线圈的电流 I 成正比，所以它本身就是一个电流表。I_g 是满刻度电流，R_g 是测量机构的内阻，它包括线圈和游丝的电阻。因 I_g 一般在几十微安到几毫安之间，所以可以作为毫安表或微安表直接接入电路测量电流。用它测几十毫安以上电流时要采用分流电阻扩大量程。

2.2.2　经分流电阻接入电路测量电流

因磁电系表头的直接量程很小，若用它测几十毫安以上的较大电流时，要采用分流器扩大量程。

1. 单量程电流表

分流器是扩大电流量程的装置，其电路如图 2-4a 所示。图中，R_s 为分流器电阻，它与表头相并联，当测量电流 I 时，被测电流 I 的大部分通过分流电阻，在表头中只有较小的电流流过。

根据欧姆定律，可以得到

$$I_g R_g = I \frac{R_g R_s}{R_g + R_s}$$

故

$$I_g = \frac{R_s}{R_g + R_s} I$$

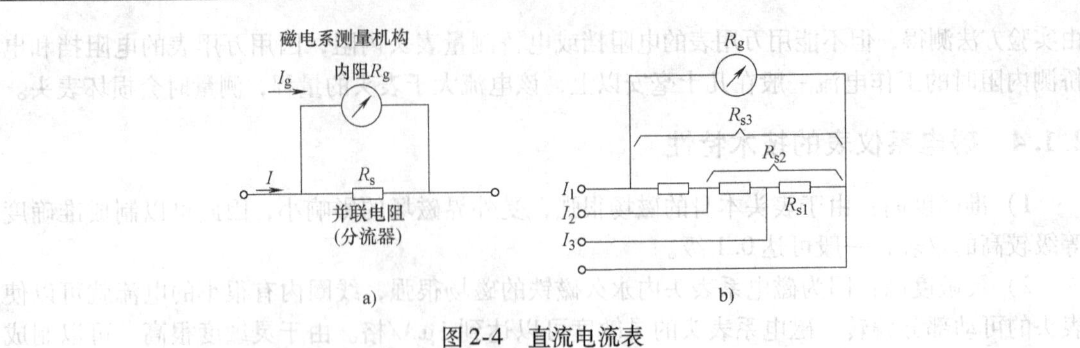

图 2-4　直流电流表

a）单量程　b）多量程

如果用 n 表示比值 I/I_g，则并联分流器（分流电阻 R_s）之后电流表量程可扩大 n 倍。n 又称扩流倍数，即

$$n = R_g + R_s R_s = \frac{I}{I_g}$$

由此算出分流电阻为

$$R_s = \frac{R_g}{n-1} \tag{2-7}$$

例　有一只磁电系表头，满偏电流为 500μA，内阻为 200Ω，现在要把它制成量限为 1A 的电流表，问应选择阻值多大的分流电阻?

解：分流系数为

$$n = \frac{I}{I_g} = \frac{1}{500 \times 10^{-6}} = 2000$$

由式（2-7）可以得出分流电阻为

$$R_s = \frac{R_g}{n-1} = \frac{1}{2000-1} \times 200\Omega \approx 0.1\Omega$$

2. 多量程电流表

在一个电流表中，采用不同电阻值的分流电阻，可以制成多量程电流表，如图 2-4b 所示。在这种电路中，对应每个量程在仪表外壳上有一个接线柱，这种接线的缺点是任一个分流电阻的阻值有变化都会影响其他量限，所以调整较麻烦。在一些多用仪表（如万用表）中，也有用转换开关切换量程的。图 2-4b 中各量程的量程扩大倍数分别为

$$n_1 = (R_g + R_{s3})/R_{s3}$$
$$n_2 = (R_g + R_{s3})/R_{s2}$$
$$n_3 = (R_g + R_{s3})/R_{s1}$$

因为 $R_{s3} > R_{s2} > R_{s1}$，所以 $n_1 < n_2 < n_3$。实际中，R_g是已知的，n_1、n_2和 n_3是设计值，解上述方程可得 R_{s3}、R_{s2}和 R_{s1}。

3. 外附分流器

图 2-4 所示分流器都是封装在仪表外壳内的。在实际工作中，当被测电流很大时（如 50A 以上），由于分流电阻发热很厉害，将影响测量机构的正常工作，而且它的体积也很大，因此将分流电阻做成单独的装置，称为外附分流器，如图 2-5 所示。

外附分流器有两对接线端钮，粗的一对（图 2-5 中的 1 端钮）叫电流接头，串接于被测

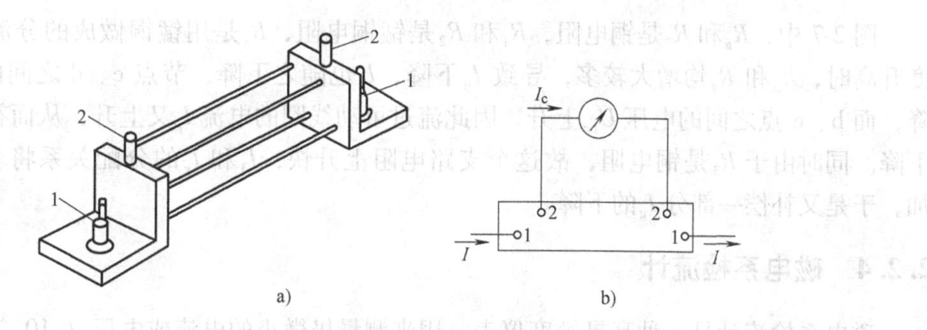

图2-5　外附分流器及其接线
a) 外附分流器　b) 分流器的接线
1—电流端钮　2—电位端钮

的大电流电路中，细的一对（图2-5中的2端钮）叫电位接头，与测量机构并联。分流器上一般标明额定电流值和额定电压值。例如，一只量限为150A的磁电系电流表，表明配用“150A、75mV”的分流器，它的标度尺按150A标定，则该表配用“150A、75mV”的分流器时，它的量限就是150A；如果配用“450A、75mV”的分流器时，它的量程就是450A，此时，该表的指示数应乘以3，才是实际测得的电流值。

2.2.3　温度补偿

当温度升高时，磁电系电流表的游丝将变软，弹性减小，使线圈偏转角增大，一般每升高10℃时，仪表指示值约增大0.3%～0.4%；但温度升高也会使永久磁铁磁性减弱，转动力矩减小，使线圈偏转角变小，一般每升高10℃时，仪表指示值约减小0.2%～0.3%。可见以上两误差符号相反，而且基本能抵消。

当温度升高时，动圈电阻R_g随温度变化。一般温度每升高10℃，铜的电阻要增大4%，导致分流后流过表头的实际电流减小，从而使仪表指示值减小，所以要采取温度补偿措施。当然，如果磁电系仪表没有采用分流器，则流过测量机构的电流即为被测电流，温度变化引起的仪表误差可以忽略不计。

磁电系电流表采用的串联温度补偿电路如图2-6所示。图中，R_s是铜质分流电阻，R_t是在线圈支路中串联的温度补偿电阻。R_t是锰铜电阻，其阻值受温度变化影响很小，即温度系数小。因R_t的值比R_g大，故R_g的变化不会使这条支路的总电阻产生大的变化，电流分配将因而基本不变，从而起到了补偿作用。要想温度补偿效果好，R_t应取值增大，而R_t太大又会使可动线圈支路的电流减小，因此要求表头灵敏度很高。对准确度要求高的仪表，可以采取图2-7所示的串并联温度补偿电路。

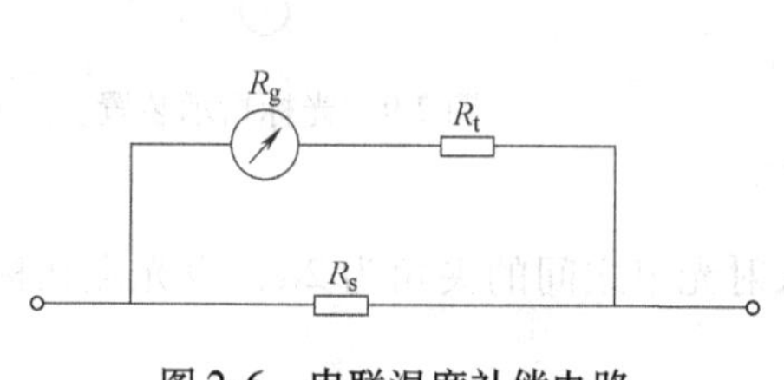

图2-6　串联温度补偿电路

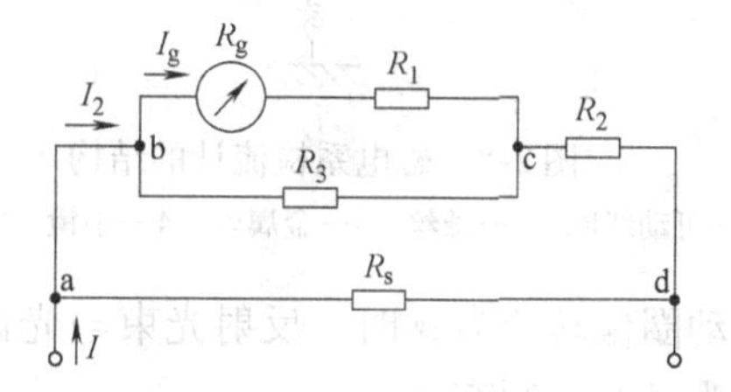

图2-7　串并联温度补偿电路

图 2-7 中，R_g和 R_3是铜电阻，R_1和 R_2是锰铜电阻，R_s是用锰铜做成的分流电阻。当温度升高时，R_3和 R_g均增大较多，导致 I_g下降，I_2也随之下降，节点 c、d 之间的电压 U_{cd}下降，而 b、c 点之间的电压 U_{bc}上升，因此流过可动线圈的电流 I_g又上升，从而补偿了刚才的下降。同时由于 R_3是铜电阻，故这个支路电阻上升快，I_3和 I_g的分配关系将变化，I_g会增加，于是又补偿一部分 I_g的下降。

2.2.4　磁电系检流计

磁电系检流计是一种高灵敏度仪表，用来测量极微小的电流或电压（10^{-8}A、10^{-6}V 或更小)。它们经常在平衡测量电路中被当做指零仪使用，其标尺不注明电压或电流数值，它们仅仅检测电路中是否存在电流，检流计由此得名。

1. 检流计的结构特点

因为检流计需要有高灵敏度，所以在磁电系结构上要采取一些特殊措施：

1）去掉起阻尼作用的铝制构架。为了减少空气隙的距离，增加可动线圈匝数，检流计的可动部分没有铝制的框架，检流计的阻尼只能由可动线圈和外电路闭合后产生。可动线圈在磁场中运动所产生的感应电动势要通过检流计的外接电路产生感应电流，从而产生相应的阻尼力矩。

2）采用悬丝（吊丝或张丝）悬挂可动线圈，以消除可动轴与轴承之间的摩擦。磁电系检流计的结构如图 2-8 所示。图中，可动线圈 1 由悬丝 2 悬挂起来，悬丝用黄金或纯铜制成以提高灵敏度。悬丝除了产生小的反作用力矩外，还作为把电流引入可动线圈的引线。可动线圈的另一电流引线是金属丝 3。

3）采用光反射的指示装置，进一步提高检流计的灵敏度和改善活动部分的运动特性。光标指示装置如图 2-9 所示，它是在距小镜（见图 2-8）一定距离处安装一个标度尺，狭窄的光束由小灯经透镜投向小镜，经小镜反射到标度尺上，形成一条细小的光带，指示出活动部分的偏转大小。

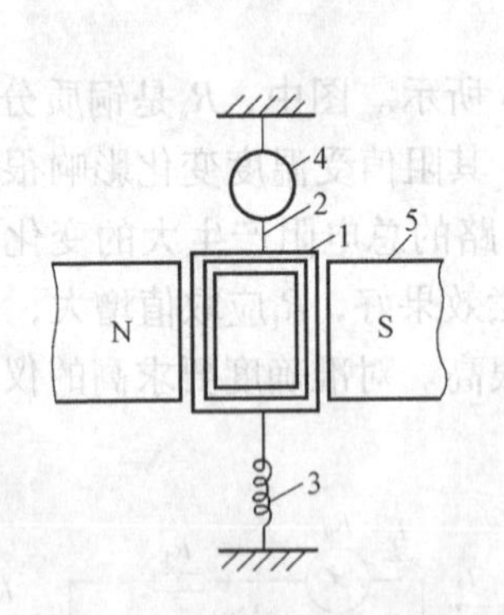

图 2-8　磁电系检流计的结构

1—可动线圈　2—悬丝　3—金属丝　4—小镜　5—极掌

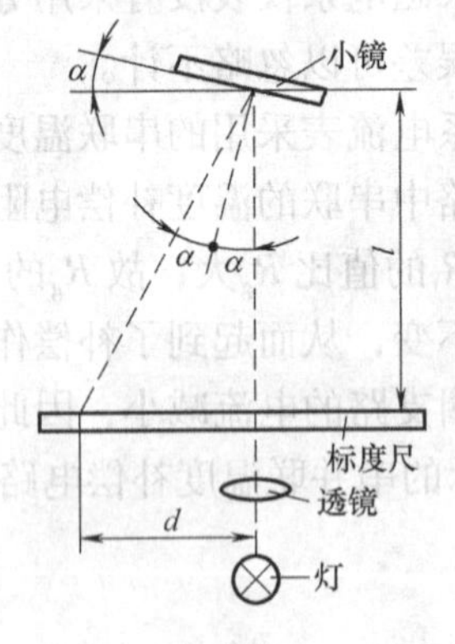

图 2-9　光标指示装置

当动圈偏转角为 α 时，反射光束与光源入射光束之间的夹角为 2α，设光点在标度尺上的偏转为 d 时，则有

$$\tan 2\alpha = d/l \tag{2-8}$$

式中　l——标度尺与小镜的距离，当 α 很小时可近似认为

$$2\alpha \approx d/l \tag{2-9}$$

检流计的灵敏度可表示为

$$S_I = \frac{d}{I} = \frac{2l\alpha}{I} \tag{2-10}$$

由式（2-10）可知，在电流和偏转角一定的情况下检流计的灵敏度正比于标度尺与小镜的距离 l。因此，在实际应用中，为增大 l，往往采用固定的反射镜使光线多次反射，或将光路系统和标度尺做成单独的部件，安装于检流计的外部。无论采用何种方式，其灵敏度远大于采用机械指针的指针式检流计的灵敏度。

2. 检流计的运动特性及参数

1）运动特性：描述检流计可动部分的力学方程为

$$J\frac{\mathrm{d}^2\alpha}{\mathrm{d}t^2} = M - M_\alpha - M_\mathrm{p} \tag{2-11}$$

式中　J——可动部分的转动惯量；

α——偏转角；

M——转动力矩 $M = KI$；

M_α——悬丝提供的反作用力矩 $M_\alpha = D\alpha$；

M_p——阻尼力矩。

可动线圈转动时，可动线圈产生的感应电动势一般与转动速度 $\mathrm{d}\alpha/\mathrm{d}t$ 成正比，此感应电动势产生一个与通入可动线圈的电流反方向的感应电流。设检流计内阻为 R_g，外电路电阻为 R，则感应电流 i_p为

$$i_\mathrm{p} \propto \frac{1}{R_\mathrm{g} + R}\frac{\mathrm{d}\alpha}{\mathrm{d}t} \tag{2-12}$$

此电流与气隙中的恒定磁通相互作用，产生阻碍可动部分运动的阻尼力矩 M_p，即

$$M_\mathrm{p} \propto i_\mathrm{p} \quad 或 \quad M_\mathrm{p} = P\frac{\mathrm{d}\alpha}{\mathrm{d}t} \tag{2-13}$$

式（2-13）中，P 称为阻尼系数，$P \propto \frac{1}{R_\mathrm{g} + R}$。引入 $M_\mathrm{p} = P\frac{\mathrm{d}\alpha}{\mathrm{d}t}$ 后，式（2-11）可改写为

$$J\frac{\mathrm{d}^2\alpha}{\mathrm{d}t^2} + P\frac{\mathrm{d}\alpha}{\mathrm{d}t} + W\alpha = KI \tag{2-14}$$

式（2-14）是一个二阶、常系数、非齐次微分方程，其特解 α'是可动部分的稳定偏转角。通过解微分方程可以画出可动部分运动状态曲线，如图 2-10 所示。图中，曲线 1、曲线 2 和曲线 3 分别是欠阻尼、过阻尼和临界阻尼情况下的运动曲线。

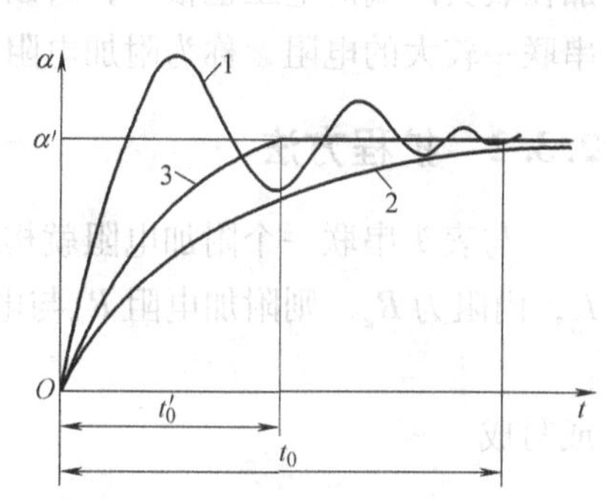

图 2-10　可动部分运动状态曲线

2）检流计的参数如下：

① 内阻 R_g：检流计内阻包括可动线圈、悬丝、引线金属丝的电阻及接线柱的接触电阻。

② 外临界电阻：检流计工作在临界阻尼状态所需接

入的外线路电阻称为临界电阻。

③ 电流常数：灵敏度 S_I的倒数称为电流常数，常用标度尺与检流计反射镜之间距离为1m 时，1mm 分度表示的被测电流值。

④ 振荡周期：检流计处于开路状态，阻尼作用最小，指示器自由振荡，指示器同方向连续两次经过标度尺零线的时间间隔。

⑤ 阻尼时间：检流计处于临界状态，指示器自标度尺边缘位置回到零线 1 个分度为止的这段时间。

例如，AC 4/1 型检流计的参数如下：内阻为 500Ω，外临界电阻为 20000Ω，电流常数为 1.5×10^{-9}A/mm，振荡周期为 5s。

3. 检流计的正确使用

1）检流计使用时要轻拿轻放，以防悬丝震断。用完后需将止动器锁上或用导线将端子短接。

2）使用要按规定工作位置放置，具有水准指示装置的，用前应调好水平。

3）在被测量的大致范围未知时，测量时要记住配用一个万用分流器或串一个大保护电阻。

4）不要用万用表或电桥去测量检流计内阻，以防损坏检流计线圈。

2.3 磁电系电压表

2.3.1 基本电路

磁电系表头的内阻是不变的，若在表头两端施加一允许电压，表头将有与施加电压成正比的电流流过，从而引起指针偏转。如果在标度尺上用电压单位来刻度，就变成了电压表。指针偏转角 α 与被测电压关系可从式（2-5）推出，即

$$\alpha = S_I I = S_I \frac{U}{R_g} = S_U U \tag{2-15}$$

式中 S_U——测量机构的电压灵敏度。

可见，磁电系测量机构同时也是一个简单的电压表。因表头允许通过的电流很小，容许加在表头两端的电压也很小，所以一般只能做成毫伏表。为了扩大其电压量程，必须与表头串联一较大的电阻，称为附加电阻。

2.3.2 扩程方法

与表头串联一个附加电阻就构成了单量程电压表，如图 2-11a 所示。设表头电流量程为 I_g，内阻为 R_g，则附加电阻 R_m与电压量程 U 的关系为

$$U = I_g(R_g + R_m)$$

或写成

$$R_m = \frac{U}{I_g} - R_g \tag{2-16}$$

与表头串联多个电阻就构成了多量程电压表，如图 2-11b 所示。各附加电阻与电压量

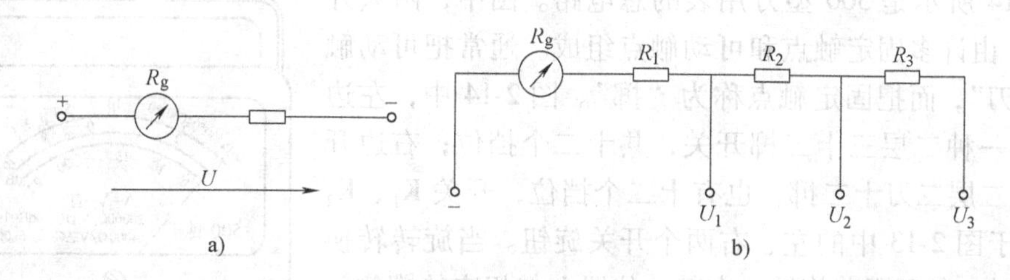

图 2-11　直流电压表
a）单量程　b）多量程

程的关系为

$$R_1 = \frac{U_1}{I_g} - R_g \tag{2-17}$$

$$R_2 = \frac{U_2 - U_1}{I_g} \tag{2-18}$$

$$R_3 = \frac{U_3 - U_2}{I_g} \tag{2-19}$$

用电压表测量电压时，电压表内阻越大，电压表接入被测电路后的分流作用越小，对被测电路工作状态的影响越小，测量误差就越小。电压表内阻是测量机构的电阻 R_g 与附加电阻之和。电压表各量程的内阻与相应电压量程的比值为一个常数，这个常数常常在电压表的刻度盘上注明，它的单位为 Ω/V，它是电压表的一个重要参数，这个参数大，说明该电压表并联到被测电路上对电路的分流作用小。

附加电阻一般由锰铜丝绕制。由于锰铜丝的温度系数小，可以减小误差。附加电阻也有内附与外附两种方式。在测量较高电压时，因电阻发热较大，耐压较高，常采用外附方式。当磁电系电压表的量程较小时，如毫伏表，其串联的附加电阻值较小，因而对表头不能提供足够的温度补偿，此时应采用图 2-12 所示的串并联温度补偿电路。图中，R_1 和 R_2 是锰铜电阻，R_3 是铜电阻。

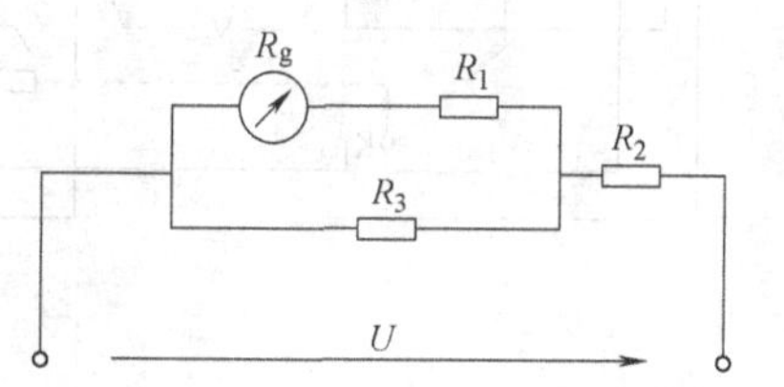

图 2-12　串并联温度补偿电路

2.4　万用电表

万用电表，简称万用表，又称繁用表或多用表，它是一种多量程、多功能、便于携带的电工用表。

万用表由表头、测量线路、转换开关以及外壳等组成：

1）表头：是磁电系表头，一般电流为 40 ~ 100μA，用来指示被测量的数值。

2）测量线路：用来把各种被测量转换为适合表头测量的微小的直流电流。

3）转换开关：用来实现对不同测量线路的选择，以适合各种被测量的要求。

本节将以 500 型万用表为例讲述万用表的测量原理及正确使用方法。图 2-13 所示是 500 型万用表的外形。

图 2-14 所示是 500 型万用表的总电路。图中，两只开关 K_1、K_2 由许多固定触点和可动触点组成。通常把可动触点称为“刀”，而把固定触点称为“掷”。图 2-14 中，左边开关 K_1 是一种二层三十二掷开关，共十二个挡位；右边开关 K_2，是二层二刀十二掷，也有十二个挡位，开关 K_1、K_2 分别对应于图 2-13 中的左、右两个开关旋钮。当旋转转换开关旋钮时，各刀跟着旋转，在某一位置上与相应的掷位闭合，使相应的测量线路与表头和输入插孔接通。左右两个开关应配合使用，例如当进行电阻测量时，先把左边旋钮旋到“Ω”位置，然后再把右边旋钮旋到适当的量程位置上。500 型万用表选用满偏电流为 40μA，内阻为 2.5kΩ 的磁电系电流表表头。

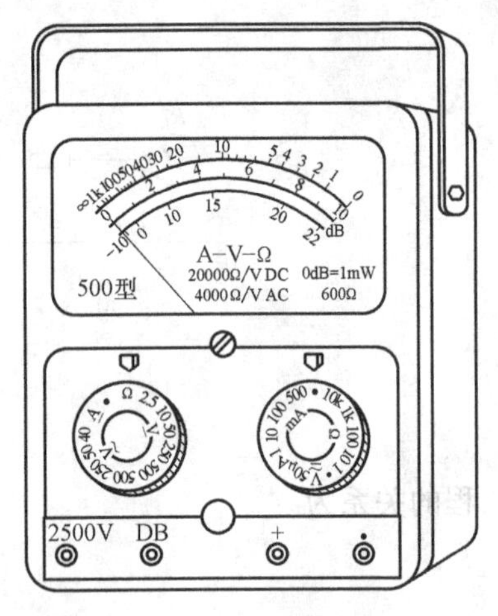

图 2-13　500 型万用表的外形

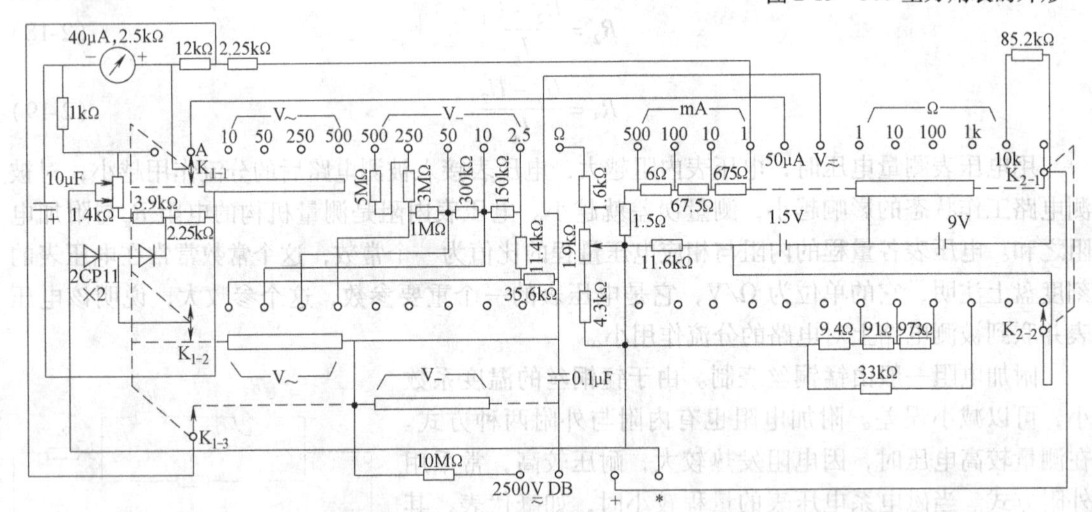

图 2-14　500 型万用表总电路

2.4.1　直流电流挡的测量电路

将图 2-14 中左边开关 K_1 旋至“A”处，右边开关 K_2 旋至对应各电流量程挡位上（如 50μA），便得到图 2-15 所示直流电流测量电路。假设电位器调至右端，电阻值为 0.25kΩ，

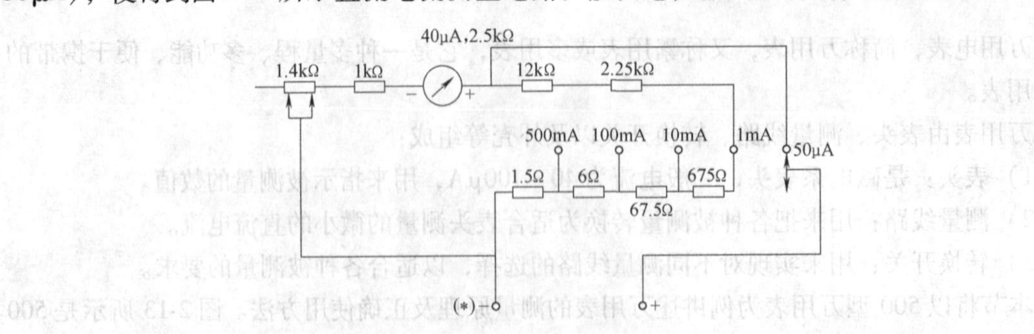

图 2-15　直流电流测量电路

右边开关 K_2 旋至 50μA 挡，则表头支路总电阻 $0.25\text{k}\Omega + 1\text{k}\Omega + 2.5\text{k}\Omega = 3.75\text{k}\Omega$，表头分流电阻为

$$(12 \times 10^3 + 2.25 \times 10^3 + 675 + 67.5 + 6 + 1.5)\Omega = 15000\Omega = 15\text{k}\Omega$$

表头满偏为 40μA 时，对应被测最大电流为

$$40\mu\text{A} \times (15 + 3.75)/15 = 50\mu\text{A}$$

2.4.2　直流电压测量电路

当转换开关置于直流电压挡，组成的电路如图 2-16 所示。

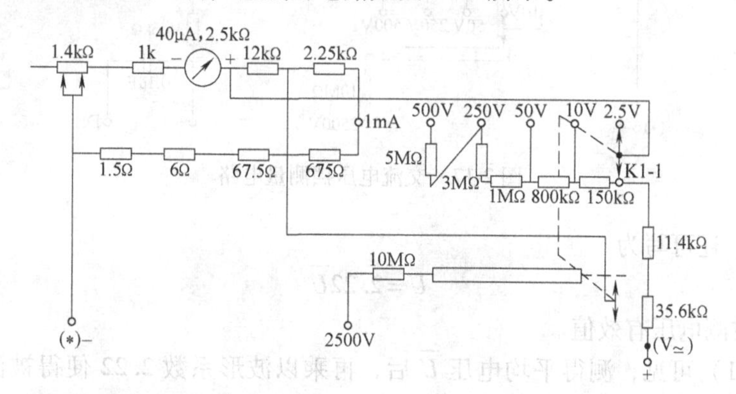

图 2-16　直流电压测量电路

测直流电压的原理可看成在图 2-15 中 50μA 电流挡的基础上串联各附加电阻构成，即等效电流表表头满偏为 50μA，等效内阻为 $3.75\text{k}\Omega /\!/ 15\text{k}\Omega = 3\text{k}\Omega$。例如，在等效表头基础上串联 $11.4\text{k}\Omega + 35.6\text{k}\Omega = 47\text{k}\Omega$ 的附加电阻便构成直流 2.5V 电压挡，即 $(47+3) \times 50 \times 10^{-3}\text{V} = 2.5\text{V}$，这就是说等效表头在满偏置 50μA 时，对应被测电压为 2.5V。

习惯上把等效表头满偏电流的倒数称为电压灵敏度（电压表内阻常数）。例如，在 2.5V 挡时内阻常数为 $\dfrac{1}{50 \times 10^{-6}}\Omega/\text{V} = 20000\Omega/\text{V}$。此时的电压灵敏度并非式（2-15）中的 S_U，S_U 的含义是单位被测电压所对应的测量机构稳定偏转角。

2.4.3　交流电压挡测量电路

当转换开关置于交流电压挡，便得到图 2-17 所示电路。因为磁电系表头只能测直流信号不能测交流信号，所以测交流电压时，必须对输入信号进行整流，从而测得直流脉动信号的平均值，再乘以波形系数便得到交流信号有效值。

图 2-17 中，由两支 CP11 型二极管组成半波整流电路。在交流电压正半周时，右边二极管导通，左边二极管截止，电流流入表头；在交流电压负半周时，右边二极管截止，左边二极管导通，将表头短接，从而没有电流流入表头，左边二极管在交流电压负半周时，能基本上消除右边二极管上的反向压降，防止右边二极管被击穿。设被测交流电压为 $u = \sqrt{2}U\sin\omega t$，经半波整流后，只剩下正半周电压。半波整流后的平均值为

$$\overline{U} = \frac{1}{2\pi}\int_0^{\pi} \sqrt{2}\sin\omega t \mathrm{d}(\omega t) = \frac{\sqrt{2}}{\pi}U = 0.45U \tag{2-20}$$

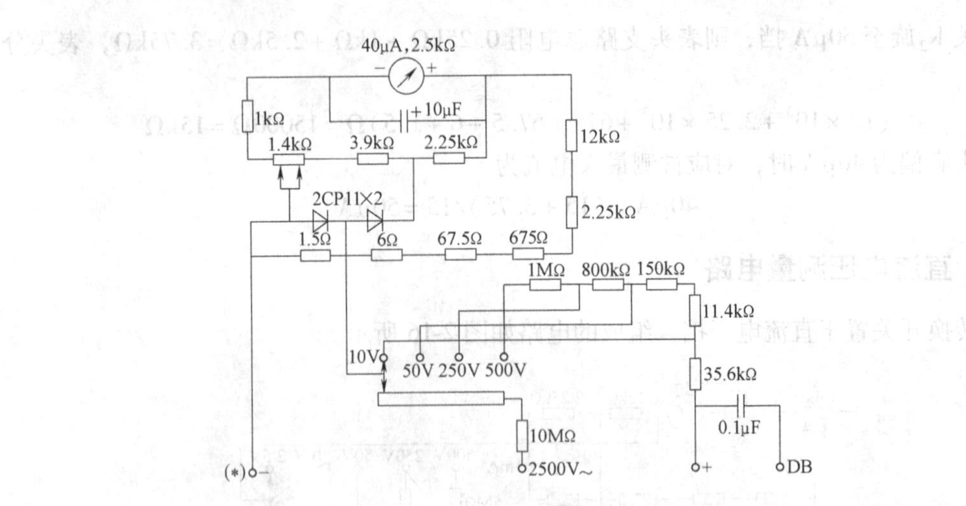

图 2-17　交流电压挡测量电路

式（2-20）还可写为

$$U = 2.22\overline{U} \tag{2-21}$$

式中　U——被测电压有效值。

由式（2-21）可见，测得平均电压 $\overline{U}$ 后，再乘以波形系数 2.22 便得被测电压有效值。由于万用表交流挡的标度尺是按有效值来刻度的，因此如果将万用表用于非正弦交流电压的测量，则所得结果并不是非正弦交流电压的真有效值，此时应根据被测非正弦交流电压的波形系数，对测量结果进行修正。

图 2-17 中，表头和整流器部分可等效成一个内阻为 2.24kΩ，满偏电流为 117.3μA 的电流表头。该等效表头在满偏位置，开关置于 10V 挡时所测交流电压有效值为

$$U = 117.3 \times 10^{-6} \times (2.24 + 35.6) \times 10^{3} \times 2.22\text{V} = 9.85\text{V} \approx 10\text{V}$$

2.4.4　直流电阻挡测量电路

万用表的电阻挡，实质上就是一个多量限的欧姆表。其测量电路可看成一个内阻为 R_g、满偏电流为 I_g 的等效电流表头串接被测量电阻 R_x 后接在一个端电压为 E 的干电池两端，流过被测电阻的电流为

$$I = \frac{E}{R_x + R_g} \tag{2-22}$$

由式（2-22）可见，流过表头的电流与被测电阻不是线性关系，所以欧姆表刻度是不均匀的。当被测电阻 $R_x = 0$ 时，等效表头满偏，指向零刻度，当被测电阻 $R_x = \infty$ 时，表头指针不转，停在机械零点位置。可见，欧姆表标度尺是反向刻度，与电压、电流挡的标度尺刻度方向相反，如图 2-18 所示。当 $R_x = R_g$ 时，表头指针指向中间位置，所指示的值称为欧姆中心值。500 型万用表的电阻测量电路如图 2-18 所示。

可以验证，当被测电阻 $R_x = 0$，开关 K_2 置于 ×1、×10、×100、×1k、×10k 挡时，等效表头均指向满偏位置，等效表头内阻（欧姆中心值）分别为 10Ω、100Ω、1kΩ、10kΩ、100kΩ。就是说，根据欧姆中心值，可以按十进制扩大量程。这样做可以使各个量程共用一条标度尺，使读数方便。在各挡中，被测电阻和相应挡欧姆中心值相等时，表头指针指向中

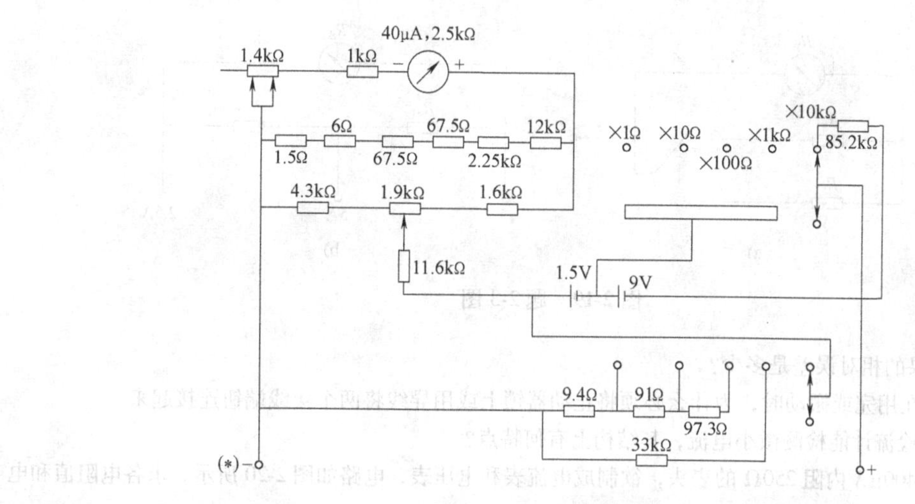

图2-18 电阻测量电路

间位置。一般测量电阻在0.1~10倍欧姆中心范围内读数才比较准确。

当干电池用久后，其电动势E会下降，当被测电阻$R_x=0$时，表头指针将达不到满偏刻度，为此图2-18中设有1.9kΩ的可调电阻，称为零欧姆调整器，当移动其动触头时，会改变表头分流电阻，使指针指在欧姆标度尺零位。如果调到极限位置，指针还不能归零，则需要更换电池。

2.4.5 500型万用表的技术性能与正确使用

1. 技术性能

直流电流挡和电阻挡准确度为2.5级；交流电压挡准确度为5.0级、内阻参数为4000Ω/V；0~500伏直流电压挡准确度为2.5级，内阻参数为20000Ω/V。

2. 正确使用

1）应特别注意左右两个按钮的配合使用，不能用电流挡和电阻挡测电压，否则会损坏表头。

2）每一次测电阻，一定要调零。用电阻挡测量时，注意“+”插孔是和内部电池的负极相连的。“*”端插孔是和内部电池的正极相连的。×10k电阻挡开路电压为10V左右，其余电阻挡开路电压为1.5V左右。

3）每次用毕后，最好将左边旋钮旋至“·”处，使测量机构两极接成短路。右边旋钮也应旋至“·”处。

思 考 题

2-1 为什么磁电系仪表标度尺刻度是均匀的？

2-2 磁电系测量机构为什么不能直接用于交流量的测量？

2-3 图2-19所示为利用一块磁电系表头制成多量程电表的两种电路，图2-19a为开路式，图2-19b为闭路式，试说明两种电路的优缺点。

2-4 有一电源E给负载电阻R_f供电，供电电流为I，用一个内阻是R的电流表测量电流，求电流表内

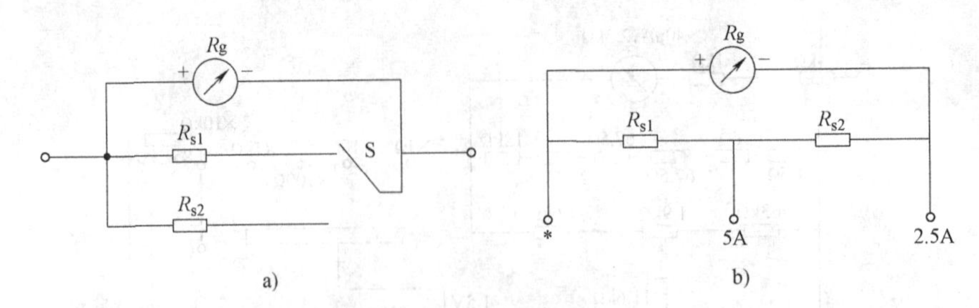

图 2-19　题 2-3 图

阻引起的测量结果的相对误差是多少？

2-5　检流计在用完或搬动时，为什么必须将止动器锁上或用导线将两个接线端钮连接起来？

2-6　为什么检流计能检测微小电流，其结构上有何特点？

2-7　有一个 400μA 内阻 250Ω 的表头，欲制成电流表和电压表，电路如图 2-20 所示，求各电阻值和电压挡的内阻常数（电压灵敏度 Ω/V）。

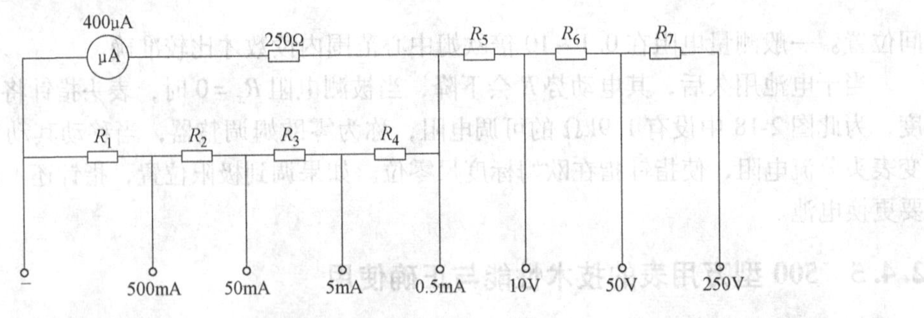

图 2-20　题 2-7 图

2-8　某万用表在使用 $R\times1$ 挡进行零位调节时，发现不能将指针调到零位，而在电阻挡的其他倍率挡时，指针可以调到零位，试述产生上述现象的原因？

第 3 章　电磁系仪表

要对交流电进行测量，必须克服磁电系仪表在交流电作用下转动力矩的大小和方向周期性地改变因而无法读数的矛盾。为了解决这个矛盾，人们采用了很多方法，归纳起来，可以分为两个方面：一个方面是从测量电路入手，即将被测交流电量通过某一“变换器”变换成磁电系测量机构可以测量的直流电量，如万用表中所介绍的测量交流电压的整流式仪表的电路就属于这种类型；另一方面是从改变测量机构入手，即采用和磁电系仪表结构不同的新的测量机构，使其转动力矩的平均值能反映出交流电流（或电压）的大小，电磁系仪表属于这种类型的仪表。电磁系仪表是测量交流电压与交流电流的最常用的一种仪表，它具有结构简单、过载能力强、造价低廉以及交、直流两用等一系列优点，在实验室和工程仪表中应用十分广泛。特别是安装式交流电流表和电压表，一般都采用电磁系仪表。本章将介绍电磁系仪表的结构、工作原理和技术特性，并简单介绍电磁系仪表的常见故障及其消除方法。

3.1　电磁系仪表的结构和工作原理

电磁系仪表的结构形式最常见的一般有两种：一种为吸引型（又称吸入型或扁线圈外置式）结构；另一种为排斥型（又称推斥型或圆线圈内置式）结构。

3.1.1　吸引型电磁系仪表的结构和工作原理

吸引型电磁系仪表的结构如图 3-1 所示。

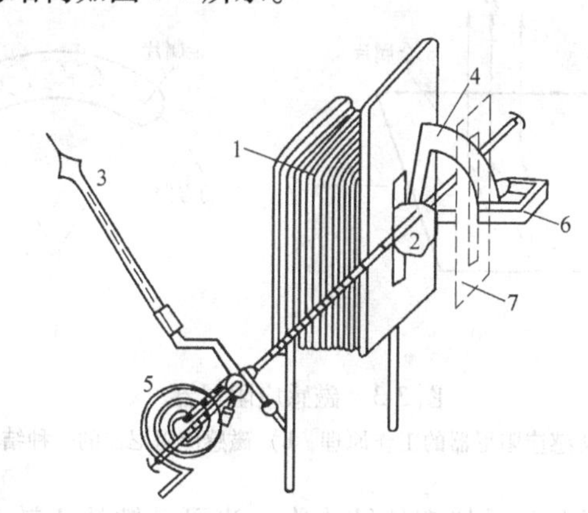

图 3-1　吸引型电磁系仪表的结构

1—固定线圈　2—可动铁片　3—指针　4—扇形铝片　5—游丝　6—永久磁铁　7—磁屏

吸引型电磁系仪表由固定线圈 1 和偏心地装在转动轴上的可动铁片 2 所组成。它的转动部分除可动铁片 2 外，还有指针 3、磁感应阻尼器的扇形铝片 4 及产生反作用力矩的游丝 5。扇形铝片 4 可以在作阻尼用的永久磁铁 6 的空隙中转动。为了防止固定线圈 1 受到永久磁铁

6 的影响，在永久磁铁前加一块钢质的磁屏，如图 3-1 中的 7 所示。

吸引型电磁系仪表的工作原理如图 3-2 所示。

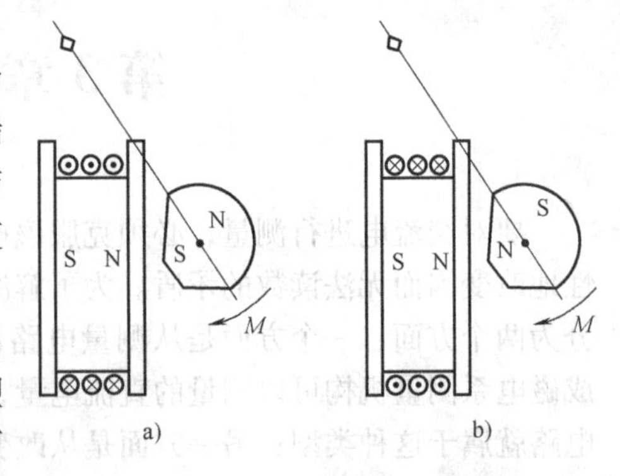

图 3-2　吸引型电磁系仪表的工作原理

当电流通过固定线圈时，在它的附近就有磁场存在（磁场的方向可由右手螺旋定则确定），其两端呈现磁性，使可动铁片被磁化，如图 3-2a 所示，结果对可动铁片产生吸引力，从而产生转动力矩，使指针发生偏转。当转动力矩与游丝产生的反作用力矩相平衡时，指针便稳定在某一位置，从而指示出被测电流（或电压）的数值来。由此可见，吸引型电磁系仪表是利用通有电流的固定线圈的磁场对可动铁片的吸引力来产生转动力矩。由于固定线圈中的电流方向改变时，线圈所产生的磁场的极性和被磁化的可动铁片的极性也随着改变，如图 3-2b 所示，因此它们之间的作用力仍然是吸引的，即活动部分转动力矩的方向仍保持原来的方向，所以指针偏转的方向也不会改变。可见，这种吸引型电磁系仪表可以应用在交流电路中。

电磁系仪表的阻尼器通常有“磁感应阻尼器”和“空气阻尼器”两种，这里先介绍磁感应阻尼器。图 3-3a 说明了磁感应阻尼器的工作原理。当金属片在作为阻尼用的永久磁铁的气隙中运动切割磁力线时，可以将金属片想象分为许多金属细丝，运用电磁感应定律（或右手定则）可以判断出：当这些金属细丝切割磁力线 $\boldsymbol{B}$ 时，在金属片中将有感应电流 i 产生，感应电流 i 的方向如图 3-3a 中的虚线所示。而此感应电流 i 与永久磁铁的磁场又相互作用，由此产生电磁力 $\boldsymbol{F}$，其方向可根据左手定则加以判断。从图 3-3a 可知电磁力 $\boldsymbol{F}$ 的方向刚好是和金属片运动方向相反，因此起到了阻尼作用。

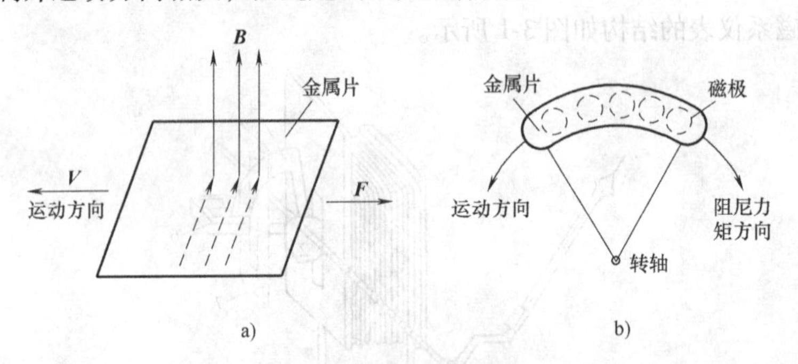

图 3-3　磁感应阻尼器

a）磁感应阻尼器的工作原理　b）磁感应阻尼器的一种结构

在图 3-1 所示的吸引型电磁系仪表的结构中，当可动铁片 2 转动时，通过转轴，使扇形铝片 4 也在永久磁铁 6 的空隙中转动，由于扇形铝片切割永久磁铁的磁力线，而在铝片中产生了涡流，这涡流和永久磁铁的磁场相互作用便产生阻碍扇形铝片运动的阻尼力矩。磁感应阻尼器也可以做成其他不同的形式，图 3-3b 所示就是它的结构的一种，但其基本原理是类似的。

图 3-4 所示为采用空气阻尼器的吸引型电磁系仪表的结构，其阻尼作用是由与转轴相连

的活塞4在小室中移动产生的。

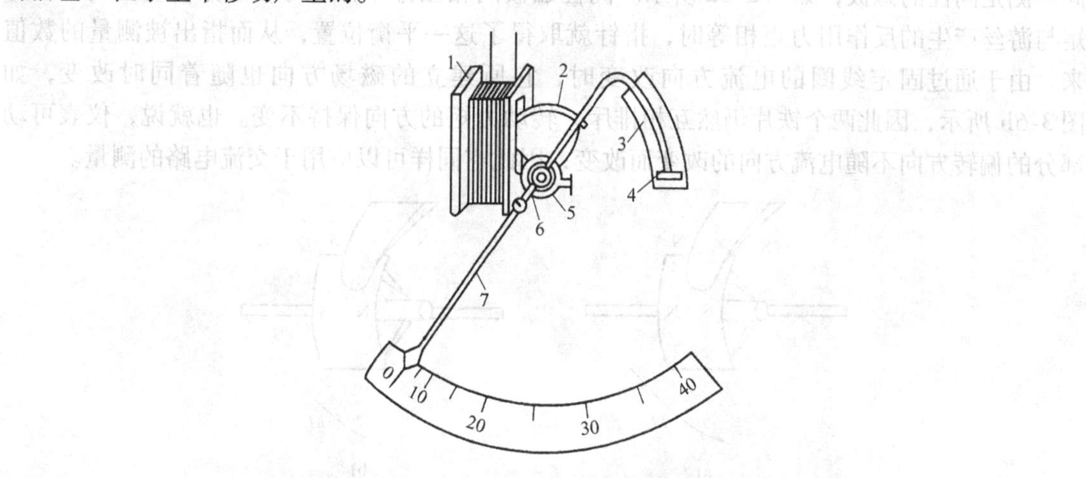

图3-4　采用空气阻尼器的吸引型电磁系仪表的结构

1—固定线圈　2—可动铁片　3—小室　4—活塞　5—螺旋弹簧　6—游丝　7—指针

3.1.2　排斥型电磁系仪表的结构和工作原理

排斥型电磁系仪表的结构如图3-5所示。

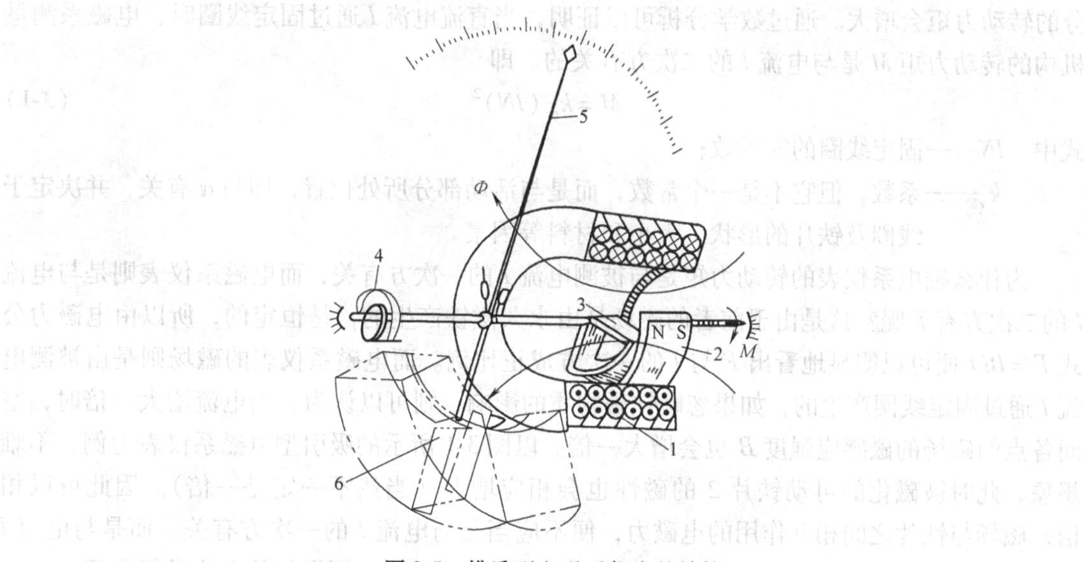

图3-5　排斥型电磁系仪表的结构

1—固定线圈　2—线圈内侧的固定铁片　3—可动铁片　4—游丝　5—指针　6—空气阻尼器的翼片

它的固定部分包括固定线圈1和线圈内侧的固定铁片2，可动部分包括固定在转轴上的可动铁片3、游丝4和指针5。图3-5中的6为一固定在轴上的空气阻尼器的翼片，它放置在不完全封闭的扇形阻尼箱内。当指针在平衡位置摆动时，翼片也随着在阻尼箱内摆动，由于箱内空气对翼片的摆动起阻碍作用，使摆动很快地停止下来。

当固定线圈通过电流时，电流的磁场使得固定铁片和可动铁片同时磁化，这两个铁片的同一侧是同性的磁极，如图 3-6a 所示。同性磁极间相互排斥，使可动部分转动，当转动力矩与游丝产生的反作用力矩相等时，指针就取得了这一平衡位置，从而指出被测量的数值来。由于通过固定线圈的电流方向改变时，它所建立的磁场方向也随着同时改变，如图 3-6b 所示，因此两个铁片仍然互相排斥，转动力矩的方向保持不变。也就说，仪表可动部分的偏转方向不随电流方向的改变而改变，因此它同样可以应用于交流电路的测量。

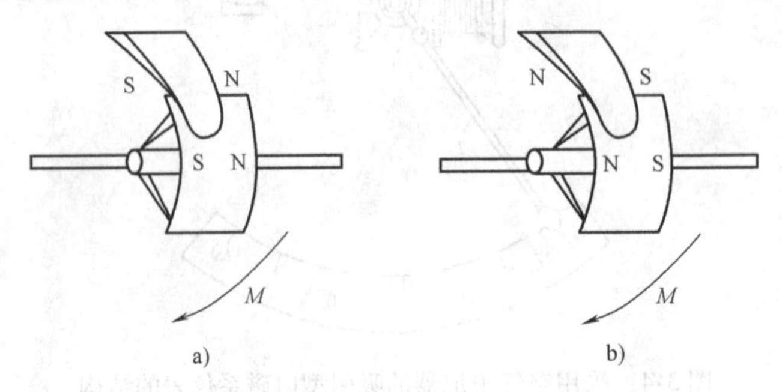

图 3-6　排斥型电磁系仪表中铁片的磁化情况

3.1.3　电磁系仪表的刻度特性

不论是吸引型还是排斥型的电磁系仪表，当通过固定线圈的电流增大时，作用于可动部分的转动力矩会增大。通过数学分析可以证明，当直流电流 I 通过固定线圈时，电磁系测量机构的转动力矩 M 是与电流 I 的二次方有关的。即

$$M = k_\alpha\ (IN)^2 \tag{3-1}$$

式中　IN——固定线圈的安匝数；

k_α——系数，但它不是一个常数，而是与活动部分所处位置，即与 α 有关，并决定于线圈及铁片的形状、大小和材料等因素。

为什么磁电系仪表的转动力矩是与被测电流 I 的一次方有关，而电磁系仪表则是与电流 I 的二次方有关呢？这是由于前者的磁场是由永久磁铁产生的，是恒定的，所以由电磁力公式 $F = BLI$ 便可以明显地看出 F 与 I 的一次方成正比例。而电磁系仪表的磁场则是由被测电流 I 通过固定线圈产生的，如果忽略铁磁物质的影响，则可以认为，当电流增大一倍时，空间各点的磁场的磁感应强度 B 也会增大一倍。以图 3-1 所示的吸引型电磁系仪表为例，不难想象，此时被磁化的可动铁片 2 的磁性也会相应增大（当然不一定是一倍）。因此可以相信，磁场与铁片之间相互作用的电磁力，便不应当是与电流 I 的一次方有关，而是与电流 I 的二次方有关了。对于图 3-4 所示的排斥型电磁系仪表也可以用类似的方法进行推理。

为什么系数 k_α 不是一个常数，而是一个与活动部分偏转有关的变数呢？这是因为当可动铁片和固定线圈的相对位置改变时，磁场的分布也会改变，因此 k_α 不能保持恒定不变，而是一个与 α 有关的变数。

下面先推导力矩表达式。

电磁系仪表的转动力矩是靠通以被测电流的线圈对铁片的吸引力产生的，这里分被测电流是直流或交流两种情况讨论：

1）固定线圈通过直流电的情况。从电工理论可知，线圈的磁场能量为

$$W=\frac{1}{2}I^2L \tag{3-2}$$

式中 I——被测电流；

L——线圈自感系数。

则固定线圈对可动铁片的吸引力造成的力矩为

$$M=\frac{\mathrm{d}W}{\mathrm{d}\alpha}=\frac{1}{2}I^2\frac{\mathrm{d}L}{\mathrm{d}\alpha} \tag{3-3}$$

式中 α——指针的偏转角。

式（3-3）表明，在直流电流的作用下，测量机构所受的力矩与电流 I 的二次方成正比。

2）在交流电流中，线圈磁场能量为

$$W=\frac{1}{2}Li^2 \tag{3-4}$$

式中 i——通过固定线圈的电流。

线圈磁场能量产生的力矩 $M(t)$ 为

$$M(t)=\frac{\mathrm{d}W}{\mathrm{d}\alpha}=\frac{1}{2}i^2\frac{\mathrm{d}L}{\mathrm{d}\alpha} \tag{3-5}$$

由于可动铁片的惯性，可动部分的偏转来不及跟着瞬时力矩变化，转动力矩决定于瞬时转矩在一个周期内的平均值。

$$M_{\mathrm{p}}=\frac{1}{T}\int_0^T M(t)\,\mathrm{d}t=\frac{1}{2}\frac{\mathrm{d}L}{\mathrm{d}\alpha}\frac{1}{T}\int_0^T i^2\,\mathrm{d}t$$

上式中，$\frac{1}{T}\int_0^T i^2\mathrm{d}t$ 是交流电流的有效值 I，所以，上式可改写为

$$M_{\mathrm{p}}=\frac{1}{2}I^2\frac{\mathrm{d}L}{\mathrm{d}\alpha} \tag{3-6}$$

可以看出，式（3-3）和式（3-6）形式完全一样，只是表达式中 I 的意思有所不同，前者为直流电流，后者为交流电流的有效值。

下面再讨论偏转角 α 与电流的关系。

电磁系仪表的反作用力矩由游丝或螺旋弹簧产生，反抗力矩为

$$M_{\mathrm{D}}=D\alpha \tag{3-7}$$

当反作用力矩与电磁能量产生的力矩平衡时，活动部分就停止转动，这时 $M=M_{\mathrm{D}}$，有

$$\alpha=\frac{1}{2D}I^2\frac{\mathrm{d}L}{\mathrm{d}\alpha}=KI^2 \tag{3-8}$$

式中

$$K=\frac{1}{2D}\frac{\mathrm{d}L}{\mathrm{d}\alpha}$$

由（3-8）式可知，电磁系仪表指针的偏转角与通过线圈的直流电流或交流电流有效值的二次方成正比，所以标度尺上的刻度是不均匀的。

如果$\frac{\mathrm{d}L}{\mathrm{d}\alpha}$为常数，刻度具有二次方规律，即刻度前半部较密，而后半部较疏。

如果$\frac{\mathrm{d}L}{\mathrm{d}\alpha}$不是常数，刻度与$\frac{\mathrm{d}L}{\mathrm{d}\alpha}$的变化有关，如果适当选择可动铁片形状，调节可动铁片

与固定线圈的相对位置，使被测电流较小时，$\mathrm{d}L/\mathrm{d}\alpha$ 较大，而在被测电流较大时，$\mathrm{d}L/\mathrm{d}\alpha$ 较小，刚好能补偿二次方规律的前密后疏缺点，使刻度比较均匀。例如，吸引型电磁系仪表采用扇形铁片，排斥型电磁系仪表采用梯形铁片，就是为了解决刻度不均匀的问题。

值得指出，上述讨论对非正弦交流的情况同样适用，因此电磁系仪表能用于非正弦交流电路中进行测量。

综上所述，由于电磁系仪表的偏转角是与被测电流 I 的二次方成比例，其刻度特性是不均匀的，标度尺的刻度前紧后松，以致使其前面部分读数很困难。为了尽可能地使标度尺的刻度均匀一些，仪表制造厂家采用了许多不同的设计方案，如改变可动铁片的形状以及综合采用“吸引”和“排斥”两种型式等，都可以收到一定效果。

3.1.4　电磁系仪表的技术性能

1. 使用范围

电磁系仪表既可用于测量直流，也可用于测量交流。因为可动铁片受力方向与固定线圈中电流的方向无关，电流方向改变时，固定线圈的磁极性和可动铁片的磁极性同时改变而保持受力方向不变，这是电磁系仪表特点之一。但是，还应该指出的是，用于直流时，电磁系仪表的可动铁片在直流磁化下，会产生磁滞误差，同一个被测量，在测量过程中会出现升降变差，用于交流时，由于涡流效应，其示值略小于直流，所以，电磁系仪表通常不做成交直流两用。

2. 电磁系仪表的主要技术特性

1）仪表结构简单，过载能力大，因为电磁系仪表的活动部分不通过电流。

2）电磁系仪表结构中的铁磁物质（可动铁片）存在着磁滞现象，会导致一定的误差。

3）由于电磁系仪表是由固定线圈通过电流建立磁场的，若磁场太弱，则仪表的转动力矩也会很小，无法使得活动部分发生偏转，因此这种仪表用以建立磁场的线圈的安匝数需达到一定的要求，所以使得它的灵敏度较磁电系仪表的灵敏度要低得多。当电磁系仪表用作电流表时，由于要保证一定的安匝数，线圈匝数不能太少，使得内阻相应较大，当用作电压表时，由于要保证线圈通过一定大小的电流，其相应的附加电阻不能太大，从而使得内阻又显得过小。现在国产的电磁系电流表内部压降为几十毫伏到几百毫伏，电压表内阻为每伏几十欧到百余欧。

4）电磁系仪表的本身磁场比较弱，外磁场对测量精度影响较大，即使采取了防御外磁场的措施，其受外磁场的影响还远较磁电系仪表严重。

5）电磁系电压表感抗较大，不适宜高频电路的测量。

3.2　电磁系仪表的误差及防御措施

3.2.1　外磁场误差

电磁系仪表的磁场是由固定载流线圈所建立的，整个磁路系统几乎没有铁磁材料。由于电磁系仪表线圈磁场的工作气隙大、磁阻大，因此仪表本身磁场相对比较弱，外磁场对测量结果的影响比较明显，成了附加误差的主要来源，这种误差叫做外磁场误差。其中，仅是地磁（即由地心磁极在地球周围空间形成的磁场）的影响，就可以造成1%的误差。为了防御外磁场的影响，通常采用“磁屏蔽”或无定位结构的方法，来避免这种误差。

1. 磁屏蔽

磁屏蔽就是将测量机构置于用硅钢片做成的圆筒形屏蔽罩里面。由于屏蔽罩的磁导率比空气要高得多，因此外来磁场的磁通将沿着屏蔽罩通过，而只有很少部分进入到屏蔽罩内部的空间。为了更好地进行屏蔽，在准确度较高的仪表中往往采用双层屏蔽，如图3-7所示，这是因为用两层厚度为h的屏蔽罩比用厚度为$2h$的屏蔽罩的效果要好得多。有了磁屏蔽以后，由于屏蔽罩中的涡流和磁滞效应，将引起附加误差，采用性能较好的高导磁材料可以减小这方面的误差。

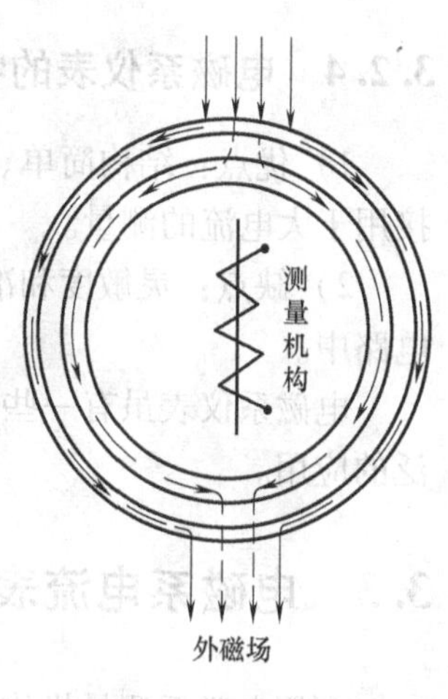

图3-7 磁屏蔽的原理

2. 无定位结构

无定位结构的仪表具有两套结构完全相同但产生的磁场方向相反的固定线圈和可动铁片，如图3-8所示。当线圈内通过一个被测电流时，产生的两个电磁力矩却是相加的。如果此仪表放置在均匀外磁场中，不管外磁场的方向如何，当一个线圈的磁场被加强时，另一个线圈的磁场必然会被相同程度地削弱，因此外磁场的作用自相抵消，对仪表读数没有影响。

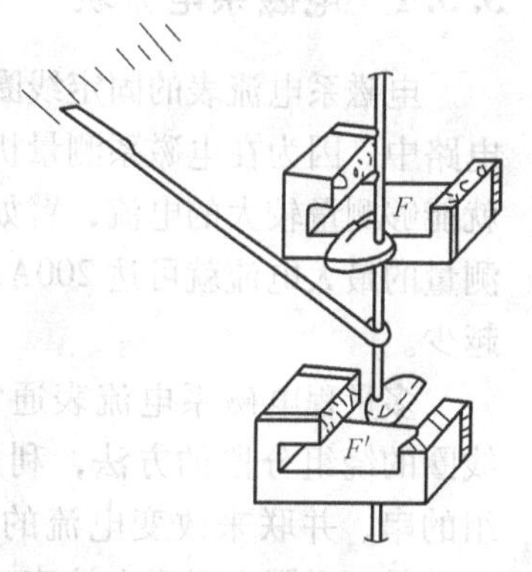

图3-8 无定位电磁系仪表结构

为什么叫“无定位结构”呢？因为如果没有采取上述装置时，电磁系仪表只有在线圈磁场与外磁场方向相互垂直时，外磁场的干扰作用才能避免，而采取上述装置以后，仪表位置可以随意搬动，都不受外磁场的干扰，所以称具有这种结构的仪表为“无定位”仪表。

3.2.2 电磁系仪表的磁滞误差

电磁系仪表的结构中包含铁磁物质（可动铁片），而铁磁物质存在磁滞现象，由此产生的误差成为磁滞误差。磁滞误差一方面使得电磁系仪表的准确度降低，另一方面由于交直流下的磁化过程不同，使得用于交流的电磁系仪表不宜于在直流下应用。例如，按交流有效值刻度的仪表，拿去测量直流时，读数不稳定，而且误差很大（误差一般可达10%左右）。

3.2.3 电磁系仪表的频率误差

电磁系电压表由于固定线圈的匝数较多，相应感抗较大，随着频率的变化，其感抗也将变化，这样在测量有效值相等而频率不一样的交流电时，测量值就不同，这就是频率误差。频率越高，这种误差就越大。因此，电磁系仪表不适于高频率电路的测量。

此外，虽然电磁系仪表同样能测量电流或电压的有效值，但当非正弦交流电路中含有不可忽略的高次谐波时（因非正弦量可以用傅里叶级数展开，即可以展开成多次谐波分量的叠加），谐波频率太高也会引起较大误差。

3.2.4　电磁系仪表的特点

1）优点：结构简单、造价低、过载能力强，交流、直流和非正弦电路都能用，并能直接用于大电流的测量。

2）缺点：灵敏度和准确度低、仪表本身消耗功率大、防外磁场能力弱、不宜用在高频电路中。

电磁系仪表虽有一些缺点，但由于它结构简单，过载能力强等独特优点，使它得到了广泛的应用。

3.3　电磁系电流表和电压表

利用电磁系测量机构可以构成电流表和电压表。

3.3.1　电磁系电流表

电磁系电流表的固定线圈是用较粗的绝缘铜线绕成的，测量时可将表头直接串联在被测电路中。因为在电磁系测量机构中，活动部分不需要通过电流，所以利用这种测量机构本身就能够测量较大的电流，譬如我国生产的19T1A型开关板式电磁系电流表，本身所能直接测量的最大电流就可达200A。电磁系电流表的量限越大，它的固定线圈的导线越粗，匝数越少。

多量程电磁系电流表通常是采用将固定线圈的绕组分段的方法，利用两个或几个绕组的串、并联来改变电流的量限。图3-9所示就是双量限电磁系电流表改变量限示意图，它的固定线圈被分为两个绕组，两个绕组的匝数相等，设为N，导线截面的大小也一样。这时两个绕组串联，电流量限为I_m。当利用两个金属片L分别连接A、B和C、D端钮时，则两个绕组并联，电流量限被扩大一倍，为$2I_m$。但不管利用哪个电流量限，当被测电流等于该电流量限时，在仪表内由固定线圈所产生的总安匝数是保持$2I_m$不变的。

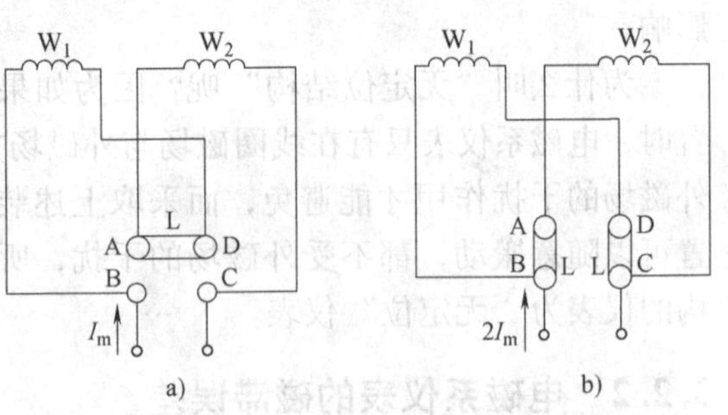

图3-9　双量限电磁系电流表改变量限示意图
a）绕组串联　b）绕组并联
W_1、W_2 —绕组　A、B、C、D—端钮　L—金属片

电磁系电流表的内阻一般都很大，这是因为要求固定线圈能产生较强的磁场，而电磁系仪表的磁场大部分以空气为介质，所以必须有足够的安匝数，才能产生足够的磁场和转矩（一般要求200～300安匝左右），而且在被测电流一定时就要增加匝数，这样不免要加大内阻。对于毫安表，则线圈需要匝数更多，导线线径更细，内阻也就更大。同时，为了减少轴承的摩擦误差，也要增大测量机构的转动力矩，就是也要增加安匝数，从而增大内阻。正因为电磁系电流表的内阻比较大，所以不采用分流器来扩大量程。此外，值得注意的是，各类型电磁系电流表的端钮位置也各有不同，使用时应细心识别。

3.3.2　电磁系电压表

电磁系电压表中的固定线圈是用较细的绝缘导线绕成的，为了获得足够大的磁场，它的匝数较电流表的匝数要多得多。这种电磁系电压表与磁电系电压表一样，其中附有附加电阻。测量时，电磁系电压表与被测电路并联，即跨接在被测电压两端，测量电压。所以，电磁系电压表和磁电系一样，可以直接作为电压表使用。电磁系电压表扩大量程一般也采用串联附加电阻的方法，但是电磁系电压表一方面要保证足够磁化力使仪表产生足够的转矩，另一方面又希望尽量减少匝数，以防止频率误差，这就要求通过仪表的电流要大，电压表的内阻要小（通常每伏只有几十欧），因此，使得电磁系电压表的内阻小、表耗功率较大。

图 3-10 所示为双量限电磁系电压表的原理电路。当使用端钮“＊”与电磁系电压表“150V”端钮测量时，相应量限为 150V，其附加电阻为 R_{fj1}。当使用端钮“＊”与“300V”端钮测量时，相应量限为 300V，其附加电阻为（$R_{fj1}+R_{fj2}$）。

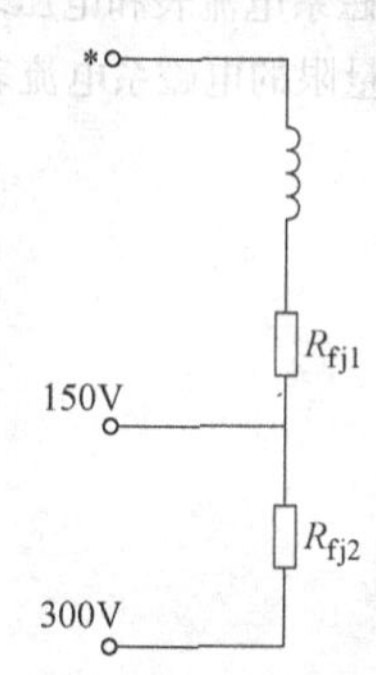

图 3-10　双量限电磁系电压表的原理电路

3.4　电磁系仪表的常见故障及其消除方法

电磁系仪表的常见故障在很多方面与磁电系仪表相同，其产生的原因也相似。电磁系仪表所特有的故障及其消除方法见表 3-1。

表 3-1　电磁系仪表所特有的故障及其消除方法

顺序	故　障	主 要 原 因	一般消除方法
1	卡针	1. 空气阻尼器的翼片碰到阻尼盒 2. 阻尼片碰到阻尼器的永久磁铁 3. 静、动铁片松动而相碰 4. 动铁片碰到电流线圈 5. 辅助铁片松动而碰到动铁片	1. 调整阻尼片在阻尼盒中的位置，排除碰擦的可能性 2. 调整阻尼片，使其位于磁铁空隙的中间 3. 固紧静动铁片 4. 调整线圈的位置，使动铁片位于线圈的宽孔中间 5. 固定辅助铁片
2	指针抖动	测量机构的固有频率与转矩频率共振	1. 增减可动体的重量 2. 更换游丝
3	测量机构有响声	1. 同第 2 项 2. 屏蔽罩松动 3. 阻尼机构零件有松动	1. 同第 2 项 2. 固紧屏蔽罩 3. 针对松动部分将其紧固
4	通电后指针不偏转（无定位式仪表）	在无定位式仪表中有一线圈装反或接反	正确连接和安装线圈
5	通电后指针向反方向偏转	固定静铁片的铝罩位置装反	调整铝罩的位置
6	交直流误差大	1. 测量电路感抗大 2. 测量机构中铁磁元件的剩磁大	1. 改变附加绕组的绕制方法或并联电容以减小感抗 2. 将有剩磁的元件进行退磁（但很难消除）

思考题

3-1　电磁系测量机构有哪些形式，其动作原理是什么？

3-2　电磁系测量机构有何优点和缺点？

3-3　电磁系测量机构有哪些防御外磁场的措施，防护原理是什么？

3-4　电磁系电流表和电压表为什么既可以测量直流又可以测量交流？

3-5　多量限的电磁系电流表和电压表的量限是怎样改变的？

第4章　电动系仪表与功率测量

4.1　电动系测量机构

4.1.1　结构和工作原理

1. 结构

电动系测量机构和磁电系及电磁系测量机构不同，它不是利用通电线圈和磁铁（或铁片）之间的电磁力，而是利用两个通电线圈之间的电动力来产生转动力矩的，其结构如图4-1所示。它有两个线圈，即固定线圈和可动线圈：固定线圈分为两个部分，平行排列，这样可使固定线圈两部分之间的磁场比较均匀；可动线圈与转轴固定连接，一起放置在固定线圈的两部分之间。游丝用来产生反作用力矩，同时也作为可动线圈电流的引入引出通道。阻尼力矩由空气阻尼器来产生。

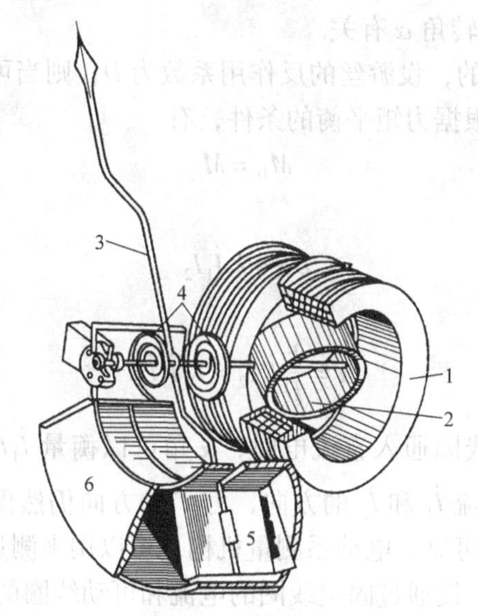

图4-1　电动系测量机构的结构

1—固定线圈　2—可动线圈　3—指针　4—游丝　5—空气阻尼器叶片　6—空气阻尼器外盒

2. 工作原理

电动系测量机构的工作原理如图4-2所示。

1）两线圈通入直流时：当固定线圈和可动线圈分别通入直流电流 $\dot{I}_1$ 和 $\dot{I}_2$ 时，可动线圈将受到力矩的作用而发生偏转，这是因为通电的可动线圈正处在固定线圈产生的磁场之中。根据固定线圈电流 $\dot{I}_1$ 的方向，便可决定它的磁场 B_1 的方向。根据可动线圈电流 $\dot{I}_2$ 的方向，用左手定则便可定出可动线圈受力 F 的方向，由力 F 所形成的转动力矩是可动线圈的电流 $\dot{I}_2$ 和固定线圈的磁场（其磁感应强度为 B_1）相互作用产生的。当电流 $\dot{I}_2$ 不变时，磁感应强

度 B_1 越大，转矩就越大；而当 B_1 不变时，电流 $\dot{I}_2$ 越大，转矩也越大。也就是说，转动力矩M 和 B_1、$\dot{I}_2$ 的乘积成正比，即

$$M = k_1 B_1 \dot{I}_2 \tag{4-1}$$

考虑到线圈磁场中没有铁磁性物质，在固定线圈匝数一定的情况下，B_1应和产生它的电流 $\dot{I}_1$ 成正比，即

$$B_1 = k_2 \dot{I}_1 \tag{4-2}$$

因此，转动力矩为

$$M = k_1 k_2 \dot{I}_1 \dot{I}_2 = k\, \dot{I}_1 \dot{I}_2 \tag{4-3}$$

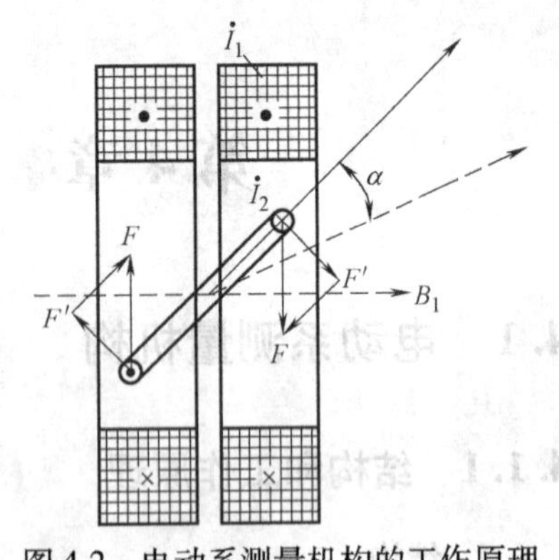

图 4-2　电动系测量机构的工作原理

式中　k——与线圈的结构、尺寸和偏转角 α 有关的系数。

上述各式表明，由于固定线圈内的磁场并不完全均匀的缘故，当 α 角变化（即可动线圈位置改变）时，磁感应强度就要发生变化，磁感应强度发生变化就会引起转动力矩的变化。同时，从图 4-2 还可以看出，即使磁场是均匀的，形成转矩的力 F'（F 在线圈平面垂直方向上的分力）也将随 α 角的变化而变化。因此，电动系测量机构的转动力矩不仅与电流 $\dot{I}_1$ 及 $\dot{I}_2$ 的乘积有关，还与偏转角 α 有关。

反作用力矩由游丝产生的，设游丝的反作用系数为 D，则当可动部分偏转 α 角时，产生的反作用力矩为 $M_D = D\alpha$。根据力矩平衡的条件，有

$$M_D = M$$

即

$$D\alpha = k\, \dot{I}_1 \dot{I}_2$$

则

$$\alpha = \frac{k}{D} \dot{I}_1 \dot{I}_2 = K\, \dot{I}_1 \dot{I}_2 \tag{4-4}$$

式（4-4）说明，当两线圈通入直流电时，α 角可以衡量 $\dot{I}_1 \dot{I}_2$ 乘积的大小。根据图 4-2 可以看出，如果同时改变电流 $\dot{I}_1$ 和 $\dot{I}_2$ 的方向，力 F 的方向仍然保持不变，因而转动力矩的方向也不会发生改变，由此可见，电动系测量机构也可以用来测量交流。

2）两线圈通入交流时：设通过固定线圈的电流和可动线圈的电流分别为

$$i_1 = I_{1m} \sin\omega t$$

$$i_2 = I_{2m} \sin(\omega t - \varphi)$$

式中　φ——i_1 与 i_2的相位差。

则测量机构的瞬时转动力矩为

$$\begin{aligned} m &= k i_1 i_2 = k I_{1m} \sin\omega t I_{2m} \sin(\omega t - \varphi) \\ &= k I_{1m} I_{2m} \frac{1}{2} [\cos\varphi - \cos(2\omega t - \varphi)] \\ &= k I_1 I_2 \cos\varphi - k I_1 I_2 \cos(2\omega t - \varphi) \end{aligned}$$

考虑到仪表可动部分的惯性，偏转角 α 将决定于瞬时转矩在一个周期内的平均值，即平均转矩的大小。上式第二项在一个周期内的平均值为零，因此，平均力矩 M_p 为

$$M_{\mathrm{p}} = kI_1 I_2 \cos\varphi \tag{4-5}$$

式中 I_1、I_2——分别为通过固定线圈和可动线圈交流电流的有效值。

根据平衡条件

$$M_{\mathrm{D}} = M_{\mathrm{p}}$$

有

$$D\alpha = kI_1 I_2 \cos\varphi$$

故得

$$\alpha = \frac{k}{D} I_1 I_2 \cos\varphi = KI_1 I_2 \cos\varphi \tag{4-6}$$

式（4-6）说明，当电动系测量机构用于交流电路时，其可动部分的偏转角不仅和交流电流的有效值 I_1、I_2 的乘积有关，还于两个电流相位差的余弦 $\cos\varphi$ 的大小有关，这是与该机构用于直流电路时不同的地方，应值得注意。

4.1.2 技术特性

1）准确度高：由于电动系测量机构中没有铁磁物质，基本上不存在涡流和磁滞的影响，所以其准确度很高，准确度可以达到0.1～0.5级。

2）可以交直流两用：在交流测量中，其频率范围比较广，额定工作频率为15～2500Hz，扩大频率范围能达到5000～10000Hz，同时还可以用来测量非正弦电流。

3）它不仅可以精确地测量电压、电流和功率，还可以用来测量功率因数、频率、电容、电感和相位差等。

4）易受外磁场影响：这是由于电动系测量机构的固定线圈磁场较弱的缘故。在一些准确度较高的仪表中，要采用磁屏蔽的装置，或者采用无定位结构，以消除外磁场对测量的影响。

5）仪表本身消耗的功率较大：为了产生工作磁场，必须保证线圈有足够大的安匝数（NI），因此，其本身消耗的功率较大。

6）过载能力小：与磁电系仪表相同，可动线圈中的电流需由游丝导入，所以过载能力较差。

7）电动系电流表、电压表的标度尺刻度不均匀，标度尺的起始部分刻度很密，读数困难，但功率表的标度尺刻度是均匀的。

4.2 电动系电流表和电压表

把电动系测量机构中的固定线圈和可动线圈作适当的连接，并配以一定的元件就构成了电动系电流表和电压表。

4.2.1 电动系电流表

把电动系测量机构的固定线圈和可动线圈直接串联起来接入被测电路，就构成了一个最简单的电动系电流表。为了区别电动系仪表中的固定线圈和可动线圈，在电路图中一般用圆圈加一水平粗实线表示固定线圈，加一细实线表示可动线圈，如图4-3所示。由于流过固定线圈和可动线圈的电流相等，根据式（4-4）可知，电

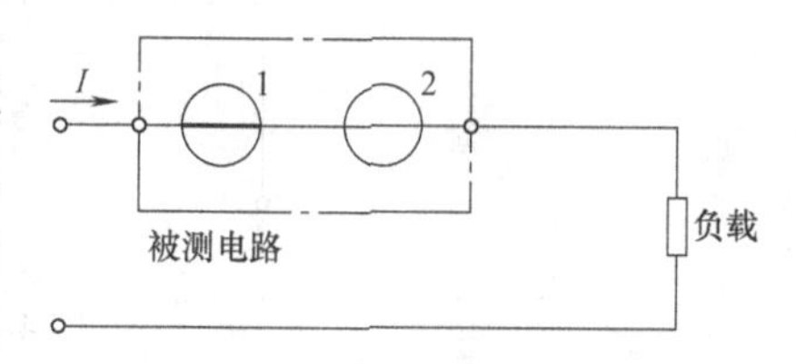

图4-3 电动系电流表原理电路
1—固定线圈 2—可动线圈

动系电流表指针的偏转角正比于被测电流的二次方，即

$$\alpha \propto kI^2$$

所以，电动系电流表标度尺的刻度具有二次方规律，其起始部分刻度较密，而靠近上量限部分较疏。由于可动线圈电流由游丝导入，所以这种两个线圈直接串联的电流表只能用于测量0.5A以下的电流。如果测量较大电流，通常是将固定线圈和可动线圈并联，或用分流电阻对可动线圈分流来实现。

电动系电流表通常做成双量程的便携式仪表，通过改变线圈的连接方式和可动线圈的分流电阻可以改变其量程。图4-4所示为D26—A型双量程电流表的原理电路。当量程为I时，用连接片将端钮1和2短接，此时可动线圈Q和电阻R_3串联，并被电阻（R_1和R_2）所分流。固定线圈的两个分段Q′和Q″互相串联后再和可动线圈电路串联。当量程为$2I$时，用连接片短路端钮2和3及1和4（如图中虚线所示），此时可动线圈Q和电阻（R_1和R_3）串联后被电阻R_2所分流，然后再与固定线圈Q′和Q″的并联电路相串联。

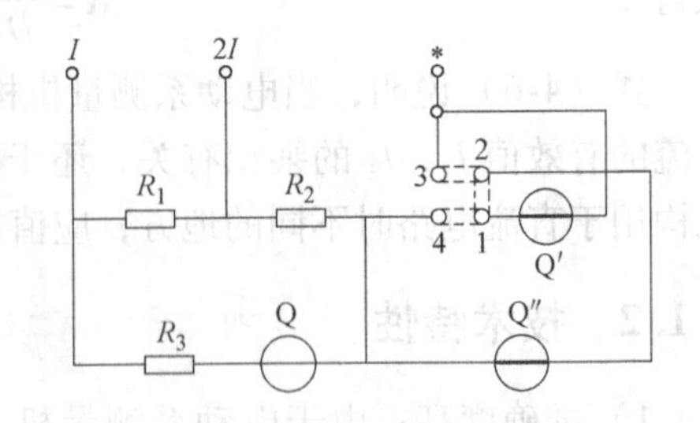

图4-4 D26—A型双量程电流表的原理电路

由于测量机构的磁路是空气，磁阻很大，所需的励磁安匝数很大。所以，电动系电流表的线圈匝数不能太少，和电磁系电流表一样，其内阻较大，功率消耗也较大。

4.2.2 电动系电压表

将电动系测量机构的固定线圈和可动线圈串联后，再和附加电阻串联，就构成了电动系电压表，原理电路如图4-5所示。由于线圈中电流和加在仪表两端的被测电压成正比，因此，仪表的偏转角和被测电压的二次方有关，其标度尺也具有二次方规律。

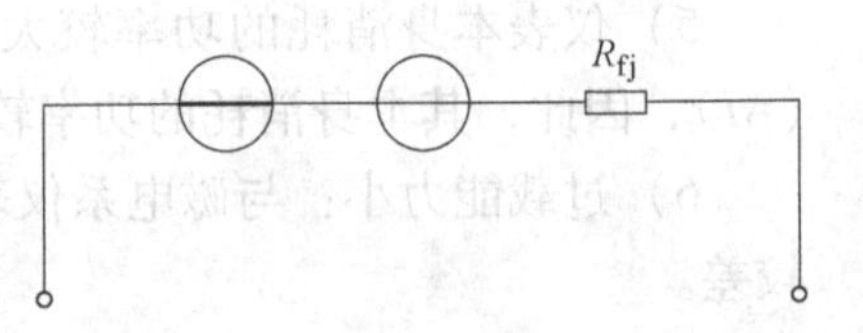

图4-5 电动系电压表原理电路

电动系电压表一般做成多量程的便携式仪表，通过改变附加电阻值的大小便可以改变其量程。图4-6所示为三量程电压表的测量电路。由于线圈电感的存在，当被测电压的频率变化时，将引起内阻抗的变化而造成误差。但可以通过并联电容的方法来补偿这种误差，图中与附加电阻R_1并联的电容C就是用来补偿这种频率误差的，故称C为频率补偿电容。当电压表接入频率补偿电容后，可以用于较宽频率范围的测量。

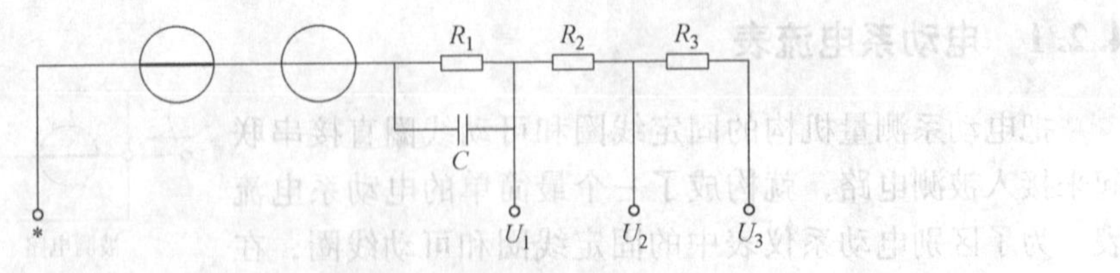

图4-6 三量程电压表的测量电路

由于电压表测量时的电流较小，所以电动系电压表的线圈匝数较多。但由于通过测量机

构的电流不能太小，所以串联的附加电阻就不能太大，这限制了电动系电压表内阻的提高，测量时仪表消耗的功率比较大。

4.3　电动系功率表

用在电路中测量功率的仪表是功率表。在电路理论中已知：直流电路中，功率是被测电路电压和电流的乘积（$P=UI$）；交流电路中，功率除是电路电压和电流的乘积外，还与被测电路的电流与电压之间的相位差的余弦，即电路的功率因数 $\cos\varphi$ 有关（$P=UI\cos\varphi$）。由前面的分析可知，电动系测量机构通入交流时，本身具有相敏特性，因此，它可以构成测量功率用的功率表。

4.3.1　电动系功率表的构成

1. 工作原理

把电动系测量机构的可动线圈与附加电阻串联后并联接入被测电路用来反映电压，固定线圈串联接入被测电路用中来反映电流，便可构成电动系功率表。根据国家标准规定，在测量电路图中，用一个圆加一条水平粗实线来表示电流线圈，用一条竖直细实线来表示电压线圈，如图 4-7 所示。显然，通过固定线圈的电流就是被测电路的电流 I，所以通常称固定线圈为电流线圈；可动线圈支路两端的电压就是被测电路两端的电压，所以通常称可动线圈为电压线圈，而可动线圈支路也被称为电压支路。

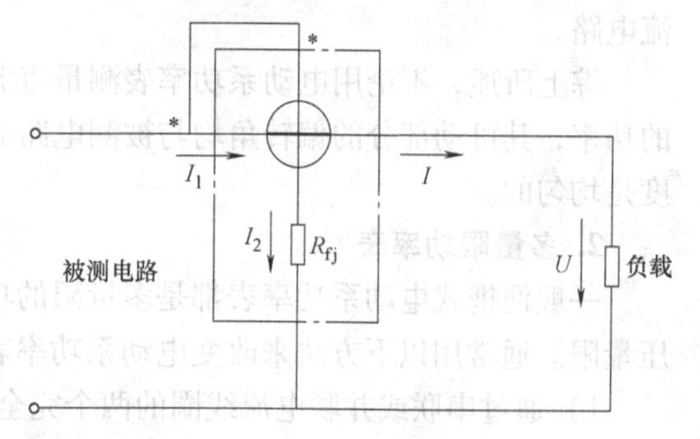

图 4-7　电动系功率表的原理电路

电动系功率表测量直流电路的功率和交流电路的功率的工作原理如下：

1）测量直流电路的功率：如图 4-7 所示，通过固定线圈的电流 I_1 与被测电路电流相等，即 $I_1=I$，而可动线圈中的电流 I_2 可由欧姆定律确定，即

$$I_2=\frac{U}{R_2}$$

由于电流线圈两端的电压降远小于负载两端的电压 U，所以电流线圈两端的电压降可以忽略不计，可认为电压支路两端的电压与负载电压 U 是相等的。上式中的 R_2 是电压支路总电阻，它是可动线圈电阻和附加电阻 R_{fj} 的总和。对于已制成的功率表，R_2 是一个常数。

由式（4-4）可以得出

$$\alpha=\frac{k}{D}I_1I_2=KI_1I_2=KI\frac{U}{R_2}=K'IU=K'P \tag{4-7}$$

可见用电动系功率表测量直流电路功率时，其可动部分的偏转角 α 与被测负载功率 P 成正比，标度尺刻度是均匀的。

2）测量交流电路的功率：通过固定线圈的电流 $\dot{I}_1$ 等于负载电流 I（有效值），即 $\dot{I}_1=I$。而通过可动线圈的电流 $\dot{I}_2$ 与负载电压 $\dot{U}$ 成正比，即

$$\dot{I}_2 = \frac{\dot{U}}{Z_2}$$

式中　Z_2——电压支路的总阻抗。

由于电压支路中附加电阻值比较大，如果工作频率不太高，则可动线圈的感抗与 R_{fj} 相比之下可以忽略不计，因此，可以近似认为可动线圈电流与负载电压 $\dot{U}$ 同相，即 $\dot{I}_2$ 与 $\dot{U}$ 之间的相位差等于零，电压支路是纯电阻性质（这是构成有功功率表的必要条件），此时 $\dot{I}_1(I)$ 与 $\dot{I}_2$ 之间的相位差 φ 与 $\dot{I}_1(I)$ 与 $\dot{U}$ 之间的相位差 φ 恒相等，如图 4-8 所示。

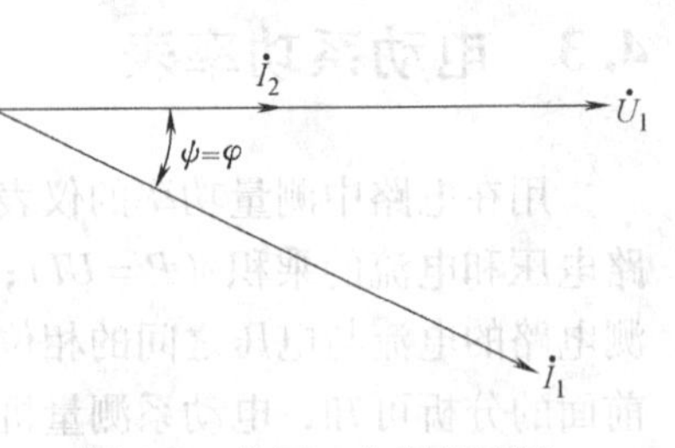

图 4-8　电压、电流相量图

由式（4-7）可得

$$\alpha \propto KUI\cos\varphi = KP \tag{4-8}$$

可见用电动系功率表测量交流电路的功率时，其可动部分的偏转角 α 与被测电路的有功功率 P 成正比。虽然这一结论是在正弦交流电路的情况下得出的，但它也适用于非正弦交流电路。

综上所述，不论用电动系功率表测量直流电路的功率还是用电动系功率表测量交流电路的功率，其可动部分的偏转角均与被测电路的功率成正比。因此，电动系功率表的标度尺刻度是均匀的。

2. 多量限功率表

一般便携式电动系功率表都是多量限的功率表，通常有两个电流量限以及两个或三个电压量限。通常用以下方法来改变电动系功率表的量限：

1）通过串联或并联电流线圈的两个完全相同的绕组的方法来构成电流的两个量限，如图 4-9 所示。如果两个绕组串联时的电流量限为 I_m，则两个绕组并联时的电流量限为 $2I_m$。一般是通过用连接片改变额定电流来转换电流量限的。

2）功率表电压量限的改变采用与电压表相同的方法，即在电压支路中串联不同的附加电阻，如图 4-10 所示。这种功率表的电压电路有四个端钮，其中标有“*”号的为公共端钮。

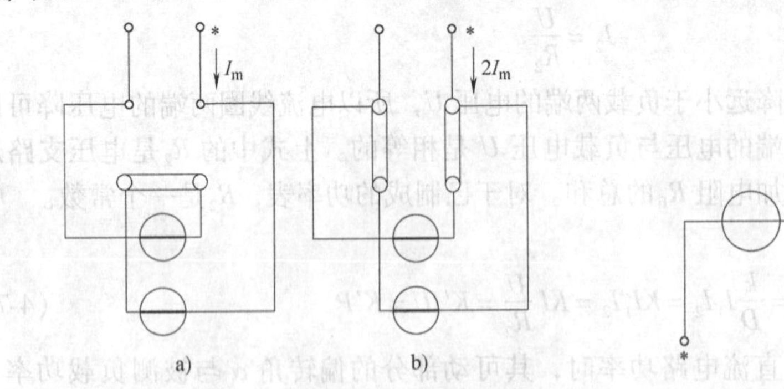

图 4-9　用连接片改变功率表的电流量限

a）电流线圈的两部分串联　b）电流线圈的两部分并联

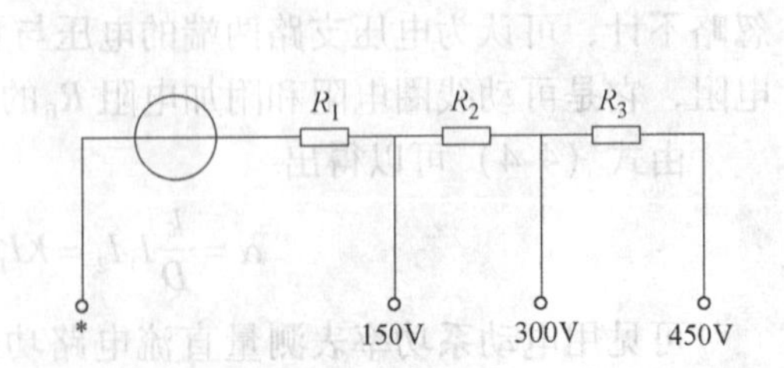

图 4-10　多量限功率表的电压电路

需要注意的是，功率表的不同量限是通过选择不同的电流量限和电压量限来实现的。例如，D9—W14 型功率表的额定值为 5/10A 和 150/300V，那么功率量限可以有四种选择：

5A、150V 量限：功率量限为 750W；

5A、300V 量限：功率量限为 1500W；

10A、150V 量限：功率量限为 1500W；

10A、300V 量限：功率量限为 3000W。

虽然 5A、300V 和 10A、150V 的功率量限相同，但使用时的意义却不一样，这一点必须特别注意。

例 4-1　有一感性负载，其功率约为 800W，功率因数为 0.8，工作在 220V 电路中，如用 D9—W14 型功率表去测量它的实际功率，应怎样选择功率表的量限？

解：因负载工作于 220V 电路中，故功率表的电压额定值应选为 300V，负载电流 I 可以按下式计算：

$$I=\frac{P}{U\cos\varphi}=\frac{800}{220\times 0.8}\text{A}\approx 4.54\text{A}$$

电流额定值应选为 5A。

例 4-2　在例 4-1 中，如果负载工作于 110V 电路中，假定其他条件不变，又应如何选择功率表的量限？

解：因负载在 110V 电路中工作，故功率表的电压额定值应选为 150V，负载电流为

$$I=\frac{P}{U\cos\varphi}=\frac{800}{110\times 0.8}\text{A}\approx 9.1\text{A}$$

功率表的电流额定值应选为 10A。

通过这两道例题可以看出，由于工作状态不同，尽管负载相同，功率表的量限选择也是不同的。如果在例 4-1 中将功率表的量限误选为 10A/150V，虽然负载功率并未超出功率量限，但因负载电压已超出其电压支路所能承受的电压 150V，则可能因电压支路电流过大而烧毁可动线圈或游丝。同样，如果在例 4-2 中误选 5A/300V 量限，则固定线圈会因通过其电流超过额定值而烧毁。因此，功率表量限的选择必须保证被测电路的电流、电压不超过额定值。

4.3.2　功率表的选择及使用方法

1）选择功率表时，不能只看功率表的功率量限，更应该注意正确选择功率表的电流量限和电压量限（见例 4-1 和例 4-2）。

2）功率表的正确接法必须遵守“发电机端”守则。即功率表标有“*”号的电流端钮必须接至电源端，而另一端则接至负载端，电流线圈与被测电路串联；功率表上标有“*”号的电压端钮可以接电流端钮的任意一端，而另一电压端钮则跨接至负载的另一端，即功率表的电压支路与被测电路相并联。

功率表上标有“*”号的电流端钮和电压端钮称为“发电机端”，这是为了防止接线错误而标出的特殊标记（有的功率表标的是“±”或“•”等符号）。功率表的正确接线如图 4-11 所示。

在功率表接线正确的情况下，如果指针反转，是由于负载端实际含有电源向外输出功率的缘故。发生这种现象时应换接电流线圈的两个端钮，但绝不能换接电压端钮。如果换接电

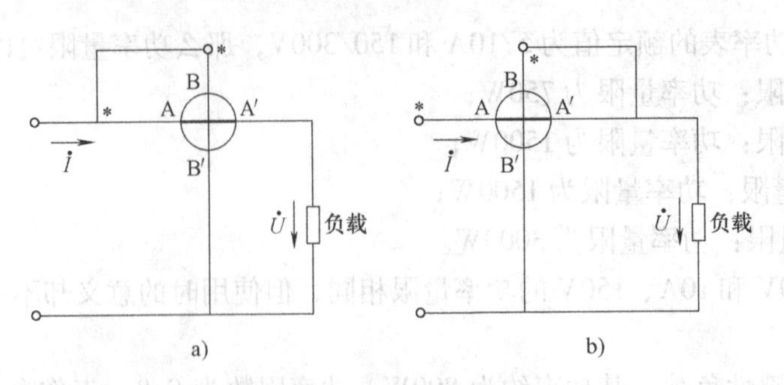

图 4-11　功率表的正确接线

a) 电压线圈前接　b) 电压线圈后接

压端钮，则电压支路中的附加电阻接在负载的高电位端，而可动线圈接在低电位端，由于附加电阻很大，电压 U 几乎全部降在 R_{fj} 上，此时电压线圈与电流线圈之间的电压可能很高，会产生电场力的作用，引起附加误差，同时有可能使绝缘击穿。所以，电压端钮的接法是不能改变的。有的电压线圈上装有换向开关，如图 4-12 所示，当发现指针反转时，转动换向开关 S，即可使指针正向偏转。此时 S 只是改变了电压线圈中的电流方向，电压线圈与附加电阻的相对位置并没有改变。

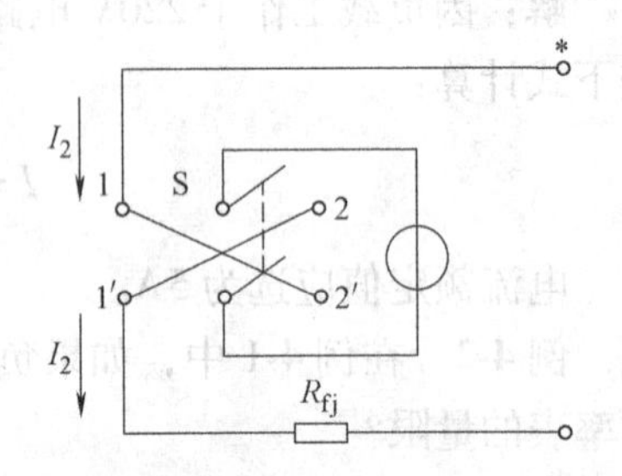

图 4-12　功率表换向开关的原理电路

3）选择正确的功率表接线方式。有两种不同的功率表接线方式，即电压线圈前接方式和电压线圈后接方式，如图 4-11a 和 b 所示。

① 电压线圈前接：适用于负载电阻远远大于电流线圈电阻的情况。因为这时电流线圈中的电流虽然等于负载电流，但电压支路两端的电压包含负载电压和电流线圈两端的电压，即功率表的读数中多出了电流线圈的功率消耗 I^2R_1（I 是负载电流，R_1 是电流线圈的电阻），如果负载电阻远比 R_1 大，那么 I^2R_1 所引起的读数误差就很小。

② 电压线圈后接：适用于负载电阻远远小于电压支路电阻的情况。此时与上面的情况相反，虽然电压支路两端的电压与负载电压 U 相等，但电流线圈中的电流却包含了负载电流和电压支路电流 I_2，即读数中多了电压支路的功率消耗 U^2/R_V（R_V 为电压支路总电阻）。如果 R_V 比负载电阻大得多，则电压支路的功率消耗引起的读数误差就会很小。

如果在实际测量中被测功率很大，或测量工作要求对结果进行修正，则可以根据不同情况来选择不同的接线方式。一般情况下，应根据负载大小和功率表的参数，按上述原则进行选择，以减小功率表本身的功率消耗对测量结果的影响。

4）正确读取功率表的示值。由于功率表一般都是多量限的，而且共用一条或几条标度尺，所以功率表的标度尺都只标分格数，而不标明瓦特数。功率表的标度尺上，每一格所代表的瓦特数称为分格常数。一般情况下，功率表的技术说明书上都给出了功率表在不同电流、电压量限下的分格常数，以供查用。测量时，读取指针偏转格数后再乘上相应的分格常数，就得出被测功率的数值，即

$$P = Cn \tag{4-9}$$

式中　P——被测功率（W）；

C——测量时所使用量限下的分格常数（W/格）；

n——指针偏转的格数。

如果功率表的分格常数没有给出，也可按下式来计算：

$$C=\frac{U_{m}I_{m}}{N} \tag{4-10}$$

式中　U_m——所使用的电压额定值；

I_m——所使用的电流额定值；

N——标度尺满刻度的格数。

例4-3　用一只满刻度为150格的功率表去测量某一负载所消耗的功率，所选用量限的额定电流为10A，额定电压为75V，其读数为80格，问该负载所消耗的功率是多少？

解：功率表的分格常数为

$$C=\frac{U_{m}I_{m}}{N}=\frac{75\times10}{150}\text{W/格}=5\text{W/格}$$

故被测负载所消耗的功率为

$$P=Cn=80\times5\text{W}=400\text{W}$$

根据上述读数及计算的要求，用功率表进行测量时，一定要记录下所选用量限的电流、电压的额定值及标度尺的满刻度格数、指针偏转格数，以便算出（或查出）分格常数。

4.3.3　低功率因数功率表

1. 低功率因数电路功率测量的特殊问题

测量功率时，常遇到被测电路的功率因数很低的情况，如测量铁磁材料的损耗、变压器的空载损耗和电容器的介质损耗等。从原理上说，普通的电动系功率表也可以用于低功率因数电路的功率测量，但在实际的测量当中，却存在以下问题：

1）读数偏差大：普通功率表的标度尺是按照额定功率因数 $\cos\varphi=1$ 来刻度的，仪表的满刻度值相当于被测功率 $P=U_nI_n$ 的情况。因功率表的转动力矩和偏转角均和被测功率（$P=UI\cos\varphi$）成正比，因此，如果 $\cos\varphi$ 很小，则仪表的转矩和指针偏转角也很小，这样就会造成很大的读数误差。

2）测量误差大：因转动力矩很小，所以仪表本身的功率损耗、摩擦等因素就对测量结果有较大的影响，造成的测量误差很大；此外，又因电动系功率表的角误差随 $\cos\varphi$ 的减小而增大，所以，当被测电路的功率因数很低时，其角误差可能会很大。

可见，如果用普通功率表来测量低功率因数电路的功率，不但会造成读数困难，而且更重要的是不能保证测量的准确性。因此，测量低功率因数电路的功率时必须采用专门的低功率因数功率表。

2. 低功率因数功率表

低功率因数功率表是专门用来测量低功率因数电路功率的一种仪表，其工作原理和普通功率表基本相同。但是，为了解决小功率下的读数问题，其标度尺应按较低的额定功率因数（通常 $\cos\varphi_n$ 取0.1或0.2）来刻度，这就要求仪表应有较高的灵敏度。同时，为了在较小的转矩下保证仪表的准确度，在仪表的结构上还要采取以下几种误差补偿措施：

1）采用补偿线圈：在电压线圈后接的功率表电路中（见图4-11b），由于功率表的读数包括了电压回路的功率损耗 U^2/R 而造成了误差，若被测功率很小，则相对误差就会很大，因此，为了补偿这个功率消耗，可以采用补偿线圈。补偿线圈的结构、匝数和电流线圈完全相同，并且绕向相反地绕在电流线圈上。补偿线圈串联在功率表的电压回路中，如图4-13所示，因此，通过补偿线圈的电流就是电压回路的电流 I_2，由 I_2 所建立的磁动势 N_1I_2（N_1 是补偿线圈也即电流线圈的匝数）和电流线圈中由于通过电压回路的电流而产生的附加磁动势（也是 N_1I_2）大小相等，但是方向相反，这就抵消了电流线圈中因流过电压回路电流所造成的影响，从而在功率表的读数中消除了电压回路功率消耗的误差。

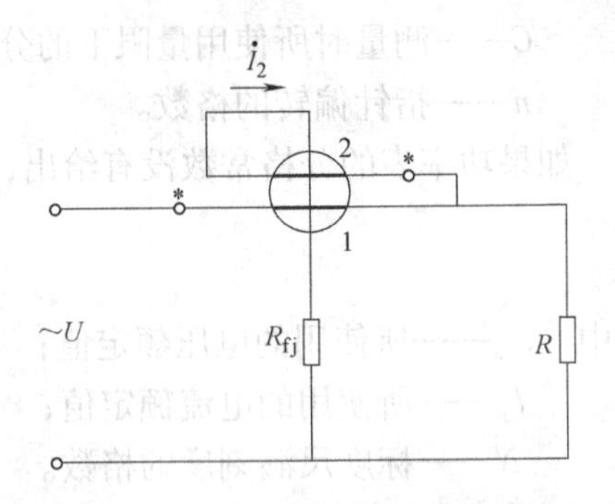

图4-13　具有补偿线圈的低功率因数功率表
1—基本电流线圈　2—补偿线圈

2）采用补偿电容：功率表的角误差是由电压线圈的电感所引起的，被测电路的功率因数越低，角误差就越大。因此，在低功率因数的情况下，必须设法减小角误差对测量的影响。一般是采用补偿电容的方法来消除角误差的，如图4-14所示。图中，电容 C 并联在电压支路的附加电阻的一部分上，从而可以使原来的感性电路变为纯电阻性电路，这样也就消除了角误差的影响。在D34—W型低功率因数功率表中就应用了这种方法。

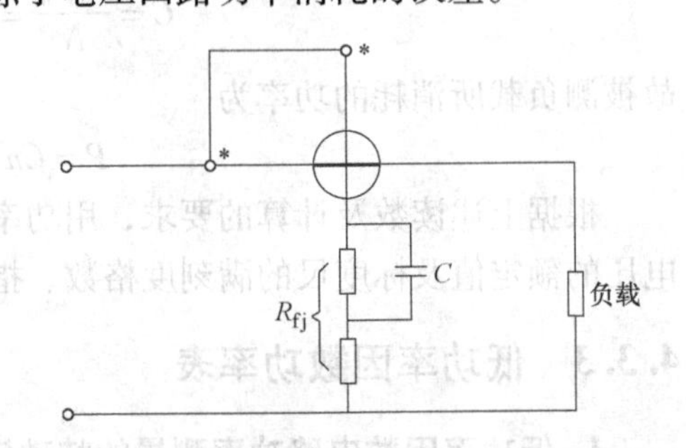

图4-14　带有补偿电容的低功率因数功率表

3）采用张丝支承、光标指示的结构：为了减小摩擦误差，提高灵敏度，可采用张丝支承、光标指示的结构。这样，仪表可以在较小的转矩下工作，并且使功率消耗大为减少。在D4—W型和D37—W型低功率因数功率表中，就采用了这样的结构。

3. 低功率因数功率表的使用

1）正确接线：低功率因数功率表的接线和普通功率表相同，即应遵守发电机端守则。但对具有补偿线圈的低功率因数功率表，则需采用电压线圈后接的方式。

2）正确读数：低功率因数功率表是在较低的额定功率因数 $\cos\varphi_n$ 下刻度的，因此其分格常数 C（W/格）为

$$C=\frac{U_nI_n\cos\varphi_n}{N_n} \tag{4-11}$$

所以，在测量时应根据所选用的额定电压 U_n、额定电流 I_n 以及仪表上标明的额定功率因数和标度尺的满刻度格数 N_n 计算出每格瓦数 C，然后再根据指针偏转的格数，把被测功率按式（4-9）计算出来。

另外需注意，在实际测量中，被测电路的功率因数 $\cos\varphi$ 不一定等同于功率表的额定功率因数 $\cos\varphi_n$，当 $\cos\varphi>\cos\varphi_n$ 时，可能会出现电压和电流未达额定值，而功率却超过了仪表的功率量程的情况，甚至碰弯表针，因此，要特别注意低功率因数功率表在 $\cos\varphi>\cos\varphi_n$ 时的使用。

4.4 三相交流电路中有功功率的测量

三相交流电路在实际工程上应用很广，因此，对三相交流电路进行功率测量更有实际意义。根据被测三相电路的性质，可以选择不同的测量方法，按照一定的测量原理还可以构成三相功率表。下面先介绍一下三相功率的测量方法，然后再介绍各种用途的三相功率表。

4.4.1 三相功率的测量方法

三相交流电路按电源和负载的连接方式不同，分为三相三线制和三相四线制两种系统，而每一种系统在运行时又有如下几种情况：三相交流电路完全对称电路（电源对称、负载对称）和不对称电路，而不对称电路又分为简单不对称电路（电源对称，负载不对称）和复杂不对称电路（电源和负载都不对称）。

三相交流电路特点不同，具体的测量方法也不同。

1. 用一表法测量对称三相电路的有功功率

利用一只单相功率表直接测量三相四线制完全对称的电路中任意一相的功率，然后将其读数乘以3，便可得出三相交流电路所消耗的总功率，如图4-15a所示。对于三相三线完全对称的三角形联结电路来说，则可按图4-15b所示的接线方式进行测量。

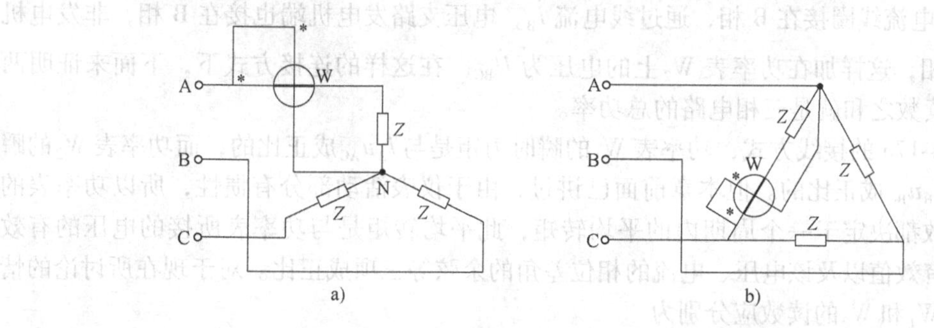

图4-15　一表法测量对称三相电路的有功功率

a）星形联结对称负载接法　b）三角形联结对称负载接法

如果被测电路的中性点不便于接线，或负载不能断开时，可按图4-16所示的接线进行测量。图中，电压支路的非发电机端所接的是人工中性点，即该人工中性点是由两个与电压支路阻抗值相同的阻抗接成星形而形成的。

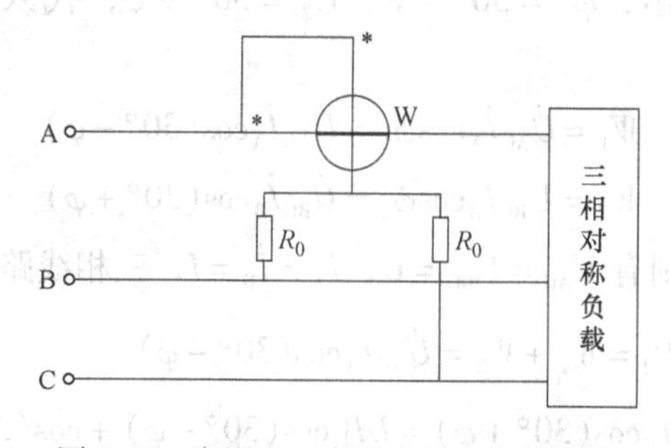

图4-16　应用人工中性点的一表法接线

2. 用两表法测量三相三线制的有功功率

在三相三线制电路中，可以用图 4-17a 所示的两表法来测量它的功率。其三相总功率 P 为两个功率表的读数 P_1 和 P_2 的代数和，即 $P=P_1+P_2$。图 4-17b 所示是这种接线方法的相量图。

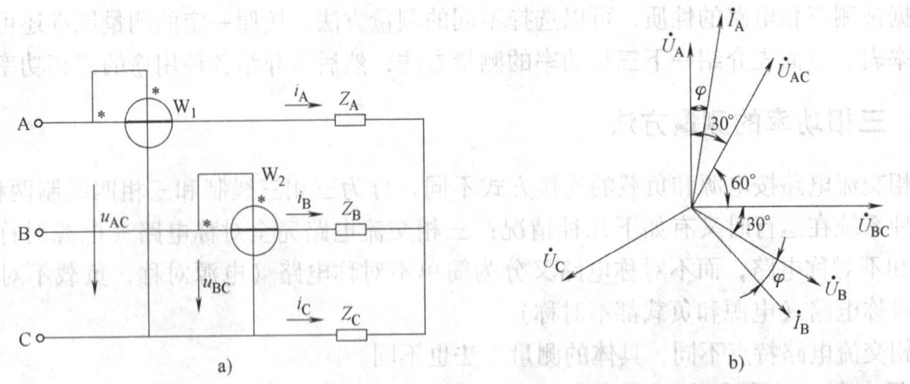

图 4-17 两表法测量三相三线制的有功功率的接线及相量图

在图 4-17a 中，功率表 W_1 的电流线圈串联接入 A 相，通过线电流 $\dot{I}_A$，电压支路的发电机端也接在 A 相，而电压支路的非发电机端接至 C 相，这样加在功率表 W_1 上的电压为 $\dot{U}_{AC}$。功率表 W_2 的电流线圈接在 B 相，通过线电流 $\dot{I}_B$，电压支路发电机端也接在 B 相，非发电机端也接在 C 相，这样加在功率表 W_2 上的电压为 $\dot{U}_{BC}$。在这样的连接方式下，下面来证明两个功率表的读数之和就是三相电路的总功率。

按照图 4-17a 的接线方式，功率表 W_1 的瞬时力矩是与 $i_A u_{AC}$ 成正比的，而功率表 W_2 的瞬时力矩是与 $i_B u_{BC}$ 成正比的。但本章前面已讲过，由于仪表活动部分有惯性，所以功率表的偏转角和读数都决定于一个周期内的平均转矩，此平均转矩是与功率表所接的电压的有效值、电流的有效值以及该电压、电流的相位差角的余弦等三项成正比。对于现在所讨论的情况，功率表 W_1 和 W_2 的读数应分别为

$$W_1=\dot{U}_{AC}\dot{I}_A\cos\phi_1 \tag{4-12}$$

$$W_2=\dot{U}_{BC}\dot{I}_B\cos\phi_2 \tag{4-13}$$

式中 ϕ_1——$\dot{U}_{AC}$ 和 $\dot{I}_A$ 之间的相位差角；

ϕ_2——$\dot{U}_{BC}$ 和 $\dot{I}_B$ 之间的相位差角。

从图 4-17b 中可以看出，$\phi_1=30°-\varphi$，$\phi_2=30°+\varphi$，代入式（4-12）和式（4-13）中，得

$$W_1=\dot{U}_{AC}\dot{I}_A\cos\phi_1=\dot{U}_{AC}\dot{I}_A\cos(30°-\varphi) \tag{4-14}$$

$$W_2=\dot{U}_{BC}\dot{I}_B\cos\phi_2=\dot{U}_{BC}\dot{I}_B\cos(30°+\varphi) \tag{4-15}$$

如果三相线路对称，则有 $\dot{U}_{AC}=\dot{U}_{BC}=U$，$\dot{I}_A=\dot{I}_B=I$，三相线路总功率为

$$\begin{aligned}P&=P_1+P_2=W_1+W_2=\dot{U}_{AC}\dot{I}_A\cos(30°-\varphi)\\&+\dot{U}_{BC}\dot{I}_B\cos(30°+\varphi)=UI[\cos(30°-\varphi)+\cos(30°+\varphi)]\\&=\sqrt{3}UI\cos\varphi\end{aligned} \tag{4-16}$$

由此可见，按图4-17a的接线方式，功率表W_1和W_2读数之代数和正好反映了三相总功率P。

实际上，这种测量三相总功率的“两表法”，不管三相电路是否对称，只要是满足$i_A+i_B+i_C=0$条件的电路，都是适用的。三相三线制是符合这个条件的，而三相四线制不对称电路不符合这个条件，所以，这种测量三相总功率的“两表法”只适用于三相三线制，而不适用于三相四线制不对称电路。

下面讨论负载的阻抗角φ对两功率表读数的影响：

从式（4-14）和式（4-15）可以看出，两个功率表的读数与负载的功率因数之间存在着一定的关系：

1）如果负载为纯电阻性的，$\varphi=0$，则两功率表的读数相等。

2）如果负载的功率因数等于0.5，即$\varphi=\pm60°$，这时将有一个功率表的读数等于零。

3）如果负载的功率因数低于0.5，即$|\varphi|>60°$，这时将有一个功率表的读数为负值。也就是说，在这种情况下，有一个功率表将出现反转。为了取得读数，这时就要把这个功率表的电流线圈的两个端钮对换，使功率表往正方向偏转，相应地，三相电路的功率等于这两个功率表的读数之差。

由以上讨论可知，在用两个功率表测量三相电路的功率时，即使功率表接线完全正确，也有可能其中一个功率表出现读数为零或为负值的情况。遇到这种情况时，必须把该功率表的电流线圈的两个端钮反接，这时，该功率表的读数应为负值。三相电路的总功率等于两个功率表读数之差。了解到这一点，就可以做到心中有数并有把握地去进行测量了。

应用两表法测量三相三线制的有功功率时，应注意两点：

1）接线时应使两只功率表的电流线圈串联接入任意两线，使其通过的电流为三相电路的线电流，两只功率表的电压支路的发电机端必须接至电流线圈所在线，而另一端则必须同时接至没有接电流线圈的第三线。

2）读数时必须把符号考虑在内，当负载的功率因数大于0.5时，两功率表读数相加即是三相总功率；当负载的功率因数小于0.5时，将有一只功率表的指针反转，此时应将该表电流线圈的两个端钮反接，使指针正向偏转，该表的读数应计为负值，三相总功率即是两表读数之差。

3. 用三表法测量三相四线制的有功功率

在三相四线制电路中，不论其对称与否，都可以利用三只功率表测量出每一相的功率，然后将三个读数相加即为三相总功率。三表法的接线如图4-18所示。

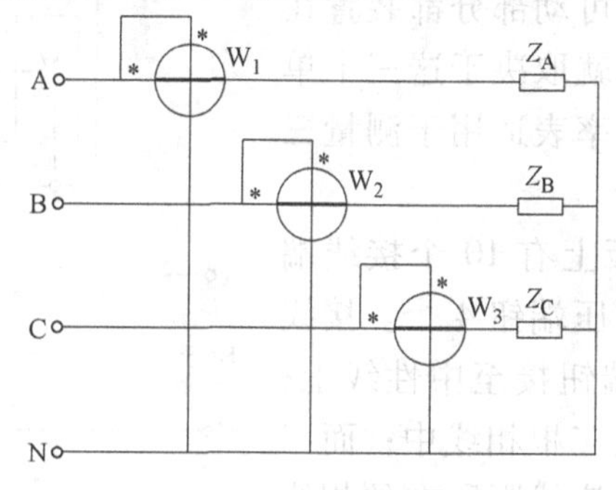

图4-18　三表法测量三相四线制电路的有功功率的接线

4.4.2 三相有功功率表

三相有功功率表每个元件的工作原理与单相功率表的相同，在结构上分为“二元件三相功率表”和“三元件三相功率表”。

1. 二元件三相功率表

根据两表法原理就可构成二元件三相功率表。二元件三相功率表有两个独立单元，每一个单元就是一个单相功率表，这两个单元的可动部分机械地固定在同一转轴上，因此，用这种仪表测量时，其读数取决于这两个独立单元共同作用的结果。这种二元件三相功率表适合于测量三相三线制交流电路的功率。二元件三相功率表的面板上有七个接线端钮，内部线路如图 4-19 所示。二元件三相功率表的外部接线如图 4-20 所示。接线时应遵循下列两条原则：两个电流线圈 A_1、A_3 可以任意串联接入被测三相三线制电路的两线，使通过线圈的电流为三相电路的线电流，同时应注意将“发电机端”接到电源侧；两个电压线圈 B_1 和 B_3 通过 U_1 端钮和 U_3 端钮分别接至电流线圈 A_1 和 A_3 所在的线上，而 U_2 端钮接至三相三线制电路的另一线上。

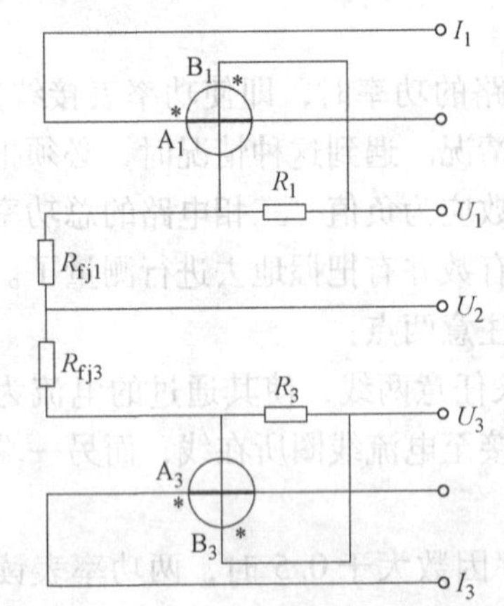

图 4-19 二元件三相功率表的内部线路

A_1、A_3—电流线圈 B_1、B_3—电压线圈

R_{fj1}、R_{fj3}—附加电阻 R_1、R_3—电压线圈分流电阻

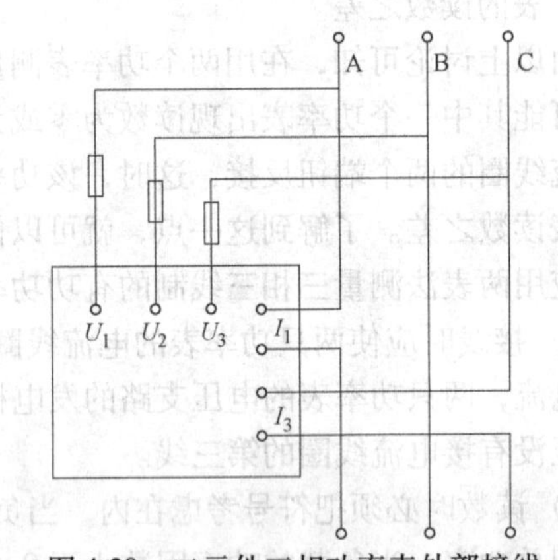

图 4-20 二元件三相功率表外部接线

2. 三元件三相功率表

三元件三相功率表是根据三表法原理构成的，它有三个独立单元，每一单元就相当于一个单相功率表，三个单元的可动部分都装置在同一转轴上，因此它的读数就取决于这三个单元的共同作用。三元三相功率表适用于测量三相四线制交流电路的功率。

三元三相功率表的面板上有 10 个接线端钮，其中电流端钮 6 个、电压端钮 4 个。接线时应注意：将接中性线的端钮接至中性线上；三个电流线圈分别串联接至三根相线中；而三个电压线圈分别接至各自电流线圈所在的相线上，如图 4-21 所示。

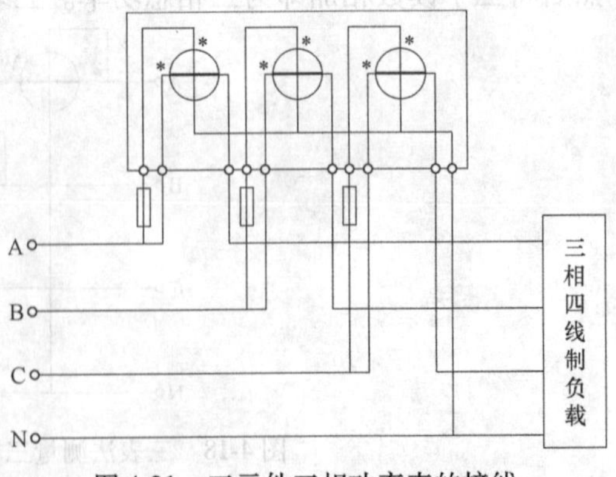

图 4-21 三元件三相功率表的接线

4.5　三相交流电路中无功功率的测量

交流电路的无功功率也可以用有功功率表来测量，这是因为无功功率 $Q=\dot{U}\dot{I}\sin\varphi=\dot{U}\dot{I}\cos(90°-\varphi)$，如果改变接线方式，使功率表电压支路的电压 $\dot{U}$ 与电流线圈中的电流 $\dot{I}$ 之间的相位差为（$90°-\varphi$），这时有功功率表的读数就是无功功率了。图 4-22 所示是无功功率的测量原理相量图。

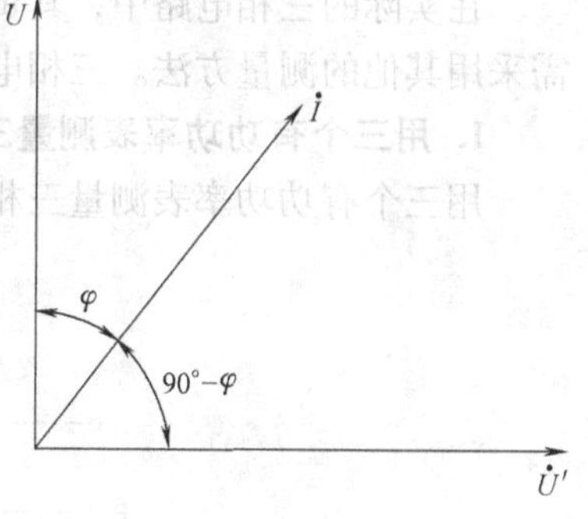

图 4-22　无功功率的测量原理相量图

从图 4-22 的相量图中可以看出，测量有功功率时，加在电压支路上的电压为 $\dot{U}$，而测量无功功率时，就应该在电压支路上加上电压 $\dot{U}'$。在对称三相电路中，由电工学的知识可知，线电压 $\dot{U}_{BC}$ 与相电压 $\dot{U}_A$ 之间恰有 90° 的相位差，也就是 $\dot{U}_{BC}$ 与 A 相电流 $\dot{I}_A$ 之间有（$90°-\varphi$）的相位差，如图 4-23b 所示。如果将图 4-23a 所示的一表法测量三相有功功率的线路中单相功率表的接线改为图 4-24a 所示的电路，则加在电压支路上的电压为 U_{BC}，它正好与 A 相中的线电流 $\dot{I}_A$ 相差（$90°-\varphi$）。此时，功率表的读数为

$$Q=\dot{U}_{BC}\dot{I}_A\cos(90°-\varphi)=\dot{U}_{BC}\dot{I}_A\sin\varphi \tag{4-17}$$

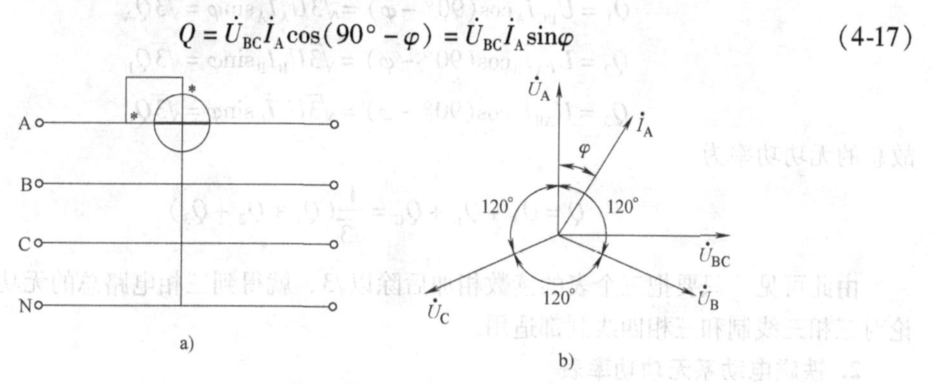

图 4-23　测量三相有功功率的接线和相量图

a）接线　b）相量图

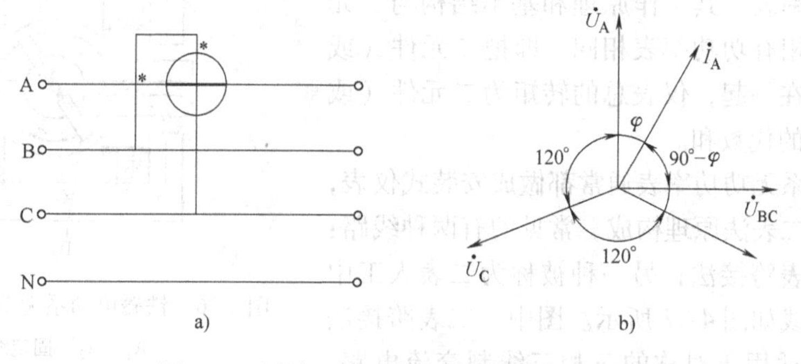

图 4-24　测量三相无功功率的接线和相量图

a）接线　b）相量图

而三相负载的电路中，无功功率为

$$Q=\sqrt{3}UI\sin\varphi$$

比较上述两式可知，只要把上述功率表的读数 Q' 乘以 $\sqrt{3}$，就得到对称负载三相电路的总无功功率。

在实际的三相电路中，其负载往往不对称，因此无法采用图 4-24 所示的电路进行测量，需采用其他的测量方法。三相电路无功功率的测量方法很多，这里介绍最常用的两种。

1. 用三个有功功率表测量三相无功功率

用三个有功功率表测量三相无功功率的接线如图 4-25 所示。

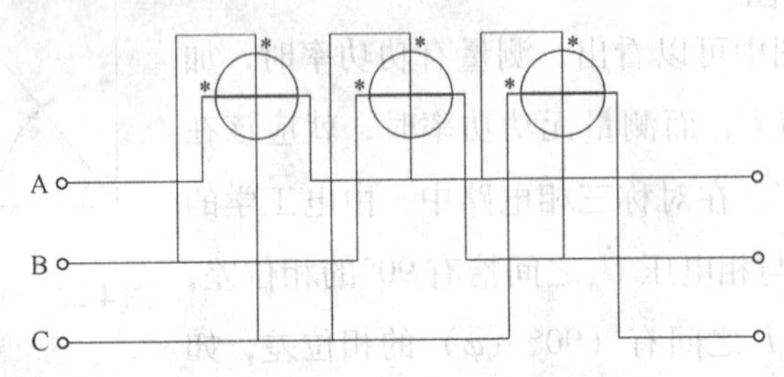

图 4-25　用三个有功功率表测量三相无功功率的接线

在这种方法中，每一只单相功率表所测得的无功功率分别是

$$Q_1=\dot{U}_{BC}\dot{I}_A\cos(90°-\varphi)=\sqrt{3}\dot{U}_A\dot{I}_A\sin\varphi=\sqrt{3}Q_A$$

$$Q_2=\dot{U}_{CA}\dot{I}_B\cos(90°-\varphi)=\sqrt{3}\dot{U}_B\dot{I}_B\sin\varphi=\sqrt{3}Q_B$$

$$Q_3=\dot{U}_{AB}\dot{I}_C\cos(90°-\varphi)=\sqrt{3}\dot{U}_C\dot{I}_C\sin\varphi=\sqrt{3}Q_C$$

故总的无功功率为

$$Q=Q_A+Q_B+Q_C=\frac{1}{\sqrt{3}}(Q_1+Q_2+Q_3) \tag{4-18}$$

由此可见，只要把三个表的读数相加后除以 $\sqrt{3}$，就得到三相电路总的无功功率。这一结论对三相三线制和三相四线制都适用。

2. 铁磁电动系无功功率表

铁磁电动系无功功率表的结构如图 4-26 所示，实际是在固定线圈中加上了铁心。

利用铁磁电动系测量机构可以构成三相有功功率表或无功功率表，其工作原理和基本结构与二元件或三元件三相有功功率表相同，即把二元件（或三元件）组合在一起，仪表总的转矩为二元件（或三元件）转矩的代数和。

铁磁电动系无功功率表通常都做成安装式仪表，其线路一般按二表法原理构成。常见的有两种线路：一种被称为两表跨接法；另一种被称为二表人工中性点法。其接线如图 4-27 所示。图中，二表跨接法无功功率表只适用于对称的三相三线制交流电路，而二表人工中性点法无功功率表可用于对称及简单

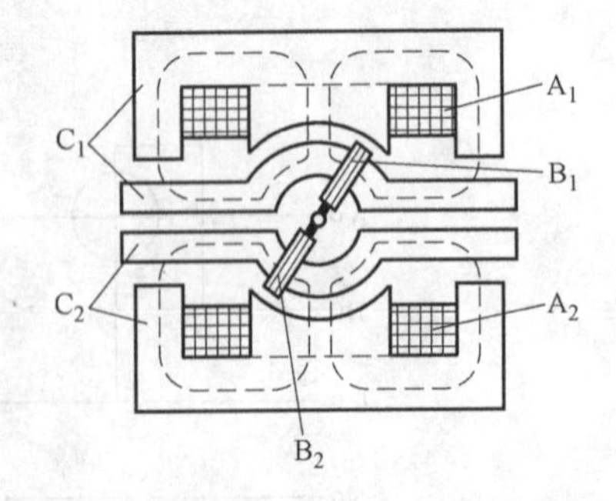

图 4-26　铁磁电动系无功功率表的结构

A_1、A_2—固定线圈

B_1、B_2—可动线圈　C_1、C_2—磁路

不对称的三相三线制电路。

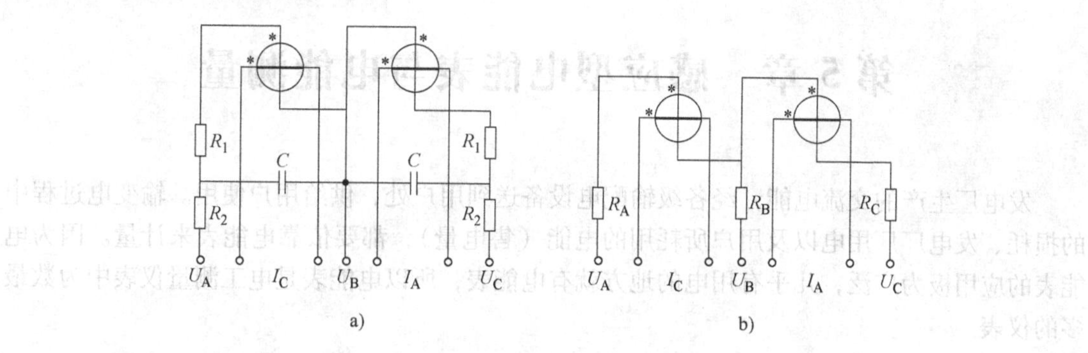

图 4-27　铁磁电动系无功功率表的接线

a）二表跨接法　b）二表人工中性点法

思 考 题

4-1　电动系测量机构有何优点和缺点？

4-2　电动系电流表和电压表是怎样构成的？为什么它们可以测量直流和交流？

4-3　多量限的电动系电流表和电压表的量限是怎样改变的？

4-4　电动系功率表是怎样构成的？在使用时应注意哪些问题？

4-5　电动系仪表有哪些用途？可制成哪些仪表？

4-6　试述电动系仪表在测量时，指针抖动与频率谐振产生的原因及排除方法。

4-7　电动系仪表通电后，指针向反方向偏转，这是什么原因造成的？怎样排除？

4-8　哪些因素将会导致电动系仪表通以额定电流后偏转角很小？怎样排除？

第 5 章　感应型电能表与电能测量

发电厂生产的交流电能，经各级输配电设备送到用户处，供给用户使用。输变电过程中的损耗、发电厂厂用电以及用户所耗用的电能（售电量），都要依靠电能表来计量。因为电能表的应用极为广泛，几乎有用电的地方就有电能表，所以电能表是电工测量仪表中为数最多的仪表。

5.1　感应型电能表的结构和工作原理

5.1.1　单相有功电能表的结构

单相有功电能表是感应型三磁通型的积算式电工测量仪表，它是由电磁元件、永久磁钢、转动机构及上下轴承、计数器、支架、底座、表盖、端钮盒，出线罩等部件组成，如图 5-1所示。

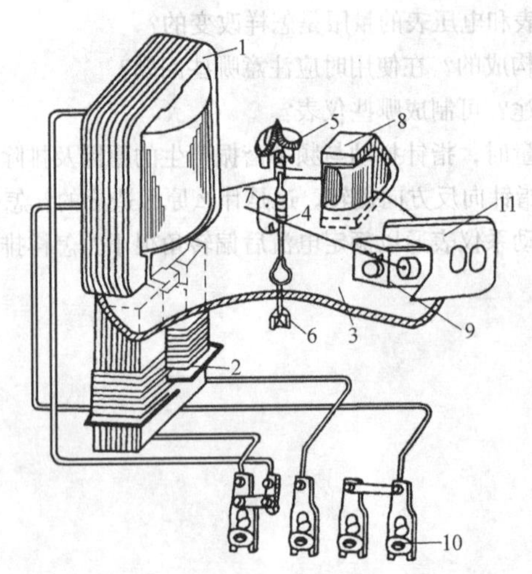

图 5-1　单相感应型有功电能表的结构

1—电压元件　2—电流元件　3—铝质转盘　4—竖轴　5—上轴承　6—下轴承　7—蜗杆　8—永久磁钢　9—计数器　10—端钮盒　11—铭牌

现将各主要部件分述如下。

1. 电磁元件

电磁元件包括电压元件和电流元件两部分，它们是产生电能表转动力矩的部件，因此又称驱动元件。电磁元件由磁导体（铁心）和线圈组成。对于铁心材料，要求有高的磁导率，剩余磁感应小，由于铁心要通过交变磁通，所以又要求涡流损失小。因此铁心通常由薄的硅钢片叠制而成。常用的硅钢片含硅（质量分数）为4%，厚度为0.35～0.5mm。

电压元件是用较细的绝缘铜线绕成的电压线圈，套在具有极小气隙的铁心上而成，电压线圈并接于线路全电压下，所以又称并联线圈。它具有很大的感抗，由它所产生的电压磁通几乎滞后于所加的电压90°。额定电压为220V的单相电能表，电压线圈的匝数通常为6500～12000匝，线径为0.1～0.15mm，功率损耗为0.5～1.2W。电压元件的功率损耗要力求减小，因为它常年接于线路中消耗着电能。

电流元件是在电流铁心上套上用较粗的绝缘铜线绕成匝数不多的电流线圈而成，线圈串联于电路中，故又称串联线圈。由于线圈匝数不多，铁心又不闭合，因此电感量很小，所产生的电流磁通基本上与流经线圈的电流同相。电流线圈绕制成两部分，反向串联，若左柱的磁通由下向上时，则右柱的磁通方向必须由上向下，这样两柱上所产生的磁通是同方向叠加的，否则两磁通异方向相减，不能产生转动力矩。电流线圈的安匝数，一般取60～150安匝，即标定电流为5A的电能表，其电流线圈的匝数为12～30匝。

电能表电磁元件铁心形状大致可以分成两种：一种是电压铁心与电流铁心各自分开的，称为分离式铁心；另一种是电压铁心与电流铁心组装在一起，或者由整块硅钢片冲制而成的，称为封闭式铁心，如图5-2所示。这两种铁心各有优缺点：分离式铁心材料消耗量较少，制造工艺较简单，但电气特性、重合性较差；封闭式铁心有较好的负荷特性曲线，重合性好，轻负载特性较好，但材料消耗量较大，线圈绕制与装配较困难。

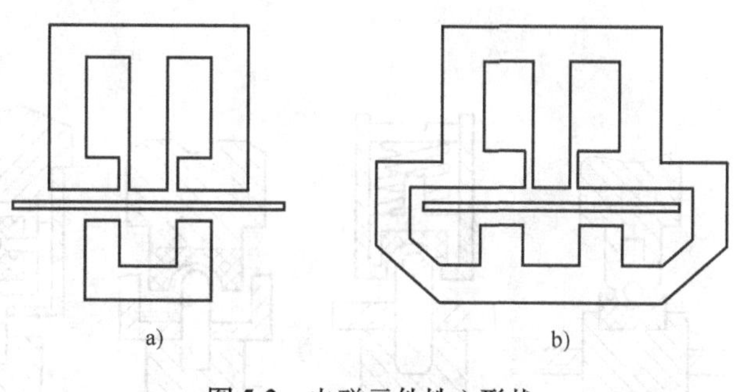

图5-2　电磁元件铁心形状

a）分离式铁心　b）封闭式铁心

从铁心装置的位置而言，有辐射式和正切式两种。辐射式是电磁元件顺圆盘的半径方向放置，正切式是电磁元件垂直于圆盘半径方向平面放置。现在大多数电能表属于正切式放置。

2. 转动机构及上下轴承

转动机构由铝质转盘及竖轴组成。转盘材料要求导电性能良好，重量轻，耐腐蚀，铝最符合要求。作为转盘材料的铝的纯度为99%以上，注意表面需平整，不可有铁粉杂质混入。转盘应有适当硬度，如果转盘太软，稍一碰击，即变形不平。转盘直径通常为80～100mm，厚度为0.5～1.2mm，重量为20g左右，转盘上印有计算转盘转数的标记。有些电能表的转盘上打有对称的两个小孔，位置在电磁铁之下，直径约为1mm，用来防止电能表无负载时的潜动现象。有些转盘在电磁铁位置的内侧打有3～4个大孔，主要用来减轻转盘的重量。有些转盘的边缘印有100分格，便于做同步校验估算误差之用，有些转盘的边缘印有100至400的分格，或铣成等分缺槽，以便用频闪法来校验电能表。有些转盘的下面涂有重质涂料，用来纠正转盘机械不平衡。热带、湿热带使用的电能表，转盘往往氧化处理，以增强抗腐蚀性能。

竖轴用合金铝、铜质或钢质棒材制成。竖轴上部由针形上轴承限位，下部镶有滚动轴承转动于人造宝石的轴座上，其下有缓冲弹簧。在竖轴中部套有蜗杆，以便与计数器的齿轮衔接，使转盘转过的转数积算于计数器上，经齿轮比的配合，显示所测量的电能量于字盘上。有些电能表的竖轴上附有小铁片或钢丝针，使其与电压铁心上伸出的磁化舌片相互作用，起防止电能表潜动的作用。

电能表的转动机构及上、下轴承如图5-3所示。电能表的轴承分为上、下两部分，上轴承主要起导向作用，下轴承主要起支持转动部分重量作用。下轴承的形式有滚珠转动于宝石上的（单宝石型），如图5-3a所示；有宝石转动于滚珠上的，如图5-3b所示；有宝石转动于轴尖上的，如图5-3c所示；有滚珠位于上下宝石之间的（双宝石型），如图5-3d所示。除严寒地区外，一般上下轴承都注有润滑油。

虽然铝质转盘的重量轻，但由于下轴承接触面很小，相对来讲，压力还是很大的，因此钢珠与宝石容易磨损，影响电能表的性能和使用寿命。近年来又研究出磁推轴承，如图5-4所示，使转盘悬浮于下轴承上，以降低压力，延长轴承使用寿命。

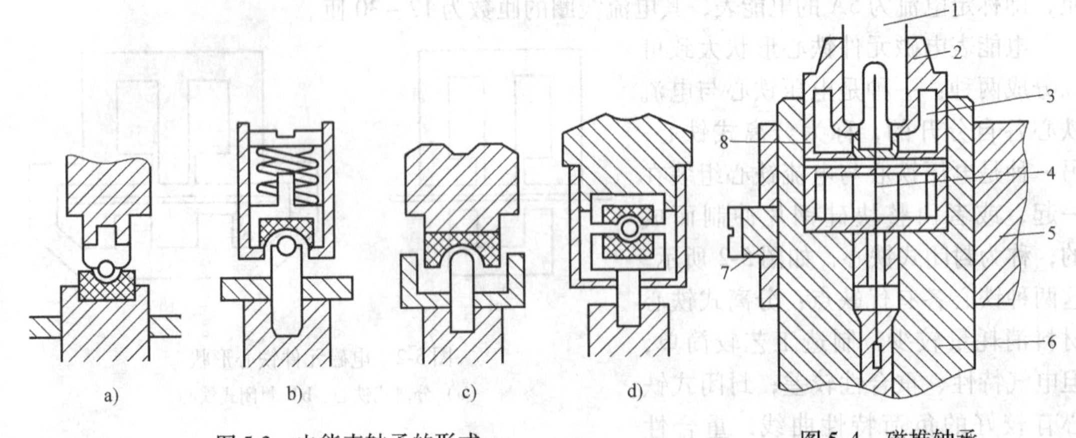

图5-3　电能表轴承的形式

图5-4　磁推轴承
1—圆盘转轴　2—石墨轴承　3—磁体
4—不锈钢导销　5—支持框　6—下轴承筒
7—轴承固定钉　8—铁盒

3. 永久磁钢

永久磁钢是用永磁材料制成，作用于运动着的铝质转盘，使之产生制动力矩，所以又称制动元件。永久磁钢品质的好坏，可以从剩磁感应和矫顽磁力两个特性来衡量。磁钢是用永磁材料经人工充磁而成，它有较宽大的磁滞曲线。

电能表早期使用的磁钢是含钨6%（质量分数）的碳素钢，矫顽磁力为70Oe（1Oe = 79.5775A/m），剩余磁感应为10300Gs（$1Gs = 10^{-4}T$）。后来使用含铬3.5%（质量分数）的碳素钢，矫顽磁力与钨钢差不多，但价格较廉。近年来制造的铝镍钴磁钢，性能大有提高，已被普遍采用。

永久磁钢分单磁通和双磁通两种。单磁通型磁钢的形状多为C形，磁极间隙很小，磁通一次穿过铝质转盘，这种磁钢现在很少采用。双磁通型磁钢形状为U形，磁极间距离较大，磁间隙另用回磁极形成，所以磁通两次穿过铝质转盘，两次所产生的涡流是相加的，因此制动力矩较大，且便于装磁分路。近年来所生产的电能表大都采用双磁通型磁钢。磁钢与铁器碰击要发生退磁，工作中应避免撞击。清除磁间隙中铁屑杂物，要用非磁性工具。

4. 计数器

计数器是用来积算电能的，它的第一个齿轮与转盘竖轴上的蜗杆啮合，转盘每转过一转，齿轮便转过一牙，计数器便累计了一段时间内转盘所转过的全部转数，显示单位是千瓦时。计数器有两种形式，第一种是滚轮式，第二种是指针式，如图5-5所示。滚轮式计数器抄读非常便利，外观漂亮，缺点是摩擦力不均匀，尤其是几个滚轮同时翻字时摩擦力较大，影响表的误差，可能出现卡字现象。指针式计数器摩擦力均匀，结构简单，很少出现卡字现象，但抄读稍难。

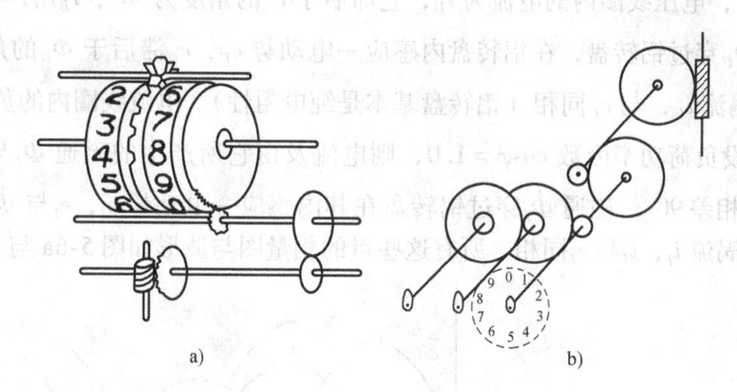

图5-5　计数器
a）滚轮式计数器　b）指针式计数器

计数器的摩擦力主要产生于齿轮与齿轮间的搭牙处、齿轮轴与夹板支持处和第一只齿轮与蜗杆啮合处，后者的摩擦力占全部摩擦力的比例较大。为了降低蜗杆与记数器啮合处的摩擦力，现在制造的蜗杆长度尽量缩短，仅存一两牙，以减少接触面积。

计数器读数的乘率，一般不标的为×1。小容量电能表大都带有小数指针或窗口，大容量电能表或与仪用互感器联用的电能表，计数器字面上常有×10、×100等乘率，检修时不可除去。计数器的齿轮比必须与电能表的常数或每千瓦时的盘转数相配合。

5. 支架

支架用于组装电磁元件、转动部件及上下轴承、永久磁钢与计数器等部件。常用的有两种类型，一种是与底座可分离的，另一种是利用底座本身作为支架的，但另加底盖。从维护的角度来看，要求各部件安装后，易于检查部件位置是否恰当，间隙是否均匀，表内是否藏有铁屑杂物，并易于清除。从稳定性来看，要求支架有足够强度，不因盖表壳旋动螺钉而使支架产生变形。

6. 表盖与底座

表盖与底座可以用绝缘材料或金属材料制成，要求密封严密，防止灰尘与潮气侵入，具有能观察表盘转动和抄读计数器的窗口。表盖螺钉应能加铅封。

7. 端钮盒与出线罩

端钮盒用于表内外导线的连接，外部有出线罩，以便于电能表安装后盖住有电部分及安装螺钉，并加封印，防止用户私自开启，影响计量，危及安全。

8. 铭牌

电能表的铭牌钉于表盖上，或者附属于计数器字面上。它应标明制造厂名、表型、额定电流、额定电压、额定频率、相数线别、准确等级以及每千瓦时的盘转数。根据铭牌的数据，才可以进行准确校验与安装使用。

5.1.2 感应型电能表转动原理

电能表的转动力矩是由电磁元件所产生，为使分析问题简单明了，暂不考虑各种损耗。设线路电压为$\dot{U}$，电压线圈内的电流为$\dot{I}_U$，它滞后于$\dot{U}$的角度为90°，$\dot{I}_U$所产生的磁通$\dot{\Phi}_U$与$\dot{I}_U$同相。磁通$\dot{\Phi}_U$穿过铝转盘，在铝转盘内感应一电动势e_U，e_U滞后于$\dot{\Phi}_U$的角度为90°。由电动势e_U感应涡流i_U，与e_U同相（铝转盘基本是纯电阻性）。电流线圈内的负荷电流为$\dot{I}$，$\dot{I}$产生磁通$\dot{\Phi}_I$，设负荷功率因数$\cos\varphi=1.0$，则电流及由它所产生的磁通$\dot{\Phi}_I$与电压$\dot{U}$同相，与电压磁通$\dot{\Phi}_U$相差90°。磁通$\dot{\Phi}_I$穿过铝转盘在其内感应一电动势e_I，e_I与$\dot{\Phi}_I$相差90°（滞后），由e_I感应涡流i_I，i_I与e_I同相。所有这些量的相量图与波形如图5-6a与b所示。

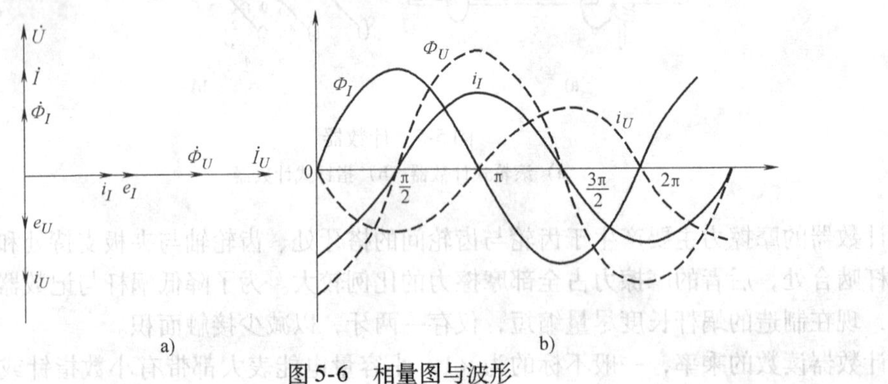

图5-6 相量图与波形

a）相量图 b）波形

转动力矩由两部分所组成：电压磁通Φ_U与电流磁通所产生的涡流i_I相互作用而产生，电流磁通Φ_I与电压磁通所感应的涡流i_U相互作用而产生。这里可以分四个区域来研究电能表力矩的产生：0～π/2，π/2～π，π～3π/2及3π/2～2π。

由图5-6所示波形可见，在0～π/2区域内，电压磁通Φ_U是负的，设其为S极（进入磁通），并且在逐渐减小中，磁通方向由下向上，如图5-7所示，感应涡流i_U于铝转盘上。涡流i_U将产生磁场，根据楞次定律，这个磁场总是阻止原磁通的变化，即阻止Φ_U的减小，因此它的方向应与Φ_U的方向是相同的，即由下向上的。根据右手螺旋定则，可以知道涡流i_U的方向是逆时针方向，如图5-7a所示。

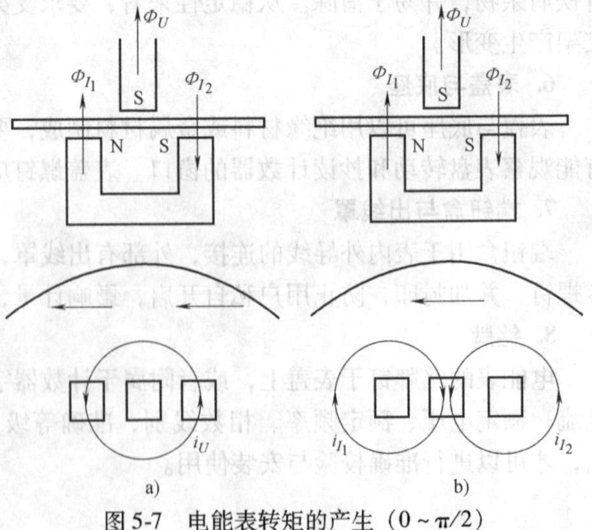

图5-7 电能表转矩的产生（0～π/2）

此时电流磁通Φ_I方向是正的，并在加强中，电流磁极左侧定为N极，则右侧应为S极，磁通Φ_I的方向左侧向上，设为Φ_{I_1}，右侧向下，设为Φ_{I_2}。左柱电流磁通Φ_{I_1}感应涡流i_{I_1}于转盘上，i_{I_1}所产生的磁场抵制Φ_{i_1}的增加，因此它的方向是由上往下，所以涡流

i_{I_1}的方向根据线圈右手螺旋定则是顺时针方向。右柱电流磁通Φ_{I_2}也感应涡流i_{I_2}于转盘上，由i_{I_2}所产生的磁场方向为由下往上，所以i_{I_2}的方向是逆时针方向的。i_{I_1}、i_{I_2}在电压磁极下的方向都是由边缘向中心的，如图5-7b所示。

涡流i_U与电流磁通Φ_{I_1}、Φ_{I_2}作用，使转盘产生转动，根据电动机左手定则，可知转盘转动方向为逆时针方向。涡流i_{I_1}、i_{I_2}与电压磁通Φ_U作用，使转盘产生转动，根据电动机左手定则，转盘转动方向也是逆时针方向的。这二者的转动方向是一致的，如图5-7所示。

在$\pi/2\sim\pi$区域内，电压磁通Φ_U是正的，电压磁极为N极，并在增加中，磁通方向自上向下，由它所感应的涡流i_U其方向为逆时针方向，如图5-8a所示。此时电流磁通也是正的，也为N极，但在减小中，Φ_{I_1}感应的涡流i_{I_1}的方向是逆时针方向，Φ_{I_2}感应的涡流i_{I_2}的方向是顺时针方向的，如图5-8b所示。i_U与Φ_I作用，i_I与Φ_U作用，使转盘产生转动力矩，它的方向是逆时针方向的，如图5-8所示。

在$\pi\sim3\pi/2$区域内，电压磁通Φ_U是正的，为N极，并在减小中，由它感应的涡流i_U的方向是顺时针方向，如图5-9a所示。此时电流磁通Φ_I是负的，为S极，并在增加中，由它所感应的涡流i_{I_1}是逆时针方向，i_{I_2}是顺时针方向，如图5-9b所示，各涡流与各磁通相互作用，使转盘产生的转动力矩都是逆时针方向。

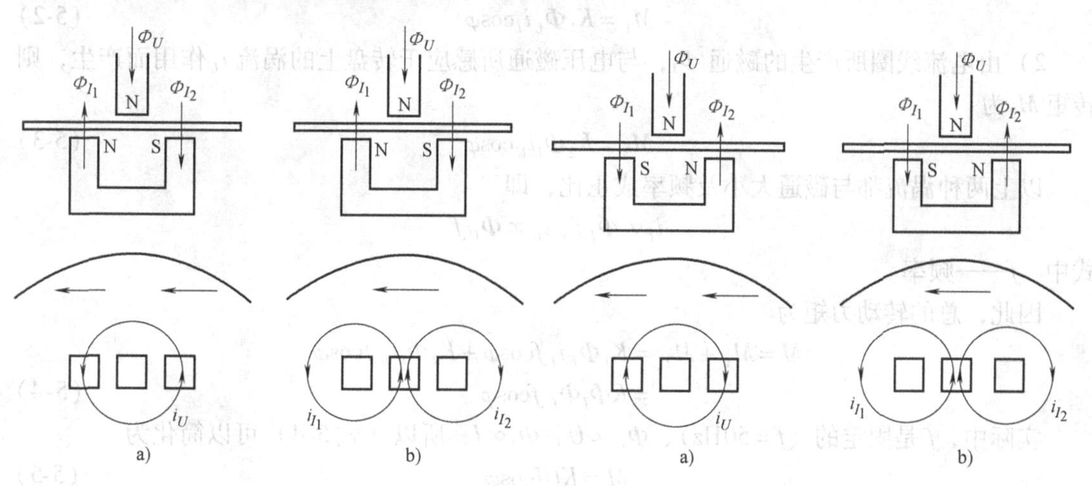

图5-8　电能表转矩的产生（$\pi/2\sim\pi$）　　图5-9　电能表转矩的产生（$\pi\sim3\pi/2$）

在$3\pi/2\sim2\pi$区域内，电压磁通Φ_U是负的，为S极，并在增加中，它所感应的涡流i_U的方向为顺时针方向，如图5-10a所示，此时电流磁通Φ_I是负的，为S极，并在减小中，由它感应的涡流i_{I_1}的方向是顺时针方向，i_{I_2}是逆时针方向，如图5-10b所示。涡流与磁通作用使转盘运动，其方向为逆时针方向。

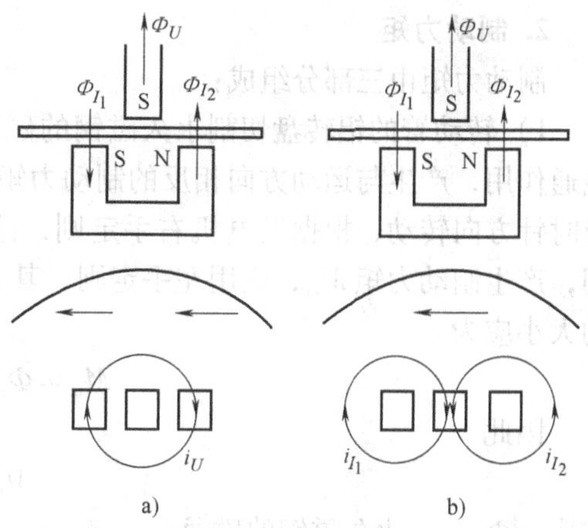

图5-10　电能表转矩的产生（$3\pi/2\sim2\pi$）

从图5-7～图5-10可以看出，在一个周期内四个区域中，转盘转动的方向都是逆时针方向，彼此是一致的。从第二周期起又重复上一周期的运动。因此，电能表在电压、电流磁通的作用下，转盘始终朝一个方向转动。当负荷功率因数不为 1.0 时（需滞后），仍有同样的结果。

5.1.3　转动力矩与制动力矩

1. 电能表的转动力矩

由理论分析可知，两个空间位置不重合，时间上又有一定相位差的交变磁通会产生转动力矩，其方向是由超前的磁通指向滞后的磁通，力矩的表达式为

$$M = K\Phi_U\Phi_I\sin\psi \tag{5-1}$$

式中　ψ——$\Phi_U\Phi_I$之间的相位差。

如果电能表的电压线圈设计时基本保证是纯感性，即电流落后电压 90°（$\psi = 90$），即使负荷功率因数不为 1.0 时，即功率因数角 φ 不等于零（需滞后），也有 $\sin\psi = \sin(90 - \varphi) = \cos\varphi$。所以，电压线圈是纯感性或 $\psi + \varphi = 90°$ 是电能表的必要条件，也称正交条件。

电能表的转动力矩是由两部分组成，具体分析如下：

1）由电压线圈所产生的磁通 Φ_U 与电流线圈的磁通所感应于转盘上的涡流 i_I 的作用而产生，设负荷功率因数为 $\cos\varphi$，则

$$M_1 = K_1\Phi_U i_I\cos\varphi \tag{5-2}$$

2）由电流线圈所产生的磁通 Φ_I，与电压磁通所感应于转盘上的涡流 i_U 作用而产生，则转矩 M_2 为

$$M_2 = K_2\Phi_I i_U\cos\varphi \tag{5-3}$$

以上两种涡流都与磁通大小及频率成正比，即

$$i_I \propto \Phi_I f、i_U \propto \Phi_U f$$

式中　f——频率。

因此，总的转动力矩为

$$\begin{aligned} M = M_1 + M_2 &= K_1\Phi_U i_I f\cos\varphi + K_2\Phi_I i_U f\cos\varphi \\ &= K\Phi_I\Phi_U f\cos\varphi \end{aligned} \tag{5-4}$$

实际中，f 是固定的（$f = 50\text{Hz}$）、$\Phi_U \propto U$、$\Phi_I \propto I$，所以（式 5-4）可以简化为

$$M = KUI\cos\varphi \tag{5-5}$$

因此，转动力矩与负荷有功功率成正比。

2. 制动力矩

制动力矩由三部分组成：

1）转动着的铝转盘切割永久磁钢的磁通 Φ_m，在转盘上感应涡流 i_m，它与永久磁钢的磁通作用，产生与运动方向相反的制动力矩 M_m。设永久磁钢的磁场方向由上向下，转盘向逆时针方向转动，根据发电机右手定则，感应的涡流方向如图 5-11 所示。此涡流与 Φ_m 作用，产生制动力矩 M_m，应用左手定则，其方向为顺时针方向，与运动方向相反。制动力矩的大小应为

$$M_m \propto \Phi_m i_m,\ i_m \propto \Phi_m\omega$$

因此

$$M_m \propto \Phi_m^2\omega$$

式中　Φ_m——永久磁钢的磁通；

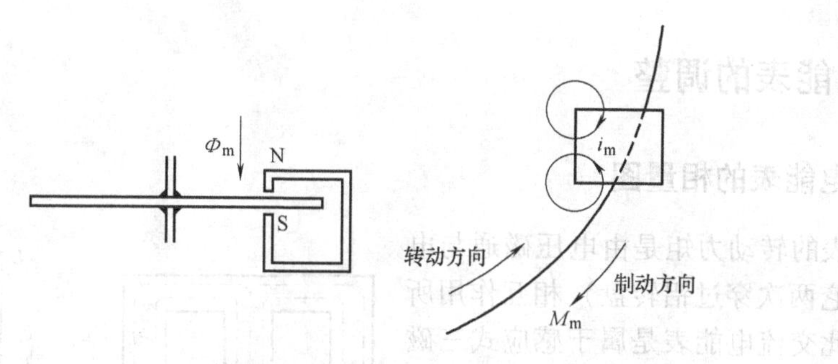

图5-11 电能表的制动力矩

ω——转盘速度。

从上式可见，制动力矩正比于转盘速度。

2）转盘切割电压磁通，也产生制动力矩，按上面的分析，其大小应为

$$M_U \propto \Phi_U^2 \omega$$

3）转盘切割电流磁通时，也产生制动力矩，其大小应为

$$M_I \propto \Phi_I^2 \omega$$

因此，总制动力矩为

$$M_Z = M_m + M_U + M_I = K_Z \omega \tag{5-6}$$

式中

$$K_Z = \Phi_m^2 + \Phi_U^2 + \Phi_I^2$$

在任何时候，当负荷增加时，转动力矩超过制动力矩，转盘即呈加速度转动，但当转盘增速时，切割磁场而产生的制动力矩也相应增加，结果使制动力矩与转动力矩相平衡，转盘重新作恒速转动，即负荷与转盘速度成正比。

调整永久磁钢与转盘中心的距离，或改变永久磁钢作用于转盘上的磁场强度，都可使电能表在全负荷时得到准确的转速。

3. 转盘的转数 N 与被测电能之间的关系

电能表在测量过程中，当转盘恒速转动时，说明转动力矩与制动力矩相平衡，既 $M = M_Z$，也就是

$$KUI\cos\varphi = K_Z \omega \tag{5-7}$$

如果在时间 T 内，转盘转了 N 转，则转盘的平均速度为 $\omega = N/T$，代入式（5-7）中，有 $KUI\cos\varphi = K_Z \dfrac{N}{T}$，$KUI\cos\varphi T = K_Z N$，$UI\cos\varphi T = PT = W$，为电能表在时间 T 内测得的有功电能 W，即 $KW = K_Z N$，可表示为

$$N = CW \tag{5-8}$$

式（5-8）说明，电能表转过的转数与测量的电能数成正比，只要记录下转过的转数，就记录了电能数。式中 $C = K/K_Z = \dfrac{N}{W}$，叫“电能表的常数”，表示每千瓦时电能所需要的转盘转数，通常标在电能表的表盘上。

5.2 电能表的调整

5.2.1 电能表的相量图

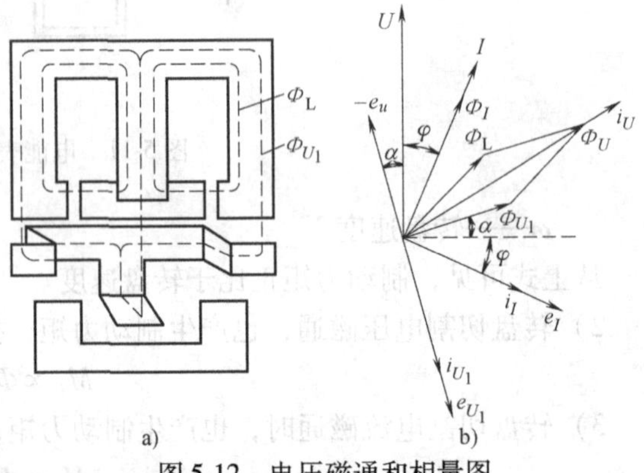

图 5-12 电压磁通和相量图

电能表的转动力矩是由电压磁通与电流磁通（它两次穿过铝转盘）相互作用所产生，因此交流电能表是属于感应式三磁通型仪表。前面的分析忽略了电磁铁中的损失，并假定电压线圈内的电流正好滞后电压 90°。实际上电压线圈因有电阻存在，所以并非为纯电感性，其电流滞后电压小于 90°。而且电压磁通由于铁心形状关系，被分成两个部分，如图 5-12a 所示，一部分磁通 Φ_{U_1}经转盘而闭合，产生转动力矩，称为电压工作磁通。另一部分磁通 Φ_L不经转盘而闭合，故不产生转动力矩，称为电压非工作磁通。在负荷电流滞后于线路电压一个 φ 角的情况下，电流磁通和电压磁通以及它们感应于转盘内的涡流的相量关系可用相量图（见图 5-12b）来表示。图中以线路电压 $\dot{U}$ 为参考量，负荷电流 $\dot{I}$ 滞后于 $\dot{U}$ 一个 φ 角度，磁通 $\dot{\Phi}_I$与之同相，$\dot{\Phi}_I$穿过转盘在盘上感应电动势 e_I，它滞后于 $\dot{\Phi}_I$90°，e_I感应涡流 i_I与 e_I同相。电压线圈中电流 i_U滞后于 $\dot{U}$ 近 90°，产生磁通 $\dot{\Phi}_U$与之同相，$\dot{\Phi}_U$由非工作磁通 $\dot{\Phi}_L$与工作磁通 $\dot{\Phi}_{U_1}$合成，后者与相量 $\dot{U}$ 的 90°滞后线（虚线）相差一个角度 α，因此，实际的转动力矩为

$$M = K_1\dot{\Phi}_U i_I\cos(\varphi+\alpha) + K_2\dot{\Phi}_I i_U\cos(\varphi+\alpha) \tag{5-9}$$

$$M = K\dot{\Phi}_U\dot{\Phi}_I\cos(\varphi+\alpha) \tag{5-10}$$

由于角 α 的存在，当负荷功率因数逐渐降低时，α 角对电能表的误差影响逐渐增大。

5.2.2 相位补偿

为使电能表准确地工作，根据上面分析，必须使电压工作磁通 Φ_U正确地滞后电压线圈端电压 90°，即在负荷功率因数为 1.0 的情况下，电压磁通 Φ_U与电流磁通 Φ_I间的夹角必须为 90°，在感性负荷电流滞后于电压 φ 角的情况下，两个磁通间的夹角 ψ 必须为（90° − φ）。为了满足这个条件，应该对图 5-12b 中所示的 α 角进行补偿。补偿方法主要采取下述措施：

1. 在电压铁心气隙中加调整铜片

在非工作磁通 Φ_L的空气隙中，放置一两片铜片，调节铜片在空气隙中的位置，以改变铜片中涡流的大小，从而改变 Φ_L与 Φ_U的相位关系，使 Φ_U准确滞后于 U90°，如图 5-13 所示。调节铜片位置的作用是：当铜片向内移入非工作磁通间隙时，切割 Φ_L的面积增大，损耗增大，导致 Φ_L的滞后角增大，因总磁通 Φ_U基本上无大变化，以致 Φ_{U_1}的滞后角变小，结果 α 角增大，表速变慢，见图中的 Φ_L'和 Φ_{U_1}'；如将铜片自间隙向外移出，则切割 Φ_L的面积减小，损耗也减小，

导致 Φ_L 的滞后角减小，迫使 Φ_{U_1} 后移，结果 α 角变小，则表速变快，见图中的 Φ_L 和 Φ_{U_1}。

2. 滞后调整

在电压工作磁通的磁极上，放置一短路铜环，当磁通 Φ_U 穿过铜环时，在其中感应一电动势 e_U 滞后于 Φ_U 90°，e_U 感应涡流，涡流感应一磁通 Φ_e，与 Φ_U 合成使之往滞后方向移动。变更铜环位置，使 Φ'_U 正好滞后 U 90°。为了能得到平滑调整，可将铜环改成数匝线圈，用滑线电阻丝闭合，如图 5-14 所示。减小滑线电阻丝的电阻，Φ_e 增加，α 变小，表变快，反之，表变慢。

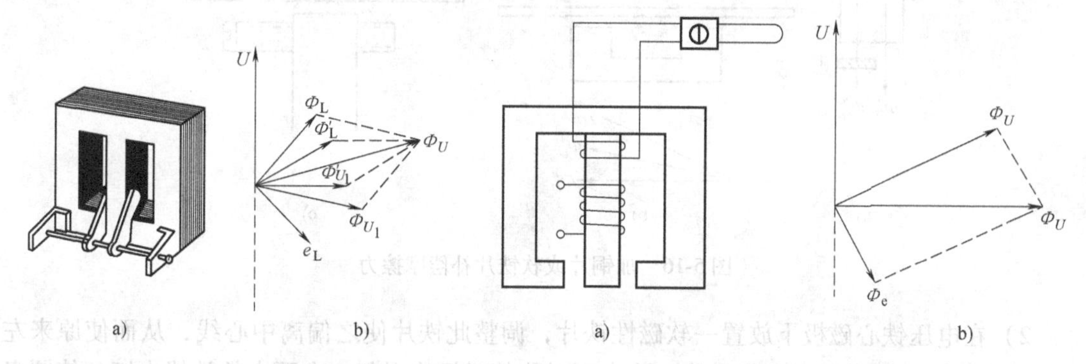

图 5-13　调电压非工作磁通　　图 5-14　调电压工作磁通

3. 双重滞后调整

先在电压工作磁通的磁极上，放置一短路铜环或短路线圈，补偿 Φ_U，使它滞后电压 90° +β。再在电流铁心上套一铜环，使之感应一电动势 e_I，感应一涡流 i_{eI}。i_{eI} 产生补偿磁通 Φ_{eI}，它与主电流磁通 Φ_I 合成 Φ'_I，使 Φ'_I 滞后于 I 一个 β 角，正好抵消电压磁通的过补偿 β 角，如图 5-15 所示。上述短路铜环一般称为滞后圈，这种方法也称为双重滞后法。一般电流线圈上的滞后圈都做成经串联康铜电阻丝闭合的形式，以便于能平滑调整。

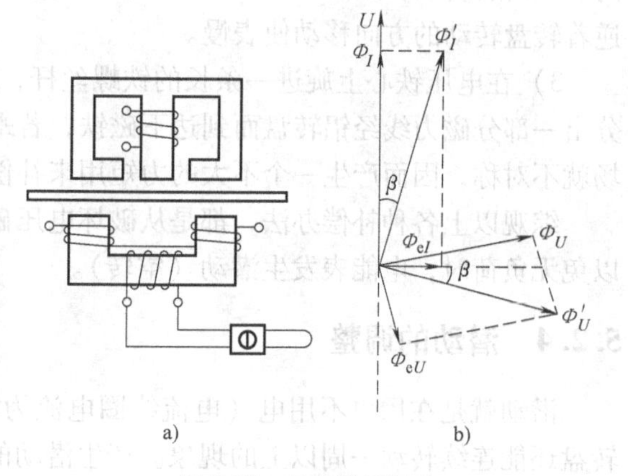

图 5-15　双重滞后调整

5.2.3　摩擦力补偿

电能表转动机构的竖轴在上下轴承之间转动以及计数器在积算电能时，都发生摩擦，这个摩擦力会使电能表产生负误差，以致电能表不能准确计量。对于一块具体的电能表，其摩擦力大小基本是固定的，因此对电能表轻载状态影响较大，所以摩擦力补偿也叫轻载调整。为了克服这一摩擦力，必须产生一补偿力矩。常见的补偿办法有以下几种：

1）在电压工作磁通的路径上，放置一导电铜片，如图 5-16a 所示，当电压磁通 Φ_U 穿过铜片时，铜片内将感应一电流。根据楞次定律，此电流所产生的磁通，必然与穿过此铜片的磁通方向相反。因此，当 Φ_U 自零增长时，铁心被铜环罩住部分的磁通的增长较未被罩住部分的增长慢，当 Φ_U 自最大值降低时，被罩住部分的降低也较未被罩住部分的降低慢，即被铜片罩住部分的磁通比未被罩住部分的磁通在相位上落后一个角度。根据电能表转动原理，这两部分磁通可以产生一个转动力矩，用来补偿摩擦力矩。将铜片对铁心作左右移动时，可以改变补偿力矩的大小，用来调整电能表低负荷时的表速。补偿力矩的方向为超前磁通指向滞后磁通。

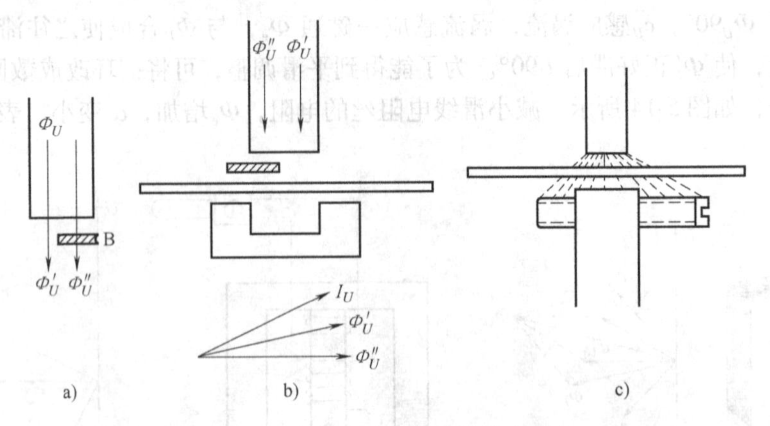

图 5-16 加铜片或软铁片补偿摩擦力

2）在电压铁心磁极下放置一软磁性铁片，调整此铁片使之偏离中心线，从而使原来左右相等的电压工作磁通产生不对称，这个不对称的磁场将引起一个不大的补偿力矩，使圆盘向前或向后转动，如图 5-16b 所示。铁片调整的方向为，顺着转盘转动的方向移动使表快，逆着转盘转动的方向移动使表慢。

3）在电压铁心上旋进一条长的铁螺丝杆，此螺丝杆是磁性材料，螺丝杆从工作磁通中分出一部分磁力线经铝转盘而到达下磁铁，若螺丝杆位置对铁心不对称，那么铁心两侧的磁场就不对称，因而产生一个不大的力矩用来补偿摩擦力，如图 5-16c 所示。

综观以上各种补偿办法，都是从破坏电压磁通的对称性入手，补偿力矩不应调整过度，以免无负荷时，电能表发生潜动（空转）。

5.2.4 潜动的调整

潜动就是在用户不用电（电流线圈电流为零）的情况下，转盘还能连续转动一周以上的现象。产生潜动的主要原因是摩擦力补偿力矩过大和电压铁心安装倾斜。防止潜动的方法有两种：

1）在铝转盘上钻两个对称的小孔，位于电压磁极下，此孔经过电压磁极下时，能分散转盘上感应的涡流，从而制止了潜动。

2）在竖轴上置一制动钩，使与电压铁心上伸出的磁化舌片相接近时，产生吸引力，制止转盘潜动，如图 5-17 所示。

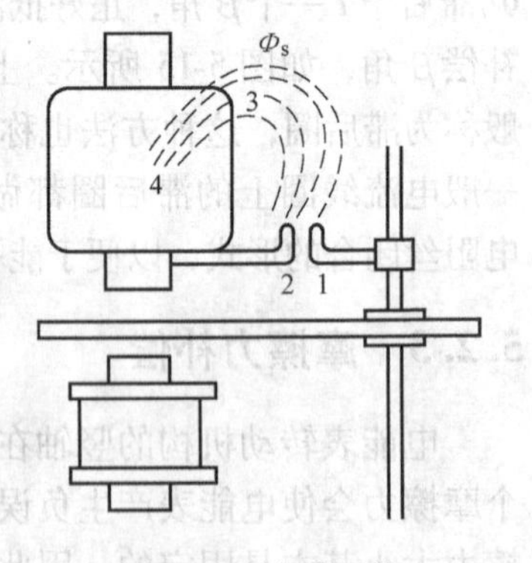

图 5-17 潜动调整

1—制动钩 2—磁化舌片 3—磁通 4—电压元件

5.2.5 负荷特性

为使电能表能在各种负荷情况下准确计量电能，必须使转动力矩与负荷功率成正比。但是，由于电能表结构上的原因导致工作磁通间相位差偏离 90°（由此而产生的误差的补偿办法已在上面叙述），电能表的转动机构在上下轴承之间转动、计数器齿轮与蜗杆啮合时产生的摩擦力使转动力矩减弱（补偿的措施也于上面叙述），以及由于电磁元件磁导体的磁化曲线并非线性、负荷增大时电磁元件的自制动增加等因素，都会使电能表在不同负荷情况下，指示值与实际消耗的电能有所差异。电能表这些误差的变化，常以负荷曲线来表征。图5-18给出一般电能表的负荷曲线，它是在额定电压、额定频率、正常使用温度、$\cos\varphi=1.0$及$\cos\varphi=0.5$（滞后）的条件下测得的。图5-18中，实线是$\cos\varphi=1.0$情况下的曲线，虚线为$\cos\varphi=0.5$（滞后）情况下的曲线，它们处于上下两条直线之间，后者是容许误差的极限。

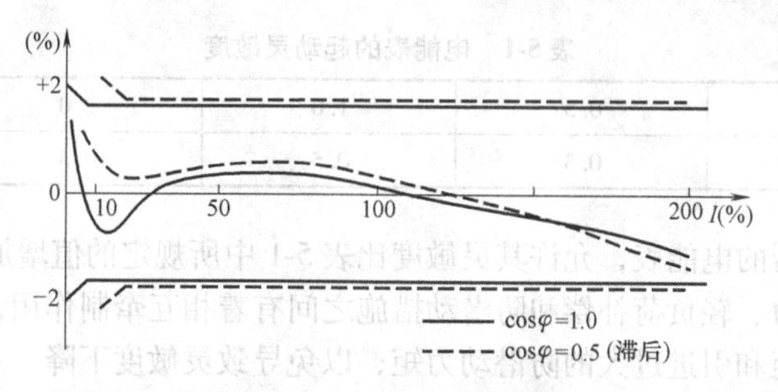

图5-18　电能表的负荷曲线

从图5-18可以看出，当负荷电流低于30%时，曲线向负的方向弯曲，这是由于电流铁心磁化曲线的非直线性及摩擦力矩所造成的；当超过额定电流时，特性曲线又向负的方向弯曲，这是由电流磁通自制动力矩增加所引起。电流磁通自制动力矩正比于电流磁通的二次方与转盘转速的乘积，而驱动力矩仅与电流成正比，因而在负荷电流增大时，负荷曲线会向负方向下降。

改善电能表负荷特性的方法，可从大负荷与小负荷两个方面进行。

在大负荷时，主要矛盾是电流磁通自制动力矩的增加，从这一点出发，可以采取的措施如下：

1）增大电能表常数，降低转动元件的转速，为此选用强磁性的制动永久磁钢。

2）添加过负荷补偿装置，即用磁分路将一部分电流磁通分出，使之不通过铝转盘。当负荷电流增大时，通过磁分路的磁通也增大，磁分路到某一程度时即达到饱和，饱和后通过磁分路的磁通就不随负荷电流成正比增大，因而使通过铝转盘的工作磁通相对增大，驱动力矩也随之增大，使电流特性曲线保持平直。

3）增加电压工作磁通。驱动力矩与电压工作磁通成正比，若电压磁通增加，电流磁通对于驱动力矩的比例相对降低，电流磁通自制动力矩也随之减小，因而使过负荷曲线得到改善。

在小负荷时，特性曲线受摩擦力与铁心导磁非线性的影响较大，为此，可以采取的措施如下：

1）减轻转动部件的重量。

2）改进下轴承结构，如采用双宝石轴承，或磁推轴承。

3）提高计数器各部件光洁度。

4）电流铁心选用高导磁的材料。

5）合理选择电流铁心参数，如增大铁心截面，缩短磁路长度。

6）增加驱动力矩，如增加电流元件的安匝数，但这个措施将使电能表的过负荷特性变坏。

5.2.6　电能表的灵敏度

衡量电能表的性能，除考察负荷特性曲线是否平直及无负荷情况下有无潜动外，还应满足灵敏度的要求。也即电能表在额定电压、额定频率、$\cos\varphi=1.0$ 的情况下，当负荷电流达到一定值时，电能表应开始不停地转动。国家标准对于电能表的起动灵敏度的规定见表5-1。

表5-1　电能表的起动灵敏度

准确度等级	0.5	1.0	2.0	3.0
标定电流的百分数（%）	0.3	0.5	0.5	1.0

对于具有止逆器的电能表，允许其灵敏度比表5-1中所规定的值增加0.5%。

灵敏度、摩擦力、轻负荷补偿和防潜动措施之间有着相互牵制作用，在正常情况下，不宜过大补偿摩擦力矩和引进过大的防潜动力矩，以免导致灵敏度下降。

应该指出，电能表是属于最准确的直读式仪表，它的误差在宽的负荷区域内不超过允许范围，而且是以“指示值”的百分数计算，不像一般指示仪表那样，以满刻度值来计算。换言之，电能表的误差是以测量的相对误差来表示，而其他指示仪表大多是以相对引用误差来表示，因此，对电能表的灵敏度要求更为严格。

5.3　外界因素对电能表的影响

电能表的负荷特性曲线表征电能表的基本误差，它的测量是在规定的工作条件下进行的。但是电能表在实际运行中往往不能满足这些条件，例如温度、频率、电压等，可能偏离规定值。由于这些因素将引起电能表的误差发生变化，因此必须对这些运行参数的改变对电能表误差的影响加以分析，掌握其规律，才能合理地调校电能表，使其能准确计量。

5.3.1　温度的影响

电能表对周围环境温度改变较为敏感，当温度升高时，在 $\cos\varphi=1.0$ 的情况下，表速变快，在 $\cos\varphi=0.5$（滞后）情况下，表速变慢，温度下降时情况相反。电能表温度误差特性如图5-19所示。

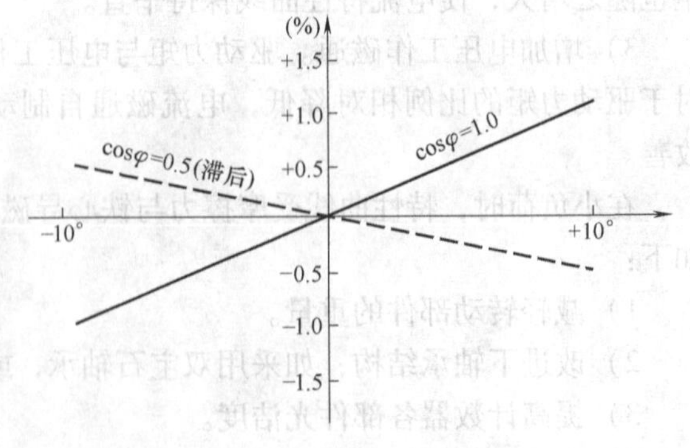

图5-19　电能表温度误差特性

周围环境温度改变使电能表误差产生变化的原因是永久磁钢磁感应强度改变、电压线圈直流电阻的变化、补偿装置电阻的变化、铁心磁导率的变化和损耗的变化等，这些因素导致误差改变在 $\cos\varphi=1.0$ 与 $\cos\varphi=0.5$（滞后）的情况下不尽相同。为便于分析起见，将电能表温度误差分为以下两类：

第一类是由于驱动力矩、制动力矩的改变而引起的，它们在所有功率因数情况下都起作用，称为“幅值温度误差”，或称第一类温度误差。

第二类是由电压、电流工作磁通之间相位的变化而引起的，在功率因数较低时影响较为显著，称为“相位温度误差”，或称第二类温度误差。

在 $\cos\varphi=1.0$ 的情况下，单相电能表的温度附加误差仅由第一类温度误差决定，在其他功率因数的情况下，温度附加误差则由第一类与第二类温度误差共同决定。

第一类温度误差由下述因素决定：

1）永久磁钢磁通的改变。当温度升高时，磁通减小，使制动力矩减弱，表速变快，使电能表呈现正误差，这是幅值温度误差的主要部分。

2）电压工作磁通因线圈直流电阻增加而减小，使驱动力矩减小而使表变慢。但直流电阻占总阻抗百分比较小，因此这个影响很小。

3）一方面电压铁心磁导率随温度升高而降低，使电压磁通稍有降低，附加误差为负误差。另一方面，随温度升高铁心损耗减小，因而工作磁通增大，使温度附加误差为正。

综上所述，总的影响是：温度升高，表速变快。

第二类温度误差由下述因素决定：

1）电压线圈直流电阻随温度升高而增大，使电压磁通滞后于线路电压的滞后角减小（相位差 α 增大），导致在滞后功率因数下表速变慢。

2）相位补偿装置的电阻增大，使补偿磁通减小，补偿角也减小，导致在滞后功率因数下电压、电流工作磁通间相位角减小，使表速变慢。

综上所述，在温度升高情况下，都使表速变慢。

改进温度特性的措施如下：

1）在永久磁钢上加热磁合金分路片，它的导磁力在温度升高时显著下降，从而补偿了制动磁通的减弱，如图 5-20a 所示。

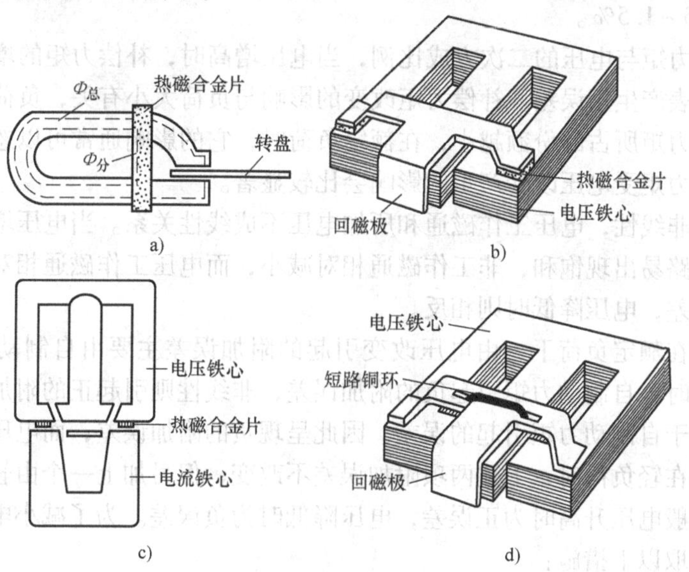

图 5-20　改进温度特性的措施

2）在电压铁心与回磁极之间加热磁合金垫片，使温度升高时电压工作磁通回路的磁阻增大，电压工作磁通因而减小，以此来补偿由于转盘、相位补偿器电阻增大、损耗减小引起的工作磁通增大，如图5-20b所示。

3）在电流工作磁通途径中设置热磁合金片，如在电压铁心磁极下粘贴合金片，当温度升高时导磁能力降低，电流工作磁通减弱，使表速降低，如图5-20c所示。

4）在电压回磁极的上部打孔，套以短路铜环，当温度升高时，电压工作磁通增加，穿过短路铜环的磁通增多，致使电压工作磁通的损耗增大，电压工作磁通的滞后角增大，驱动力矩增加，从而补偿了相位温度误差，如图5-20d所示。

5）在电压线圈回路里串接负温度系数的热敏电阻，补偿线圈电阻的增加。

5.3.2 频率的影响

感应式电能表由于频率的改变将产生误差变化，这是因为电压线圈的阻抗随频率的升高而增大，使电压线圈里的电流减小，从而电压磁通减小，驱动力矩减弱，导致表速变慢。另一方面，电压磁通滞后角因频率升高而增大，使电流、电压磁通间的夹角增大，导致在低功率因数（滞后）时表速变快。但后者影响较小。

5.3.3 电压的影响

当加于电压线圈两端的电压发生变化时，将使电压磁通跟着变化，引起电压磁通驱动力矩、自制动力矩、轻载补偿力矩发生变化及电压磁通与所加电压非线性的变化。

电压升高时，电压磁通近似地与电压成正比变化，表速同样成比例地增加，但是电压磁通自制动力矩与电压磁通的二次方与转速的乘积成正比，因此，电压升高时，自制动力矩比转动力矩增长得快些，可导致“负”的附加误差。另外，当电压降低时，自制动力矩比转动力矩减小得快些，这又可导致“正”的附加误差。综合起来，一般电压变化±10%时，附加误差约为±0.5～1.5%。

轻负荷补偿力矩与电压的二次方成比例，当电压增高时，补偿力矩的增加比驱动力矩的增加快，使电能表产生正误差。补偿力矩改变的影响与负荷大小有关，负荷越大，驱动力矩越大，因而补偿力矩所占的份额越小，在额定负荷时，它的影响通常可以忽略不计，但当负荷减轻时，补偿力矩受电压改变产生的影响会比较显著。

由于铁心的非线性，电压工作磁通和所加电压不成线性关系。当电压增高时，电压非工作磁通部分的磁路易出现饱和，非工作磁通相对减小，而电压工作磁通相对地增大，引起电能表正的附加误差，电压降低时则相反。

综上所述，在额定负荷下，由电压改变引起的附加误差主要由自制动力矩与非线性决定。当电压增加时，自制动力矩引起负的附加误差，非线性则引起正的附加误差，通常非线性引起的误差小于自制动力矩引起的误差，因此呈现负的附加误差；而电压降低时，则呈现正的附加误差。在轻负荷时，上述两项附加误差不改变，但另加上一个由轻载补偿力矩引起的附加误差，一般电压升高时为正误差，电压降低时为负误差。为了减小电压改变引起的附加误差，可以采取以下措施：

1）增强永久磁钢磁性，降低电能表转速，从而减小电压磁通自制动力矩影响。

2）在电压非工作磁通的磁路上采取措施，例如在该部分铁心上钻孔，或缩小其截面积，使之趋于饱和，获得正的附加误差，补偿自制动力矩引起的负的附加误差。

5.3.4　倾斜的影响

当电能表从垂直位置倾斜一个角度时，其可动部分转盘及其竖轴在本身重量的作用下发生偏移（因可动部分在轴承中的固定不是刚性的），结果转盘和永久磁钢及驱动元件的相对位置改变，使驱动力矩和制动力矩发生改变，轴承内的摩擦力也发生变化，使转盘转速改变，所以，安装时必须注意。

5.3.5　自热的影响

当电能表接入电路运行时，串联的电流线圈和并联的电压线圈产生的热量，会使电能表中的各个部件受热，这种现象称为自热。自热会使电能表的误差发生变化，电能表通电后电磁元件由冷状态达到热稳定状态的时间内电能表误差的变化，称为电能表的自热影响。自热影响对运行中的计费电能表意义是不大的，因为接入电路后电能表的运行时间比热稳定所需的时间（一般为60min）长得多，但在校验时对自热影响必须注意，即在校验普通电能表时或使用标准电能表时，为避免自热影响，必须对被校表进行预热，待达到热稳定后方能进行校验。

5.3.6　电压波形和电流波形畸变的影响

加于电能表的电压、电流的波形为非正弦波，或铁心材料的非线性使工作磁通的波形变为非正弦波等，均会产生附加误差，这是因为任何非正弦波均可分解为一系列高次谐波，根据同频效应原理可知，同频高次谐波磁通之间相互作用会产生附加力矩，因而引起附加误差。不同频率谐波之间则不能形成驱动力矩，例如电压工作磁通中的三次谐波，仅能与电流工作磁通中的三次谐波相互作用形成驱动力矩，所以，作用于铝转盘上的总驱动力矩为基波与各同次谐波所形成的力矩的总和。由于波形畸变引起的附加误差变化趋势是由多方面因素决定的，需根据具体情况进行分析，因此本教材不做深入讨论。

5.4　无功电能表及无功电能计量

5.4.1　单相正弦型无功电能表的结构及工作原理

由感应式电能表的工作原理可知，感应式测量机构的驱动力矩是与电流工作磁通 Φ_I 和电压工作磁通 Φ_U 及它们之间相位差 ψ 角的正弦乘积成正比的，若能设法满足 ψ 角永远等于功率因数角 φ，则感应式测量机构便可直接反映无功电能了。正弦型无功电能表便是基于上述原理而构成的。其具体原理如下：

由式（5-1）可知，感应型仪表的驱动力矩公式为

$$M = K\Phi_U\Phi_I\sin\psi \tag{5-11}$$

因为 $\Phi_U \propto U$、$\Phi_I \propto I$，所以式（5-11）可以转化为

$$M = KUI\sin\psi \tag{5-12}$$

式（5-12）说明，如果设法让 $\psi = \varphi$，则驱动力矩便与无功功率成正比。实现这一功能

的原理如图 5-21 所示。

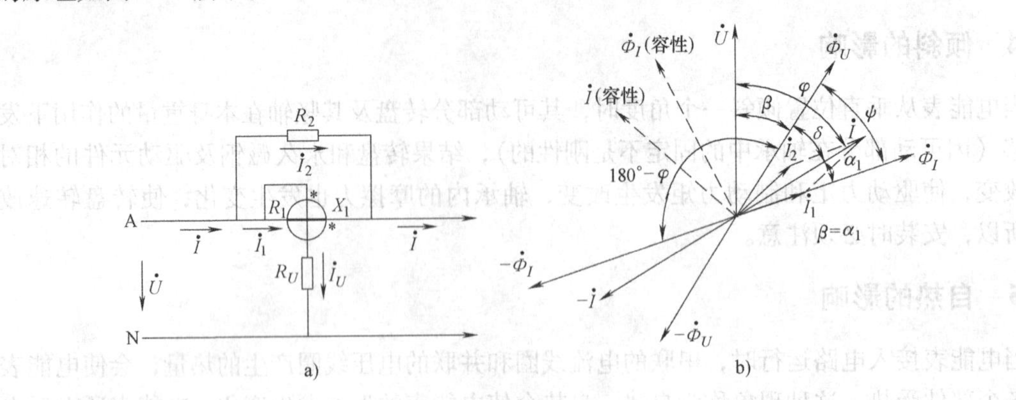

图 5-21　单相正弦型无功电能表的原理

在图 5-21a 中，电压线圈串入附加电阻 R_U，并将电压铁心非工作磁通间隙适当放大，这样，电压线圈的电流 $\dot{I}_U$ 及由其产生的磁通 $\dot{\Phi}_U$ 滞后电压的角度 β 就不会太大。在电流线圈的两端并联一纯电阻 R_2，负载电流 $\dot{I}$ 被分解成 $\dot{I}_1$ 和 $\dot{I}_2$。$\dot{I}_1$ 是流过电流线圈的电流，因电流线圈有一定的电感，所以它滞后 $\dot{I}_2$。$\dot{I}_1$ 产生电流工作磁通 $\dot{\Phi}_I$，调解 R_2 的数值，使 $\dot{I}_1$ 及 $\dot{\Phi}_I$ 滞后于 $\dot{I}$ 的角度 α_1 同样为 β，这样就实现了 $\psi=\varphi$，即得到了 $M=KUI\sin\varphi$ 的驱动力矩，且与无功功率成正比，如图 5-21b 所示。另外，从图 5-21b 所示相量图还可以看出，此时 $\dot{\Phi}_U$ 超前 $\dot{\Phi}_I$，所以转盘应朝反方向转。为解决转向问题，可将电能表的电压线圈或电流线圈的进线端钮与出线端钮对换一下位置。

应当指出，以上讨论的是负载为感性时的情况。若负载变为容性，则按上述方法构成的正弦型无功电能表，其转盘要反转，实际使用时应注意到这一点。

从正弦型无功电能表的原理分析中可以看出，完全可以用有功电能表改制成正弦型无功电能表，只是需要注意在测量感性无功或容性无功时转盘的转向。

5.4.2　三相正弦型无功电能表

根据单相正弦型无功电能表的原理，可以制成测量三相三线电路或三相四线电路无功电能的三相正弦型无功电能表。

1. 二元件三相正弦型无功电能表

二元件三相正弦型无功电能表是用于测量三相三线电路无功电能的。它实际上是两只单相正弦型无功电能表的组合体，其接线原则与二元件三相有功电能表基本相同。图 5-22a 所示为其接线图。图中，第一元件取电压 $\dot{U}_{AB}$，取电流 $-\dot{I}_A$；第二元件取电压 $\dot{U}_{CB}$，取电流 $-\dot{I}_C$。上述接线的测量原理可用图 5-22b 所示相量图加以证明。

图 5-22b 中，没有画出电流、电压工作磁通的相量，因为正弦型无功电能表有 $\psi=\varphi$ 的关系，故各元件电压工作磁通与电流工作磁通间的相位差等于各元件所加电压和电流之间的相位差。因此，可直接用电流、电压间的相位关系进行证明。图 5-22b 中，电能表的驱动力矩为

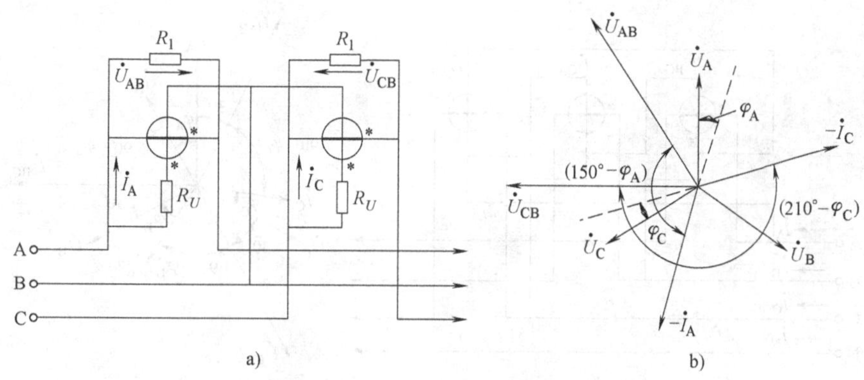

图5-22　二元件三相正弦型无功电能表

$$M_Q = K[\dot{U}_{AB}\dot{I}_A\sin(150° - \varphi) + \dot{U}_{CB}\dot{I}_C\sin(210° - \varphi)] \tag{5-13}$$

当三相电路对称时，式（5-13）又可写作

$$M_Q = KUI[\sin(150° - \varphi) + \sin(210° - \varphi)] = \sqrt{3}UI\sin\varphi \tag{5-14}$$

式（5-14）说明，二元件三相正弦型无功电能表能够正确计量三相三线电路的无功电能。

2. 三元件三相正弦型无功电能表

三元件三相正弦型无功电能表是用于测量三相四线电路无功电能的。它实际上是三只单相正弦型无功电能表的组合体，其接线原则与三相四线有功电能表相同。三相四线电路无功电能的测量，也可采用三只单相正弦型无功电能表按测量有功电能时的“三表法”接线原则进行接线。

5.4.3　正弦型无功电能表的优缺点

正弦型无功电能表的最大优点是，适用范围广，不论是单相电路还是三相电路均可采用。当用于三相电路时，不论负载是否平衡，均能正确计量，而不会产生线路附加误差。另外其构成原理简单。

其主要缺点是，自身消耗功率大，工作特性较差，制造成本较高，准确度高。所以，目前采用正弦型无功电能表测量无功电能的较少。

5.4.4　90°型无功电能表

1. 跨相90°型无功电能表

如果将三只单相有功电能表或一只三元件三相有功电能表按图5-23a所示接线，便可测量三相三线或三相四线电路的无功电能。因为它的接线方法是将每组元件的电压线圈分别跨接在滞后相应电流线圈所接相的相电压90°的线电压上，所以称为跨相90°接线，如图5-23所示。

图5-23a中，第一元件取A相电流，则该元件电压线圈取线电压 $\dot{U}_{BC}$；第二元件取B相电流，则该元件电压线圈取线电压 $\dot{U}_{CA}$；第三元件取C相电流，则该元件电压线圈取线电压 $\dot{U}_{AB}$。按跨相90°接线之所以能够测量三相电路的无功电能，可用图5-23b所示相量图加以证明。图中，各元件反映的无功功率分别为

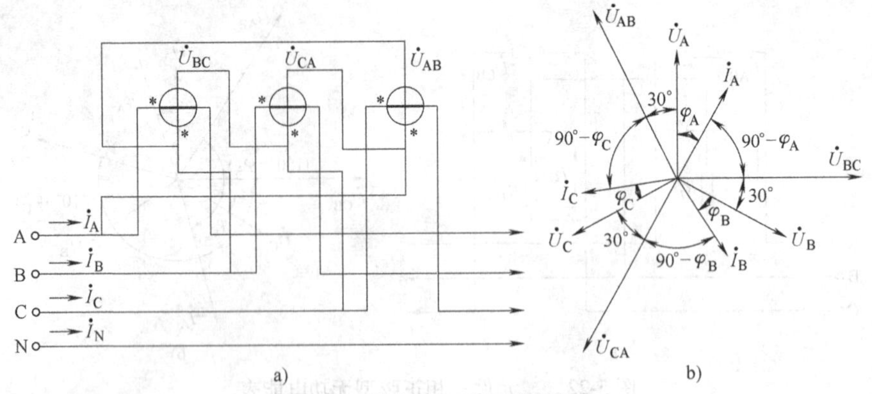

图 5-23　跨相 90°型无功电能表

$$Q_1 = \dot{U}_{BC}\dot{I}_A\cos(90° - \varphi_A) = \dot{U}_{BC}\dot{I}_A\sin\varphi_A$$

$$Q_2 = \dot{U}_{CA}\dot{I}_B\cos(90° - \varphi_B) = \dot{U}_{CA}\dot{I}_B\sin\varphi_B$$

$$Q_3 = \dot{U}_{AB}\dot{I}_C\cos(90° - \varphi_C) = \dot{U}_{AB}\dot{I}_C\sin\varphi_C$$

因为无功电能表的转矩与无功功率成正比，所以，三组元件总的驱动力矩可写作

$$M_Q = Q_1 + Q_2 + Q_3 = \dot{U}_{BC}\dot{I}_A\sin\varphi_A + \dot{U}_{CA}\dot{I}_B\sin\varphi_B + \dot{U}_{AB}\dot{I}_C\sin\varphi_C \tag{5-15}$$

当三组元件结构相同，三相电路完全对称时，即

$$\dot{U}_{AB} = \dot{U}_{BC} = \dot{U}_{CA} = U,\ \dot{I}_A = \dot{I}_B = \dot{I}_C = I,\ \varphi_A = \varphi_B = \varphi_C = \varphi$$

则式（5-15）可变为

$$M_Q = 3KUI\sin\varphi = \sqrt{3}K(\sqrt{3}UI\sin\varphi) = \sqrt{3}KQ \tag{5-16}$$

式中　U——线电压；

I——线电流；

Q——三相电路总无功功率。

式（5-15）和式（5-16）均说明，在完全对称或简单不对称的三相电路中，将三元件三相有功电能表（或三只单相有功电能表）按跨相 90°原则接线，则电能表反映的功率是三相电路无功功率的$\sqrt{3}$倍，即电能表的驱动力矩正比于$\sqrt{3}$倍的线路无功功率。所以，将三相电能表的读数或三只单相有功电能表读数的代数和除以$\sqrt{3}$，便是被测的无功电能。实际上，为免除抄表时计算，可预先将$\sqrt{3}$除在表内，即将每组元件的电流线圈（或电压线圈）的匝数分别减少为原匝数的$1/\sqrt{3}$，便构成一只 90°型三元件三相无功电能表了。应当指出，按跨相 90°原理制成的三元件三相无功电能表，只在完全对称或简单不对称的三相四线电路和三相三线电路中才能实现正确计量，否则要产生原理性线路附加误差。

如果三相电路完全对称，可将图 5-23a 中的任一组元件去掉，即变为两元件（或两只单相有功电能表）跨相 90°接线，此时电能表总的驱动力矩可写作

$$M_Q = 2UI\sin\varphi \tag{5-17}$$

可见，将式（5-17）乘以$\sqrt{3}/2$，则驱动力矩 M_Q便正比于三相无功功率。因此，可将两组元件的电流（或电压）线圈的匝数分别减少为原匝数的$\sqrt{3}/2$，便构成一只 90°型两元件三相无功电能表。两元件跨相 90°型无功电能表只能在完全对称的三相电路中实现正确计量，

否则要产生线路附加误差。

2. 带附加电流线圈的90°型无功电能表

这种电能表的结构特点是，它有两组电磁驱动元件，且每组元件中的电流线圈又都是由匝数相等、绕向相同的两个线圈构成。把通以电流 $\dot{I}_A$（或 $\dot{I}_C$）的线圈称为基本电流线圈，通以 $\dot{I}_B$ 的线圈称为附加电流线圈。基本电流线圈和附加电流线圈在电流铁心中产生的磁通应该是相减的。为此，接线时应使电流 $\dot{I}_A$（或 $\dot{I}_C$）从基本电流线圈的同名端流入，$\dot{I}_B$ 则应从附加电流线圈的非同名端流入。这种电能表的电路原理如图5-24所示。由图可见，它的两个电压线圈分别连接在滞后相应的电流线圈所接相别的相电压90°的线电压上。因此，它也属于跨相90°型无功电能表。其测量原理不难从相量图得到证明。此种接线每组元件的驱动力矩可分别写作

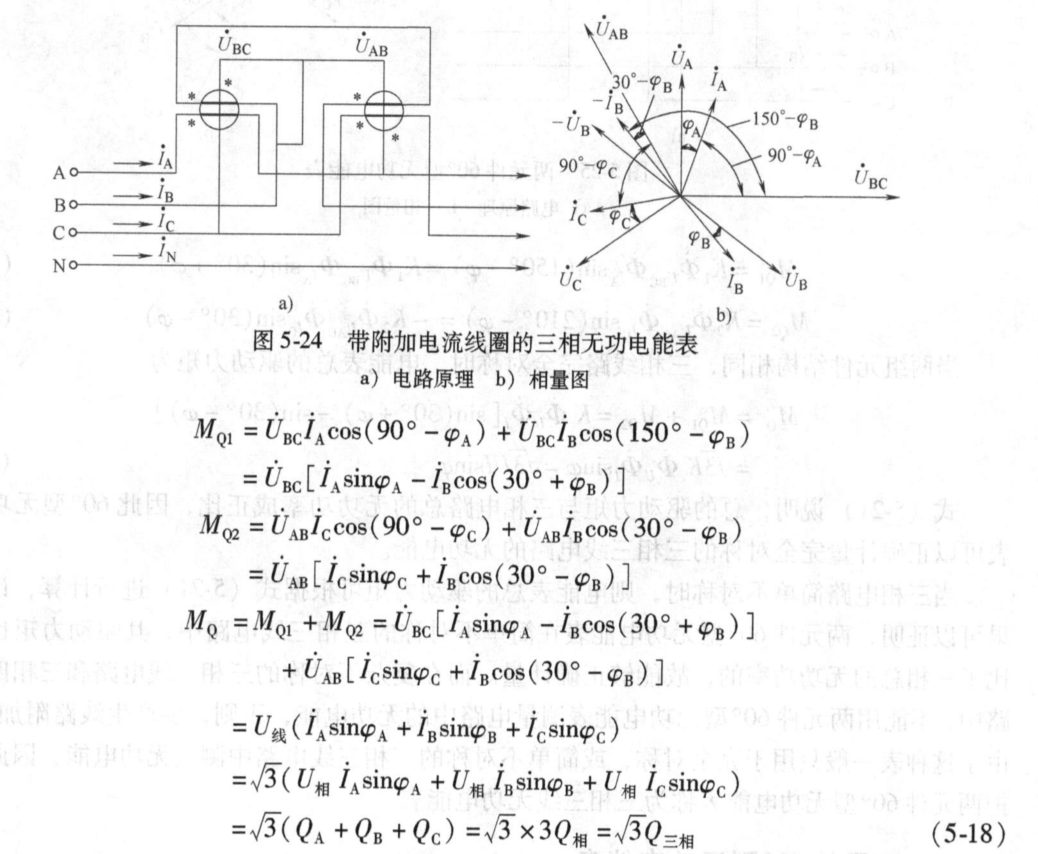

图5-24 带附加电流线圈的三相无功电能表
a）电路原理 b）相量图

$$
\begin{aligned}
M_{Q1} &= \dot{U}_{BC}\dot{I}_A\cos(90°-\varphi_A)+\dot{U}_{BC}\dot{I}_B\cos(150°-\varphi_B)\\
&= \dot{U}_{BC}[\dot{I}_A\sin\varphi_A-\dot{I}_B\cos(30°+\varphi_B)]\\
M_{Q2} &= \dot{U}_{AB}\dot{I}_C\cos(90°-\varphi_C)+\dot{U}_{AB}\dot{I}_B\cos(30°-\varphi_B)\\
&= \dot{U}_{AB}[\dot{I}_C\sin\varphi_C+\dot{I}_B\cos(30°-\varphi_B)]\\
M_Q &= M_{Q1}+M_{Q2}=\dot{U}_{BC}[\dot{I}_A\sin\varphi_A-\dot{I}_B\cos(30°+\varphi_B)]\\
&\quad +\dot{U}_{AB}[\dot{I}_C\sin\varphi_C+\dot{I}_B\cos(30°-\varphi_B)]\\
&= U_{线}(\dot{I}_A\sin\varphi_A+\dot{I}_B\sin\varphi_B+\dot{I}_C\sin\varphi_C)\\
&= \sqrt{3}(U_{相}\dot{I}_A\sin\varphi_A+U_{相}\dot{I}_B\sin\varphi_B+U_{相}\dot{I}_C\sin\varphi_C)\\
&= \sqrt{3}(Q_A+Q_B+Q_C)=\sqrt{3}\times 3Q_{相}=\sqrt{3}Q_{三相}
\end{aligned}
\tag{5-18}
$$

由式（5-18）可以看出，只要预先将 $\sqrt{3}$ 除在表里，就构成了一只带附加电流线圈的三相无功电能表。只要三相电压对称，不管负载是否对称，带附加电流线圈的无功电能表都可以正确计量三相四线电路和三相三线电路的无功电能。

5.4.5 60°型无功电能表

1. 结构及工作原理

60°型无功电能表的结构是，在每个电压线圈中串入一个附加电阻 R_U，同时加大电压铁心非工作磁通磁路的气隙，因而减小了电压线圈的感抗分量，使得电压工作磁通滞后相应电

压的相位角 $\beta = 60°$。因此，将这种表称为60°型无功电能表。

2. 两元件60°型三相三线无功电能表

图5-25所示为两元件60°型三相三线无功电能表的电路原理。图中，当调节 R_U，使 $\dot{\Phi}_{U_{BC}}$滞后于 $\dot{U}_{BC}$60°，使 $\dot{\Phi}_{U_{AC}}$滞后于 $\dot{U}_{AC}$60°，根据相量图有：$\psi_1 = 150° - \varphi$，$\psi_2 = 210° - \varphi$，于是两组元件的驱动力矩分别为

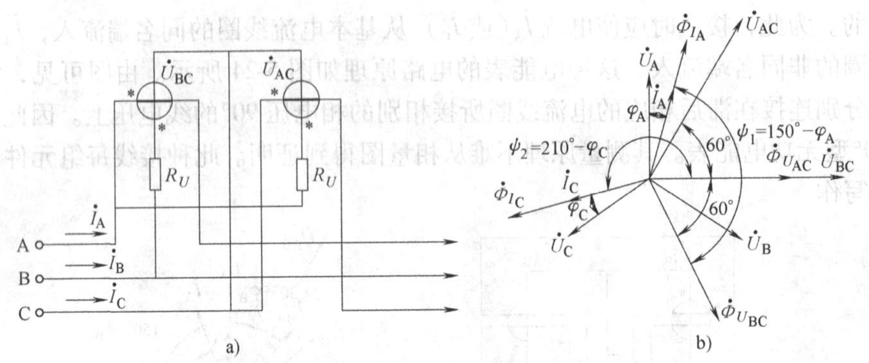

图5-25　两元件60°型无功电能表

a）电路原理　b）相量图

$$M_{Q1} = K_1 \dot{\Phi}_{U_{BC}} \dot{\Phi}_{I_A} \sin(150° - \varphi) = K_1 \dot{\Phi}_{U_{BC}} \dot{\Phi}_{I_A} \sin(30° + \varphi) \tag{5-19}$$

$$M_{Q2} = K_2 \dot{\Phi}_{U_{AC}} \dot{\Phi}_{I_C} \sin(210° - \varphi) = -K_2 \dot{\Phi}_{U_{AC}} \dot{\Phi}_{I_C} \sin(30° - \varphi) \tag{5-20}$$

当两组元件结构相同，三相线路完全对称时，电能表总的驱动力矩为

$$\begin{aligned} M_Q &= M_{Q1} + M_{Q2} = K \dot{\Phi}_U \dot{\Phi}_I [\sin(30° + \varphi) - \sin(30° - \varphi)] \\ &= \sqrt{3} K \dot{\Phi}_U \dot{\Phi}_I \sin\varphi = \sqrt{3} UI \sin\varphi \end{aligned} \tag{5-21}$$

式（5-21）说明，总的驱动力矩与三相电路总的无功功率成正比，因此60°型无功电能表可以正确计量完全对称的三相三线电路的无功电能。

当三相电路简单不对称时，则电能表总的驱动力矩可根据式（5-21）进行计算，计算结果可以证明，两元件60°型无功电能表在简单不对称的三相三线电路中，其驱动力矩也是正比于三相总的无功功率的，故能够正确计量。而在复杂不对称的三相三线电路和三相四线电路中，不能用两元件60°型无功电能表测量电路中的无功电能，否则，要产生线路附加误差。由于这种表一般只用于完全对称，或简单不对称的三相三线电路中测量无功电能，因此，又把两元件60°型无功电能表称为三相三线无功电能表。

5.4.6　三元件60°型无功电能表

为了使60°型无功电能表能够正确计量三相四线电路中的无功电能，可根据60°相位角的原理制成三元件的60°型无功电能表。图5-26所示为这种电能表的电路原理及相量图。

根据图5-26b所示可写出电能表总的驱动力矩为

$$\begin{aligned} M_Q &= K_1 \dot{\Phi}_{U_B} \dot{\Phi}_{I_A} \sin(180° - \varphi_A) + K_2 \dot{\Phi}_{U_C} \dot{\Phi}_{I_B} \sin(180° - \varphi_B) \\ &\quad + K_3 \dot{\Phi}_{U_A} \dot{\Phi}_{I_C} \sin(180° - \varphi_C) \\ &= K_1 \dot{U}_B \dot{I}_A \sin\varphi_A + K_2 \dot{U}_C \dot{I}_B \sin\varphi_B + K_3 \dot{U}_A \dot{I}_C \sin\varphi_C \end{aligned} \tag{5-22}$$

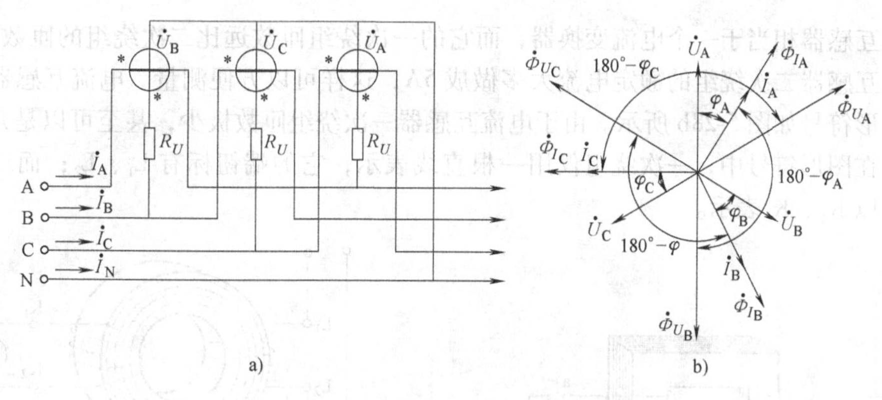

图5-26　三元件60°型无功电能表

a）电路原理　b）相量图

式（5-22）说明，只要三相电压对称，不论负载是否对称，三元件60°型无功电能表都能够正确计量三相四线电路的无功电能。

5.5　测量用互感器

5.5.1　测量用互感器的用途与结构

1. 测量用互感器的用途

测量用互感器是一种变换交流电压或交流电流的设备，其中变换交流电压的称为电压互感器，变换交流电流的称为电流互感器。采用互感器后，就可将电能表或其他的测量仪表用于测量高电压、大电流装置的一次侧电压、电流、功率等。这样可做到：

1）保障安全：采用互感器后，使测量表计回路可以放置在远离被测高压回路的地方，并且与被测回路隔离，而没有与高电压、大电流的直接联系，以保证测量工作人员的安全和仪表设备的安全。

2）仪表制造标准化：采用互感器后，在实际工程测量中，仪表的量限可统一设计为5A、100V，而不需要按被测量电压的高低和电流的大小来设计。

3）一旦线路发生短路故障时，其测量回路表计不至于受到大电流的损害。

2. 测量用互感器的一般结构

仪用互感器实际上就是特种变压器，其典型结构如图5-27a和图5-28a所示。它的闭合铁心由硅钢片叠成（也有用高导磁合金带卷制而成的），以减少涡流损失。其中，一个绕组接到电源侧，称为互感器的一次绕组，是从电源侧吸收能量；另一绕组接于测量仪表，称为互感器的二次绕组，是输出能量。铁心是一个导磁回路，它使一、二次绕组之间建立起紧密的电磁耦合。

电压互感器一般相当于一个降压变压器，它的一次绕组的匝数远多于二次绕组的匝数。通常电压互感器的一次绕组额定电压采用不同的电压等级，而二次绕组的额定电压为100V，这给测量带来了很大的方便。电压互感器在电路图中的图形符号如图5-27b所示。在图中，以两个绕组的符号表示，在一次绕组的相应端钮标上大写的A、X，在二次绕组的相应端钮上标有小写的a、x。

电流互感器相当于一个电流变换器，而它的一次绕组匝数远比二次绕组的匝数少得多。通常电流互感器二次绕组的额定电流大多做成5A，这样可以方便测量。电流互感器在电路图中的图形符号如图5-28b所示。由于电流互感器一次绕组匝数极少，甚至可以是几匝或一匝，所以在图形符号中，一次绕组仅用一根直线表示，它的端钮标有 L_1、L_2；而二次绕组的端钮则以 K_1、K_2表示。

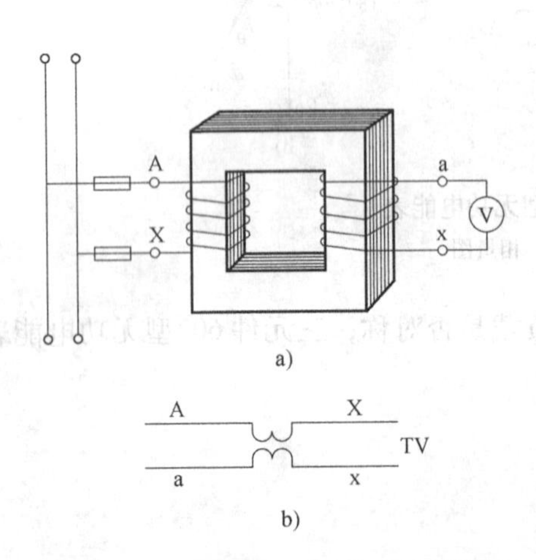

图 5-27 电压互感器的结构和图形符号
a）结构 b）图形符号

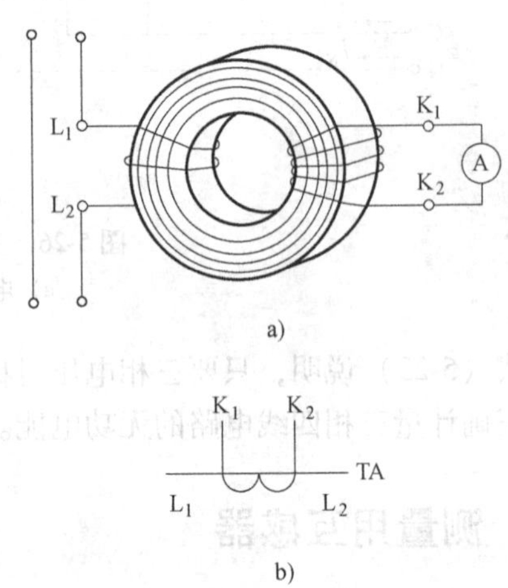

图 5-28 电流互感器的结构和图形符号
a）结构 b）图形符号

电压互感器结构按绝缘方式可分为干式和油浸式，根据相数可分为单相和三相，根据安装地点可分户内式和户外式等。电流互感器构造种类也很多，按一次绕组的匝数可分为单匝和多匝，按安装方式可分为支持式和穿墙式等。为了使一次绕组的引出线在很高的工作电压下能与互感器外壳及二次绕组绝缘，大多采用瓷套管或环氧树脂浇注作绝缘体。

5.5.2 仪用互感器的正确使用

1. 电压互感器的使用注意事项

当使用电压互感器时应注意其额定电压、电压比、容量、准确度等，同时要考虑到二次接线引起压降的误差，否则测量结果将会不准确。

电压互感器的一次绕组的 A 、X 端与被测电压的电路并联，而它的二次绕组的 a、x 端则与测量仪表电压线圈相连接，在接线时要注意互感器极性的正确性。为了防止一、二次级绕组绝缘击穿危及人身和设备安全，其铁心外壳及二次回路应该有接地点。

电压互感器的二次绕组连接的是仪表的电压线圈，阻抗很大，基本工作在开路状态，绝对不允许短路，因此，电压互感器的一次绕组和二次绕组要接有熔丝（保险丝），以防止意外的短路事故，危及系统和设备安全运行。

2. 电流互感器的使用注意事项

为了准确测量，所选择的电流互感器的额定工作电压、电流比要适当，互感器二次侧的额定容量要大于二次侧负荷的实际值。

电流互感器的一次绕组的 L_1、L_2端串联接入被测电路，而它的二次绕组则与测量仪表电流线圈连接，在接线时要注意互感器极性的正确性。电流互感器二次绕组和铁心外壳都要可靠接地，以确保安全。

同时必须引起注意的是，在运行中的电流互感器任何时候其二次绕组都不准开路。因为在正常使用状态下，电流互感器的二次侧阻抗很小，互感器铁心工作磁通也很小，二次电压仅有几伏，但是当二次回路开路时，由于二次电流的消失，一次电流将会全部用来励磁，铁心磁通激增，这样大的磁通将使二次绕组感应出很高的电压（有可能达到正常电压数值的几百倍），对人身和设备造成危害。同时，铁心磁通将严重饱和，致使其过分发热而受损，难以恢复原来的性能。因此，在工作中切忌将电流互感器二次侧开路。也正是由于这个原因，在电流互感器二次回路中不容许安装熔丝（保险丝）。

5.5.3　电压互感器的接线方式

电压互感器的接线方式主要有图 5-29 所示的几种。

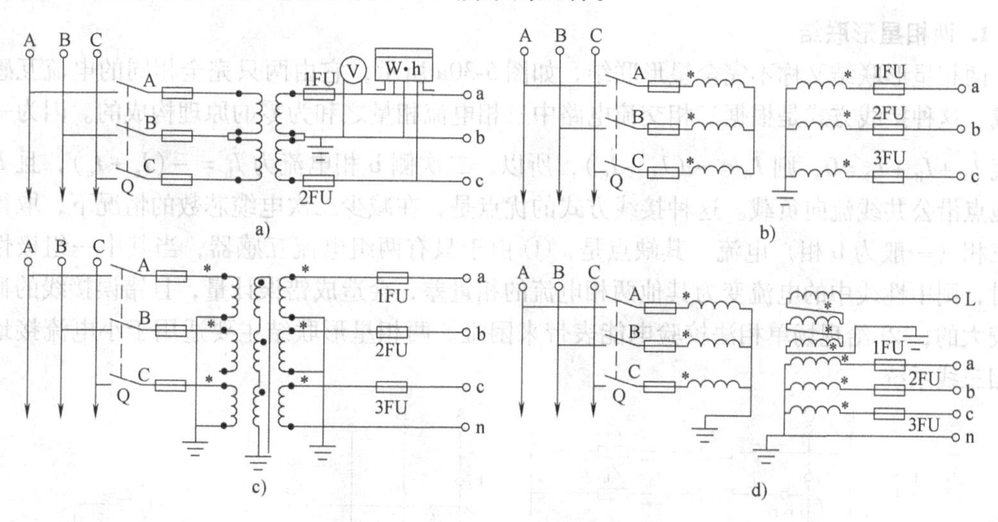

图 5-29　电压互感器的接线方式

1. Vv 联结

如图 5-29a 所示，Vv 联结广泛地应用于中性点不接地或经消弧线圈接地的 35kV 及以下的三相系统，特别是 10kV 三相系统。因为它既能节省一台电压互感器又可满足三相有功、无功电能表和三相功率表所需的线电压。仪表电压线圈一般是接于二次侧的 a、b 间和 c、b 间。这种接线方式的缺点是：

1）不能测量相电压。

2）不能接入监视系统绝缘状况的电压表。

3）总输出容量仅为两台容量之和的$\sqrt{3}/2$ 倍。

2. Yyn 联结

如图 5-29b 所示，Yyn 联结是用一台三铁心柱三相电压互感器，也可用三台单相电压互感器构成三相电压互感器组。这种接线方式多用于小电流接地的高压三相系统，一般是将二次侧中性线引出，接成 Yyn 联结。此种接线方式的缺点是：

1）当二次负载不平衡时，可能引起较大的误差。

2）为防止高压侧单相接地故障，高压侧中性点不允许接地，故不能测量对地电压。

3. YNyn 联结

当 YNyn 联结用于大电流接地系统时，多采用三台单相电压互感器构成三相电压互感器组，如图 5-29c 所示。它的优点是：

1）由于高压侧中性点接地，故可降低绝缘水平，使成本下降。

2）互感器绕组是按相电压设计的，故既可测量线电压，又可测量相电压。此外，二次侧增设的开口三角形接地的辅助绕组，可构成零序电压过滤器供继电保护等使用。

当 YNyn 联结用于小电流接地系统时，多采用三相五柱结构的三相电压互感器，如图 5-29d 所示。这种接线方式的一、二次侧均有中性线引出，故既可测量线电压，又可测量相电压。另外，二次侧开口三角形的辅助绕组可供监视绝缘用。

5.5.4　电流互感器的接线方式

1. 两相星形联结

两相星形联结又称不完全星形联结，如图 5-30a 所示，它由两只完全相同的电流互感器构成。这种接线方式是根据三相交流电路中三相电流相量之和为零的原理构成的。因为一次电流 $\dot{I}_A+\dot{I}_B+\dot{I}_C=0$，则 $\dot{I}_B=-(\dot{I}_A+\dot{I}_C)$，所以，二次侧 b 相电流为 $\dot{I}_b=-(\dot{I}_a+\dot{I}_c)$，且 $\dot{I}_b$ 由接地点沿公共线流向负载。这种接线方式的优点是，在减少二次电缆芯数的情况下，取得了第三相（一般为 b 相）电流。其缺点是，① 由于只有两组电流互感器，当其中一组极性接反时，则中性线中的电流变为其他两相电流的相量差，会造成错误计量，且错误接线的概率是较大的；② 给现场单相法校验电能表带来困难。两相星形联结主要适用于小电流接地的三相三线系统。

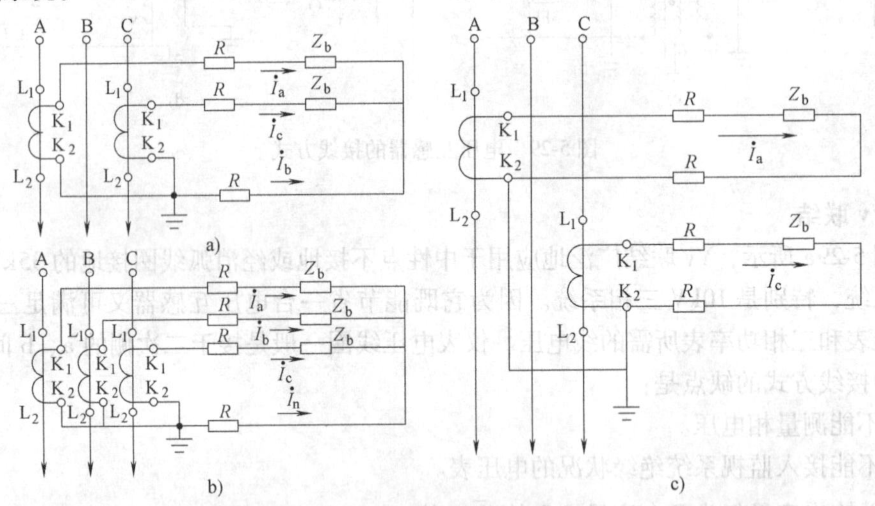

图 5-30　电流互感器的接线方式

2. 三相星形联结

三相星形联结又称为完全星形联结，如图 5-30b 所示，它由三只完全相同的电流互感器构成。这种接线方式适用于高压大电流接地系统、发电机二次回路、低压三相四线制电路等。由于这种接线方式二次绕组流过的电流分别为 $\dot{I}_a$、$\dot{I}_b$、$\dot{I}_c$，当三相负载不平衡时公共线中有电流流过，若中性线断开就会产生计量误差，因此，中性线是不允许断开的。

3. 分相联结

图 5-30c 所示为三相三线系统的分相联结，在三相四线系统中也可采用类似的分相联结。采用分相联结虽然会增加二次回路的电缆芯数，但可降低错误接线的概率，提高计量的可靠性和准确度，并给现场校验电能表带来方便。当采用专用的计量板时，由于互感器与电能表距离较近，故分相联结不会使二次电缆的用量增加很多。

5.6 有功电能表的正确接线

由于各类电能表的电压、电流量限各不相同，被测电路又有不同的电压等级和线路电流，因此，电能表在接于被测电路时有两种情况：一种情况是直接接入；另一种情况是经互感器接入。本节将介绍单相、三相三线、三相四线有功电能表的常用正确接线方式。

5.6.1 单相有功电能表的接线

1. 直接接入式

直接接入式接线就是当电能表的电压线圈和电流线圈的量程足够时，将电能表直接接入被测电路。根据单相电能表端子盒内电压、电流端子排列方法的不同，又可将直接接入式接线分为单进单出式（见图 5-31a）和双进双出式（见图 5-31b）两种方式。这两种方式的接线原理都是一样的，它们的电压、电流端子同名端的连接片都是在表内连好的。所不同的是，端子盒内电压、电流的出入端子的排列位置不同。所以，接线之前必须核准端子排列方式。如果误将单进单出方式按双进双出方式接线，则会造成电流线圈与电源短路而烧表。

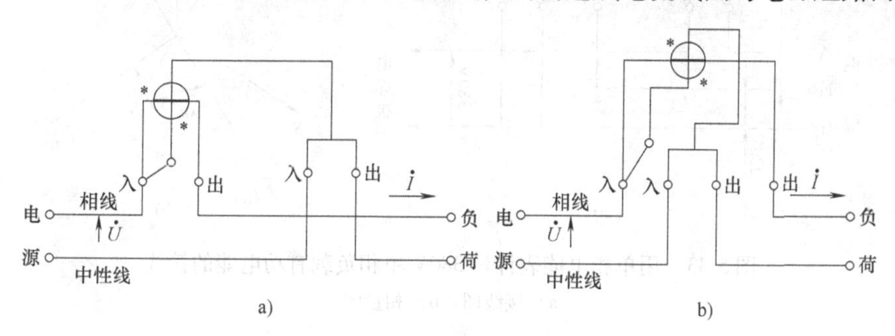

图 5-31　单相有功电能表的接线

a）单进单出式　b）双进双出式

2. 经互感器接入式

当电能表电流或电压量限不能满足要求时，就需经互感器接入。有时只需经电流互感器接入，有时需同时经电流和电压互感器接入。当电能表内电流、电压同名端连接片是连接着的，可采用电流、电压线共用方式接线，如图 5-32a 所示；当连接片是拆开时，则应采用电流、电压线分开方式接线，如图 5-32b 所示。由图可看出，当采用共用方式时，可减少从互感器安装处到电能表之间的电缆芯数；当采用分开方式时，需增加电缆芯数。此外，采用分开方式时还应注意：

1）必须把电能表内电流、电压同名端连接片打开，否则会造成错误计量。

2）电流、电压互感器的二次侧必须分别接地。

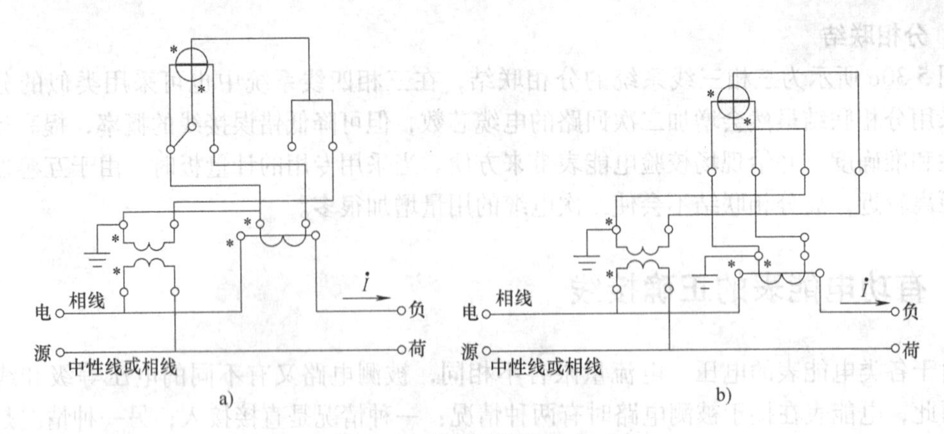

图 5-32　经互感器接入方式

a）共用方式　b）分开方式

3. 用单相电能表计量 380V 单相负载有功电能的接线

当需要计量 380V 单相负载时（例如 380V 电焊机），可用两只 220V 单相有功电能表按图 5-33a 所示的方式接线。两只单相有功电能表的代数和就是负载消耗的有功电能。

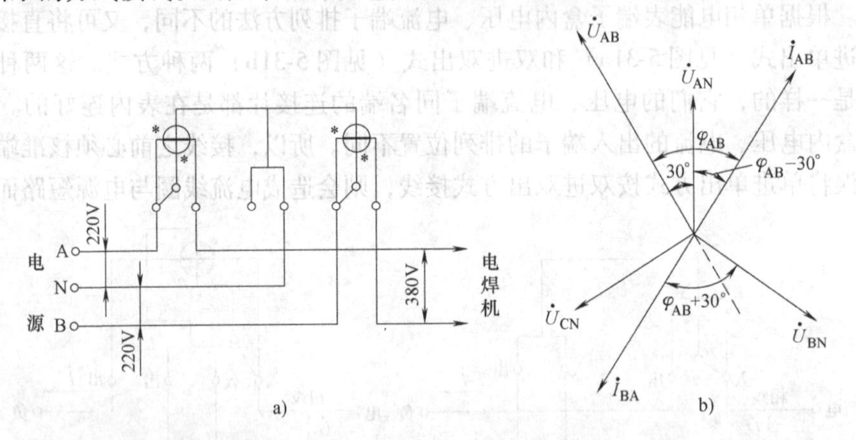

图 5-33　用单相电能表计量 380V 单相负载有功电能的接线

a）接线图　b）相量图

现将这种接线方式的原理证明如下：

根据图 5-33b 所示相量图，负载消耗的功率为

$$P_{AB}=\dot{U}_{AB}\dot{I}_{AB}\cos\varphi_{AB} \tag{5-23}$$

两只单相电能表反映的功率分别为

$$P_1=\dot{U}_{AN}\dot{I}_{AB}\cos(\varphi_{AB}-30°) \tag{5-24}$$

$$P_2=\dot{U}_{BN}\dot{I}_{BA}\cos(\varphi_{AB}+30°) \tag{5-25}$$

已知 $\dot{U}_{AN}=\dot{U}_{BN}$，$\dot{I}_{AB}=\dot{I}_{BA}$，$\dot{U}_{AB}=\sqrt{3}\dot{U}_{BN}$，所以，两只电能表反映的功率之和为

$$\begin{aligned}P=P_1+P_2&=\dot{U}_{AN}\dot{I}_{AB}\cos(\varphi_{AB}-30°)+\dot{U}_{AN}\dot{I}_{AB}\cos(\varphi_{AB}-30°)\\&=\dot{U}_{AN}\dot{I}_{AB}[\cos(\varphi_{AB}-30°)+\cos(\varphi_{AB}+30°)]\\&=\sqrt{3}\dot{U}_{AN}\dot{I}_{AB}\cos\varphi_{AB}=\dot{U}_{AB}\dot{I}_{AB}\cos\varphi_{AB}\end{aligned} \tag{5-26}$$

可见，两只电能表反映的功率之和恰好为单相负载所消耗的功率，所以，这种接线方式是正确的。

单相有功电能表在接线时，还应注意以下几点：

1）电流线圈应串入相线，且电流、电压线圈的同名端均应与电源端的相线相连。否则可能造成漏计电量或转盘反转。

2）电流互感器均应按减极性连接，且电压互感器应接在电流互感器的电源侧，否则电能表要多计电压互感器消耗的电能。

3）电压互感器熔断器只能装在一次侧，不应装在二次侧。因为当熔断器发生接触不良时会增加二次侧电压降，产生计量误差。如果熔断，则不能计量电量。

5.6.2　三相四线有功电能表的接线

1. 直接接入式

三相四线有功电能表直接接入式的标准接线如图5-34所示。它的接线原则是，将电能表的三个电流线圈分别串入三相电路中，电压线圈分别接入相应的相电压，且其同名端应与相应电流线圈的同名端一起接在电源侧。这种接线方式最适合于中性点直接接地的三相四线制系统。而且，不论三相电压、电流是否对称都能正确计量。

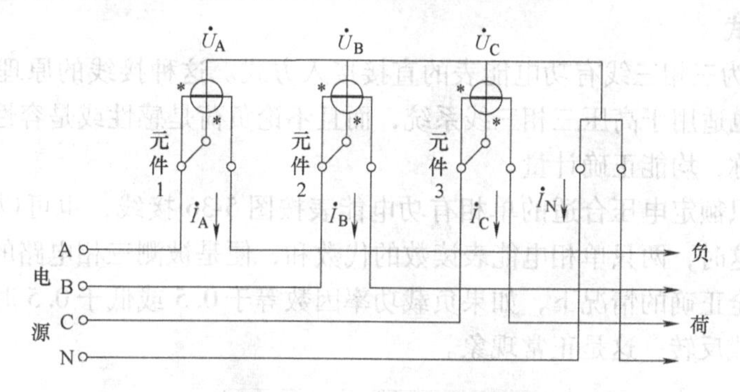

图5-34　三相四线有功电能表直接接入式的标准接线

有时可以利用三只单相有功电能表计量三相四线电路的有功电能，其接线原则同图5-34，这时三只单相电能表读数的代数和，便是被测电路消耗的有功电能。

在采用图5-34所示的接线方式时，应注意以下几点：

1）应按正相序接线，因为根据规程规定，三相电能表都是按正相序校验的，若接线相序与校验时的相序不一致，便会产生计量附加误差。

2）中性线不能与任意相线颠倒，否则不仅会造成计量错误，还会使其中两个电压元件因承受不了线电压而损坏电压线圈。

3）与中性线对应的端钮一定要接牢，否则可能因接触不良或断线产生的电压差引起较大的计量误差。

2. 经互感器接入式

三相四线有功电能表经互感器接入时，可分为电流、电压线共用方式和分开方式。图5-35a所示为只经电流互感器的共用方式接线。这种接线，从互感器安装处到电能表盘之间少用三根电缆芯线。如果将连接片拆开，则必须采用分开方式接线，这时需增加电缆芯数才能完成接线。为能减少电缆芯数，可将三只电流互感器接成完全星形联结，如图 5-35b 所示。这种接线，二次回路中性线电阻很小（$R_n \approx 0$）时，才能保证计量的准确性。

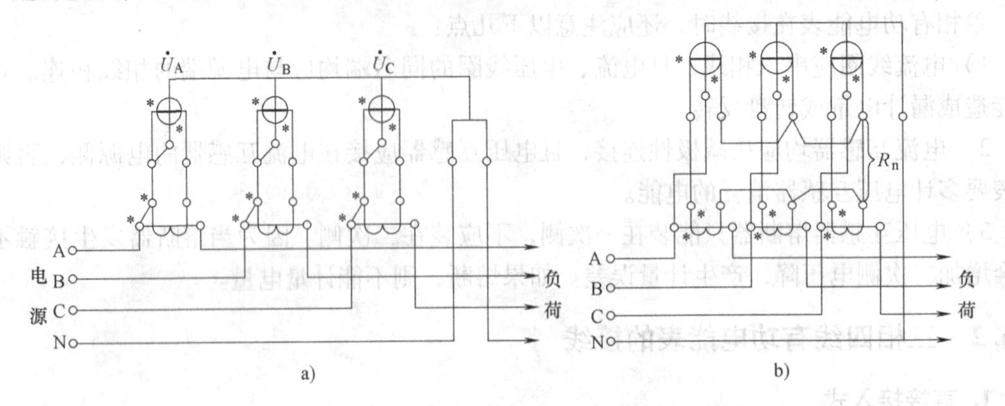

图 5-35　三相四线有功电能表经电流互感器接入
a）共用方式　b）分开方式

5.6.3　三相三线有功电能表的正确接线

1. 直接接入式

图 5-36 所示为三相三线有功电能表的直接接入方式。这种接线的原理不仅适用于低压三相三线系统，也适用于高压三相三线系统，而且不论负荷是感性或是容性还是电阻性，也不论负载是否对称，均能正确计量。

如果采用两只额定电压合适的单相有功电能表按图 5-36 接线，也可以计量三相三线电路的有功电能，这时，两只单相电能表读数的代数和，便是被测三相电路的有功电能。应当指出，在接线完全正确的情况下，如果负载功率因数等于 0.5 或低于 0.5 时，其中一只电能表的转盘会不转或反转，这是正常现象。

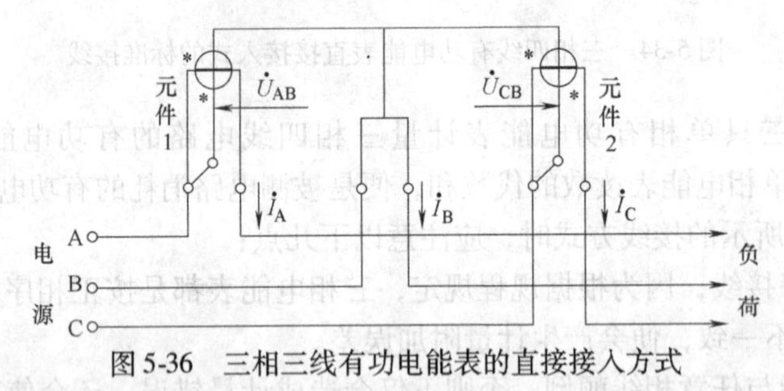

图 5-36　三相三线有功电能表的直接接入方式

还应指出，不能采用图 5-36 所示接线方式计量三相四线电路的有功电能，因为在三相四线电路中，一般来说是很难满足三相电流之和为零的条件的，所以，要引起线路附加误差。

2. 经互感器接入式

三相三线有功电能表（或两只单相有功电能表）经互感器接入三相三线电路时，其接线也可分为电流、电压线共用方式和分开方式。图 5-37 所示为三相三线电能表（或两只单相电能表）只经电流互感器的接线。图 5-37a 所示的是共用方式，虽接线方便，还可减少电缆芯数，但容易发生接线错误。当采用图5-37b所示的分开方式时，虽所用电缆芯数增加，但不易造成短路故障，而且还有利于电能表的现场校验，所以经互感器接入采用分开方式较多。为了既采用分开方式接线又可减少电缆芯数，可将两个电流互感器接成不完全星形联结，采用此种方式接线可减少一根电缆芯线。但应注意，电流互感器二次回路B相导线的电阻应尽量小（接近零），这样才能保证准确计量。

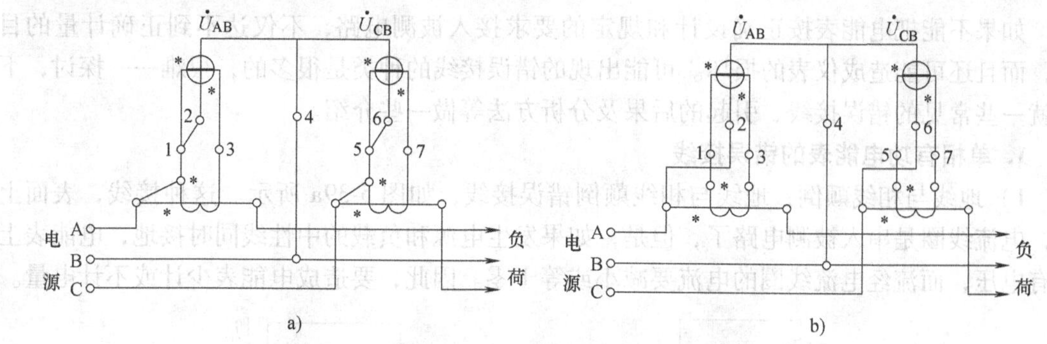

图5-37 三相三线有功电能表经电流互感器接入

a）共用方式 b）分开方式

5.6.4 电能表的联合接线

电能表的联合接线是指在电压或电流互感器的二次回路中同时接入有功电能表和无功电能表以及其他有关测量仪表，联合接线应满足以下条件：

1）电压或电流互感器二次侧应设置必要的接线端子，以便检修时互不影响。

2）电压或电流互感器应有足够的容量，以保证电能计量的准确度。

3）各电能表的电压线圈应并联，电流线圈应串联。

4）电压互感器应接在电流互感器的电源侧。

5）电压互感器和电流互感器应装于变压器的同一侧，而不应分别装于变压器的两侧。

6）非并列运行的线路，不许共用同一个电压互感器。

7）互感器二次出线端钮到电能表端钮间的二次回路应专门设置，且二次导线的选择应满足电压降和截面积的要求。

图5-38给出了高压三相三线电路中有功电能表和无功电能表同时经电压、电流互感器接入的联合接线。

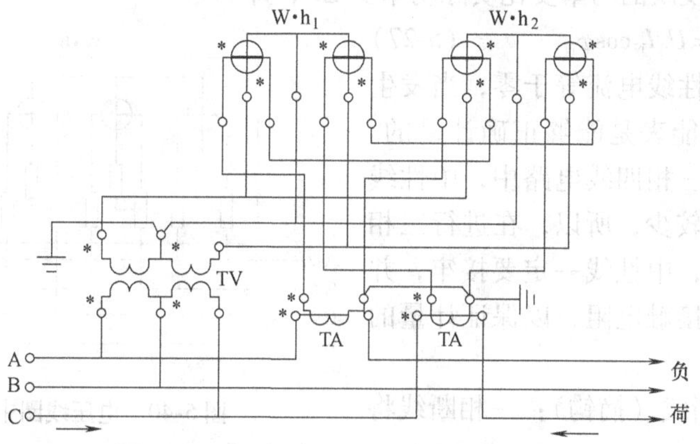

图5-38 高压三相三线电路中的联合接线

在高压三相三线系统中，电压互感器一般是采用△联结，且在二次侧 b 相接地。当然也可以采用星形联结，这时应在二次侧中性点接地。此外，电流互感器二次侧也必须接地。

5.7　电能表的错误接线

如果不能把电能表按正确设计和规定的要求接入被测电路，不仅达不到正确计量的目的，而且还可能造成仪表的损坏。可能出现的错误接线的种类是很多的，很难一一探讨，下面就一些常见的错误接线、引起的后果及分析方法等做一些介绍。

1. 单相有功电能表的错误接线

1）地线与相线颠倒：地线与相线颠倒错误接线，如图 5-39a 所示。这种接线，表面上看，电流线圈是串入被测电路了，但是，如果发生电源和负载的中性线同时接地，电能表上虽有电压，而流经电流线圈的电流要减小或等于零。因此，要造成电能表少计或不计电量。

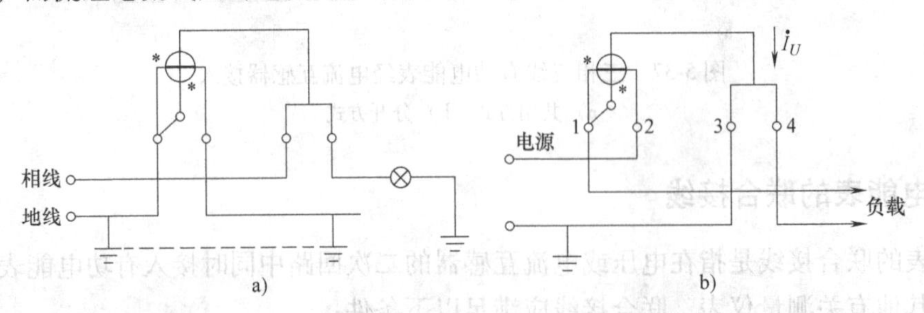

图 5-39　单相电路有功电能表的错误接线

a）地线与相线颠倒　b）电能表同名端反接

2）电能表同名端反接：如图 5-39b 所示，由于同名端反接，根据前面的分析可知，电能表转盘要反转。

3）连接片没接上（俗称摘钩）：当电能表直接接入电路时，如果电流、电压连接片没有接上，则因电压线圈上无电压而转盘不转。

2. 三相四线有功电能表的错误接线

1）三相四线电能表电压线圈中性线断开：如图 5-40 所示，当三相电压不对称时，中性线断开后将在电压线圈中性点与中性线 N 之间产生电压差 U_0，如果中性线电流不等于零，设为 I_N，则电能表反映的功率要比实际功率少 ΔP，即

$$\Delta P = U_0 I_N \cos\varphi_N \qquad (5\text{-}27)$$

如果线路的中性线电流等于零，当发生中性线断开时，电能表是能够正确计量的。经验证明，在低压三相四线电路中，中性线电流等于零的情况较少，所以，在进行三相四线电能表接线时，中性线一定要接牢，并尽量减小接头处的接触电阻，以保证计量的准确度。

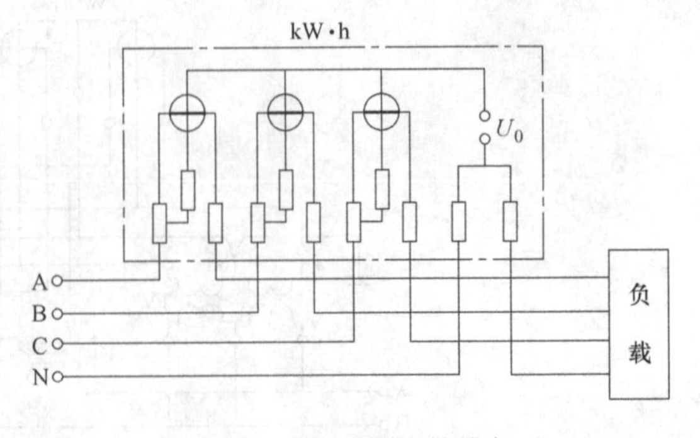

图 5-40　电压线圈中性线断开

2）电压线圈断线（摘钩）：一相断线将

造成一个元件不工作，如果线路对称，少记1/3电量；两相断线将造成两个元件不工作，如果线路对称，少记2/3电量；三相断线将造成三个元件不工作，电能表不转，但用户仍能照常用电。

3）经电流互感器接入的电能表电流线圈断线：一相断线将造成一个元件不工作，如果线路对称，少记1/3电量；两相断线将造成两个元件不工作，如果线路对称，少记2/3电量；三相断线将造成三个元件不工作，电能表不转，但用户也能照常用电。

4）电流线圈极性接反：一相反接将造成一个元件反向驱动，如果线路对称，将少记2/3电量；两相反接将造成两个元件反向驱动，电能表将反转；三相反接电能表将全速反转。

3. 三相三线有功电能表的错误接线

三相三线有功电能表本身的接线并不复杂，但实际使用时大多是经电流互感器和电压互感器接入电路，这就大大增加了错接的机会和错接的种类。可能出现的错误接线有：电流回路错误，包括电流线圈极性接反、电流线圈虚接（经电流互感器接入）、两电流线圈相序错接等；电压回路错误，包括电压回路虚接、电压相序错接等；还有电压电流同时错接。下面分析两种错接形式，目的在于给出错误接线的分析方法，其他常见的错误接线形式的分析结果以表格的形式给出，见表5-2。

1）A相电流极性接反：接线如图5-41a所示。为了分析错误接线的结果，再画出对应错误接线下的相量图，如图5-41b所示。由相量图可知，两组元件反映的功率分别为

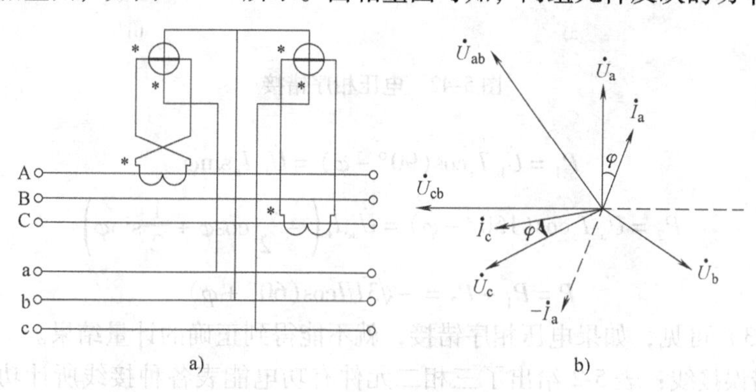

图5-41　A相电流极性接反

a）接线图　b）相量图

$$P_1 = \dot{U}_{ab}\dot{I}_a\cos(150° - \varphi) = \dot{U}_{ab}\dot{I}_a\left(-\frac{\sqrt{3}}{2}\cos\varphi + \frac{1}{2}\sin\varphi\right) \tag{5-28}$$

$$P_2 = \dot{U}_{cb}\dot{I}_c\cos(30° - \varphi) = \dot{U}_{cb}\dot{I}_c\left(\frac{\sqrt{3}}{2}\cos\varphi + \frac{1}{2}\sin\varphi\right) \tag{5-29}$$

如果电路电压、电流均对称，则三相电能表反映的总功率为

$$P = P_1 + P_2 = UI\sin\varphi \tag{5-30}$$

由式（5-30）可见：

① 当 $\varphi = 0°$，即 $\cos\varphi = 1$ 时，则 $P = 0$，所以转盘不转；

② 当 $\varphi = 60°$，即 $\cos\varphi = 0.5$ 时，则 $P = \sqrt{3}/2UI$，此时电路中的功率也恰好等于$\sqrt{3}/2UI$，转盘转速正常，可以正确计量；

③ 当 $\varphi<60°$，即 $\cos\varphi>0.5$ 时，转盘转速变慢，即电能表计量的功率小于实际的功率；

④ 当 $\varphi>60°$”，即 $\cos\varphi<0.5$ 时，转盘转速变快，即电能表计量的功率大于实际的功率；

⑤ 当 $\varphi=90°$，即 $\cos\varphi=0$ 时，转盘转速达到最快，但实际电路功率为零。

由以上分析可知，当 A 相电流互感器极性接反时，只有负载 $\cos\varphi=0.5$ 时才能正确计量，在负载其他功率因数情况下都不能正确计量。

2）电压相序错接（abc 接成 bca）：错误接线如图 5-42a 所示。图 5-42b 为其相量图。此时功率表达式为

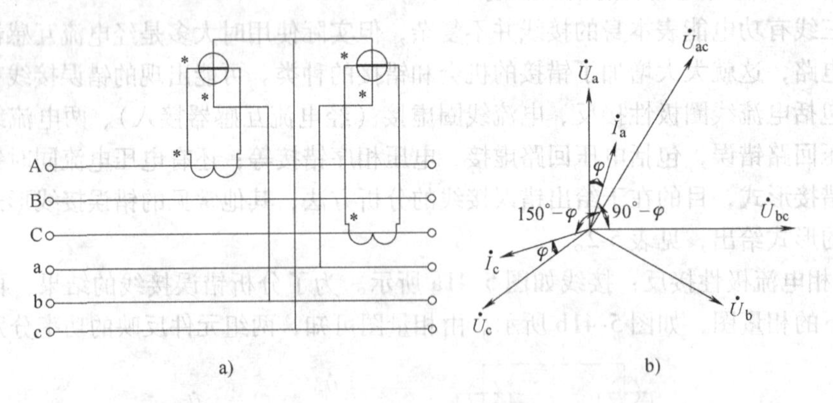

图 5-42 电压相序错接

$$P_1=\dot U_{bc}\dot I_a\cos(90°-\varphi)=\dot U_{bc}\dot I_a\sin\varphi \tag{5-31}$$

$$P_2=\dot U_{ac}\dot I_c\cos(150°-\varphi)=\dot U_{ac}\dot I_c\left(-\frac{\sqrt{3}}{2}\cos\varphi+\frac{1}{2}\sin\varphi\right) \tag{5-32}$$

$$P=P_1+P_2=-\sqrt{3}UI\cos(60°+\varphi) \tag{5-33}$$

由式（5-33）可见，如果电压相序错接，就不能得到正确的计量结果。

3）其他错误接线：表 5-2 给出了三相二元件有功电能表各种接线所计功率查对表，以便查正。无功电能表的错误接线及分析方法与有功电能表相似，这里就不再论述。

表 5-2 三相二元件有功电能表各种接线所计功率查对表

电压相序 / 计量功率 / 电流相序		①	②	③	④	⑤	⑥
		A B C	A C B	B C A	B A C	C A B	C B A
○○○○ ↑ ↑ 1	Ⅰ Ⅱ A C	$\sqrt{3}UI\cos\varphi$	0	$UI(-\frac{\sqrt{3}}{2}\cos\varphi+\frac{3}{2}\sin\varphi)$	0	$UI(-\frac{\sqrt{3}}{2}\cos\varphi-\frac{3}{2}\sin\varphi)$	0
○○○○ ↑ ↑ 2	Ⅰ Ⅱ C A	0	$2UI\sin\varphi$	0	$UI(-\frac{\sqrt{3}}{2}\cos\varphi-\frac{3}{2}\sin\varphi)$	0	$\sqrt{3}UI\cos\varphi$

（续）

电压相序 / 计量功率 / 电流相序		① A B C	② A C B	③ B C A	④ B A C	⑤ C A B	⑥ C B A
○○○○ ↑ ↑ 3	Ⅰ Ⅱ C A	$2UI\sin\varphi$	$UI(-\frac{\sqrt{3}}{2}\cos\varphi-\frac{1}{2}\sin\varphi)$	$UI(-\sqrt{3}\cos\varphi-\sin\varphi)$	$UI(-\frac{\sqrt{3}}{2}\cos\varphi-\frac{1}{2}\sin\varphi)$	$UI(\sqrt{3}\cos\varphi-\sin\varphi)$	$UI\sin\varphi$
○○○○ ↑↑ 4	Ⅰ Ⅱ A C	$UI\sin\varphi$	$UI(-\sqrt{3}\cos\varphi-\sin\varphi)$	$UI(-\frac{\sqrt{3}}{2}\cos\varphi-\frac{1}{2}\sin\varphi)$	$UI(\sqrt{3}\cos\varphi-\sin\varphi)$	$UI(\frac{\sqrt{3}}{2}\cos\varphi-\frac{1}{2}\sin\varphi)$	$2UI\sin\varphi$
○○○○ ↑↑ 5	Ⅰ Ⅱ C A	$-2UI\sin\varphi$	$UI(\frac{\sqrt{3}}{2}\cos\varphi+\frac{1}{2}\sin\varphi)$	$UI(\sqrt{3}\cos\varphi+\sin\varphi)$	$UI(-\frac{\sqrt{3}}{2}\cos\varphi+\frac{1}{2}\sin\varphi)$	$UI(-\sqrt{3}\cos\varphi+\sin\varphi)$	$-UI\sin\varphi$
○○○○ ↑ ↑ 6	Ⅰ Ⅱ A C	$-UI\sin\varphi$	$UI(\sqrt{3}\cos\varphi+\sin\varphi)$	$UI(\frac{\sqrt{3}}{2}\cos\varphi+\frac{1}{2}\sin\varphi)$	$UI(\sqrt{3}\cos\varphi-\sin\varphi)$	$UI(-\frac{\sqrt{3}}{2}\cos\varphi+\frac{1}{2}\sin\varphi)$	$-2UI\sin\varphi$
○○○○ ↑ ↑ 7	Ⅰ Ⅱ A C	$-\sqrt{3}UI\cos\varphi$	0	$UI(\frac{\sqrt{3}}{2}\cos\varphi-\frac{3}{2}\sin\varphi)$	0	$UI(\frac{\sqrt{3}}{2}\cos\varphi+\frac{3}{2}\sin\varphi)$	0
○○○○ ↑ ↑ 8	Ⅰ Ⅱ C A	0	$UI(\frac{\sqrt{3}}{2}\cos\varphi-\frac{3}{2}\sin\varphi)$	0	$UI(\frac{\sqrt{3}}{2}\cos\varphi+\frac{3}{2}\sin\varphi)$	0	$-\sqrt{3}UI\cos\varphi$

思 考 题

5-1　感应系电能表的原理是，当________线圈和________线圈中通过交流电流时所形成的________磁场，在转盘上感应出________，这些涡流与磁场相互作用产生________，驱动转盘旋转。

5-2　转盘所受的________力矩与________功率成正比。转盘转动时，永久磁钢对转盘产生一个________力矩。当转动力矩平衡时，转盘________旋转。

5-3　电压铁心上的回磁极，其下端伸入________下部，与电压铁心的上下相对应，以构成穿过转盘的________回路。

5-4　电能表的比例常数表示电能表计算________电能时转盘的________，它是电能表的一个重要参数。

5-5　单相电能表的电流线圈应与负载________联，电压线圈应与负载________联。

5-6　单相电能表的错误接线有：

（1）将________与________对调，俗称“相零接反”，这时如在负载端加接________线，负载电流就会从加接地线的地方流走，造成少计或不计________电量。

（2）将________端接反，电能表就会________转。

（3）误将________解开，线圈中便无电流，造成用户用电而电能表________。

5-7　负载的最大工作电流不能超过电能表的________电流，而负载的最小工作电流又最好不能低于电能表电流的 10%。

5-8　什么是电能表的潜动？什么原因引起潜动？如何防止潜动？

5-9　相位调整的是什么误差？有几种调整方法？

5-10　用三相二元件有功电能表测量三相电路无功电能时如何接线？分析其测量原理。

第 6 章　数字式仪表

所谓数字式仪表，就是将被测对象离散化、数据处理后，以数字形式显示的仪表。第一台数字式仪表出现于 20 世纪 50 年代初，之后随着电子技术的迅猛发展，数字式仪表与数字化测量技术获得了迅速的发展。目前国内外已生产许多种能测量各种量并具有很宽技术特性范围的数字式仪表，如电压表、电流表、功率表、电能表、计数器、万用表、频率计等。

数字式仪表是将模拟量变为数字量，采用逻辑运算硬件电路实现测量功能的。数字式仪表与模拟式指示仪表相比具有很多优点，如准确度高、灵敏度高、输入阻抗高、操作简单、测量速度快等。

从模拟向数字，从单一通道向综合多通道测量的发展，从单个仪表向测量信息系统过渡，将各种电学量和非电学量变换成统一量（时间、频率、直流电压）后进行测量等，是近几十年来测量技术发展的重要阶段。

本章结合数字式仪表基本知识的介绍，以数字万用表、数字功率表和数字电能表为例，介绍数字测量技术中常用的基本单元电路和一般电量的测量方法。本章将以框图和波形的方式介绍数字式仪表的工作原理，以期通过本章学习，对数字式仪表的工作过程能有基本的认识。

6.1　数字万用表

在实际工作中，需要测量的量，如电压、电流等，都是随时间连续变化的量，叫做“模拟量”。但是，数字式仪表却是以数字的形式来显示所测结果的，为了对模拟量实现数字化的测量，就需要一种能把模拟量变换为数字量的转换器，即模拟-数字转换器（简称 A-D 转换器），以及能对数字量进行计数的装置，即电子计数器。因此，数字式仪表的简化框图如图 6-1 所示。

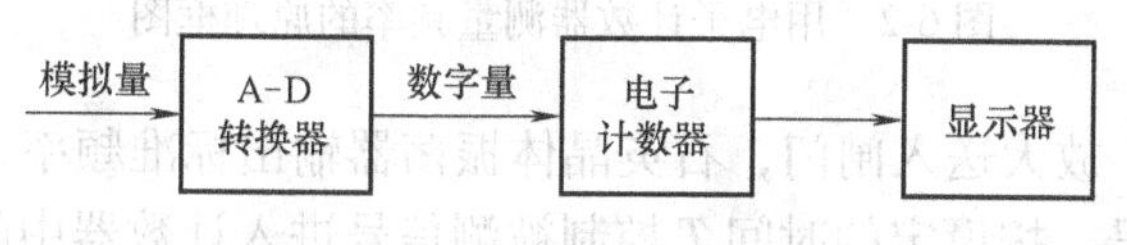

图 6-1　数字式仪表的简化框图

本节首先介绍电子计数器和 A-D 转换器的工作原理，并在此基础上介绍直流数字电压表和数字万用表的工作原理。直流数字电压表配以各种变换器（如交流电压/直流电压变换器、交或直流电流/直流电压变换器等）便可形成一系列的数字式仪表，如交流数字电压表、交流数字电流表等。由几种变换器、功能转换开关和直流数字电压表结合在一起，便可组成数字万用表。

6.1.1 电子计数器

1. 电子计数器的组成

电子计数器可具有多种不同的工作方式，如对输入事件数进行累计（计数），以及对频率、时间、时间间隔或脉宽进行测量。电子计数器通常包括的部件及其作用如下：

1）输入电路：把不同的波形、幅值的被测信号经整形、放大转换成标准信号，该标准信号与被测信号基波频率相同。

2）石英晶体振荡器：产生频率非常稳定的振荡，其振荡频率高，频率稳定性好。

3）分频器：能把输入信号分频，以得到具有不同宽度的时间基准或称时标信号。

4）闸门：又叫主计数门或控制门，它有一个输出端和至少两个输入端。要计数的脉冲信号加到一个输入端，另外的输入端加上闸门信号（或称门控信号）。当闸门信号为高电平时，闸门打开，要计数的脉冲到达闸门输出端；当闸门信号为低电平时，闸门关闭，要计数的脉冲到不了闸门输出端。

5）计数器：将来自闸门的脉冲信号以二进制形式计数。计数后的脉冲数可经译码器译成十进制数，再在数码管或液晶显示器上显示出来。

电子计数器最简单的工作方式是对输入电信号进行累计或计数。其方法是，输入信号经输入电路整形放大后经过手动控制启动和停止的闸门进入计数器进行计数，并在显示器上显示出来。

2. 频率的测量

用电子计数器测量频率的原理框图如图6-2所示。

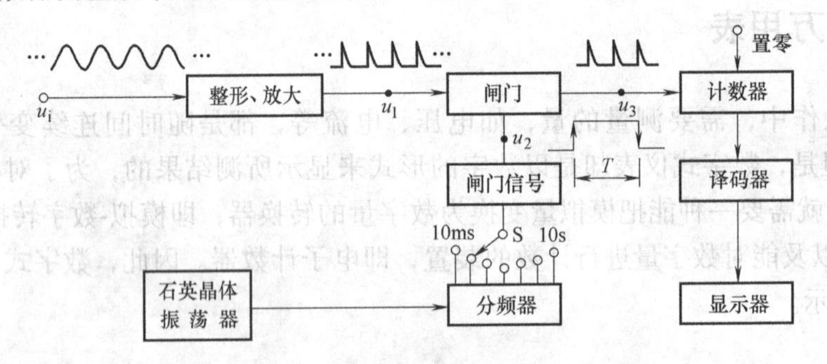

图6-2　用电子计数器测量频率的原理框图

被测信号经整形、放大送入闸门，石英晶体振荡器输出标准频率，经分频后可得到周期为T的一系列标准信号。按设定的时间T控制被测信号进入计数器中的脉冲个数。若被测量的脉冲周期和频率为$T_x=1/f_x$，则在T这段时间内进入计数器的脉冲数N为

$$N=\frac{T}{T_x}=Tf_x \tag{6-1}$$

若$T=1\text{s}$，则$N=f_x$，计数器记录的数字量N即为被测信号的频率。标准信号的周期可以不是1s，也可以取0.1s、0.01s甚至更小。

由于闸门信号的开始是随机的，它可能在被测脉冲的任一时刻出现，如图6-3所示，从t_1时刻开启的闸门信号，计数器计数是4，而从t_1'时刻开启的闸门信号，计数器计数值是3。

所以，闸门信号与被测信号不同步将产生 ±1 的计数误差，这种误差叫量化误差，计做 $\gamma_N = \frac{\Delta N}{N} = \pm\frac{1}{N}$。另外，闸门信号的宽度不准确也会产生误差，记作 $\gamma_T = \frac{\Delta T}{T}$，它主要取决于石英晶体振荡器的准确度和稳定度，仪表给定之后，测量人员是无法改变的。因此，考虑到 $f_x = \frac{N}{T}$ 时测量频率的相对误差为

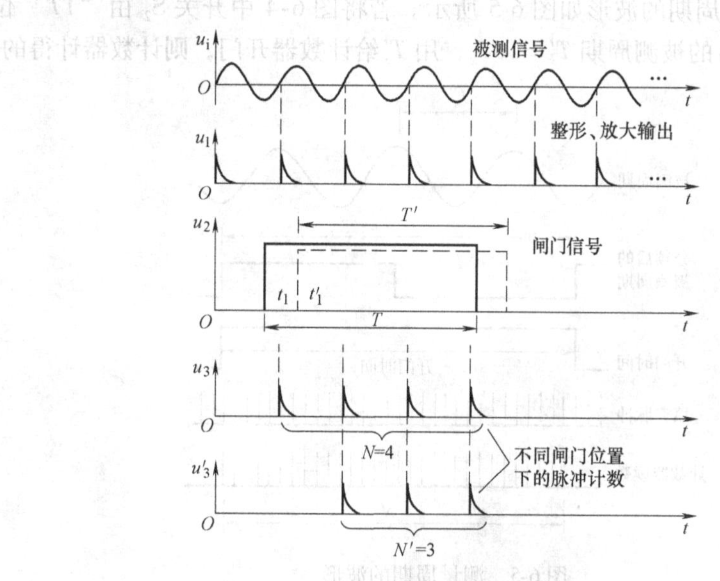

图 6-3　±1 计数误差的波形解释

$$\gamma_f = \frac{\Delta f_x}{f_x} = \frac{\Delta N}{N} - \frac{\Delta T}{T} \tag{6-2}$$

由式（6-2）可见，闸门信号宽度 T 越大，测量后显示出的计数值 N 有效位数越多，则测量频率准确度越高。但要注意，当显示位数固定时，计数值的最高位不应丢失，即不应显示不出来。

3. 周期的测量

周期仍然可用电子计数器进行测量，不过接法不同。在这里，要用分频后的被测信号作为闸门信号去控制闸门的开闭；而石英晶体振荡器发出的周期为 T_s 的标准时钟脉冲作为计数脉冲或称填充脉冲。用电子计数器测量周期的原理框图如图 6-4 所示。

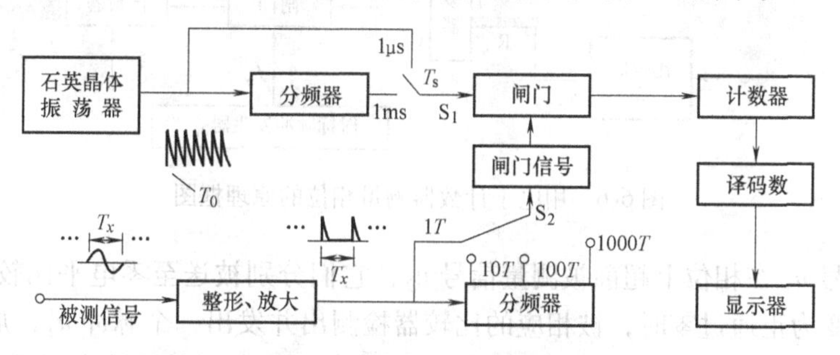

图 6-4　用电子计数器测量周期的原理框图

若在 T_x 时间间隔里，计数器记录到 N 个以 T_s 为周期的标准时钟脉冲，则被测信号的周期为

$$T_x = NT_s \tag{6-3}$$

若改变填充脉冲的频率 f_s，则可以改变被测周期的量限。当被测量周期较小时，为了增加读数位数，提高测量准确度，可以把被测周期分频，也就是延长开门时间，这样可以扩展测量周期的量限。测量周期的波形如图 6-5 所示。若将图 6-4 中开关 S_2 由“$1T$”位置扳到“$10T$”位置，则分频后的被测周期 $T'_x=10T_x$，用 T'_x 给计数器开门，则计数器计得的数 N 为

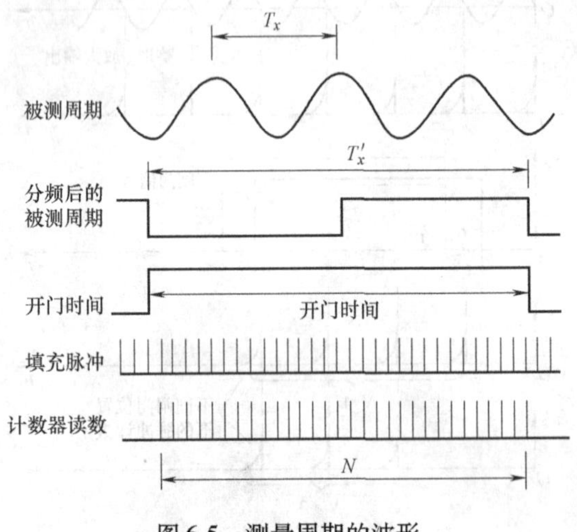

图 6-5　测量周期的波形

$$N = T'_x f_s = 10T_x f_s$$

即

$$T_x = \frac{N}{10}T_s \tag{6-4}$$

4. 相位的测量

相位是交流信号的一个重要参数，测量两相同频率交流信号的相位差的方法很多。图 6-6 所示是由电子计数器测量相位的原理框图。

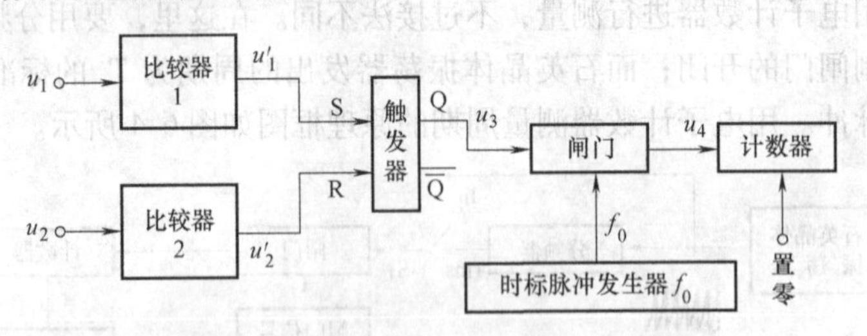

图 6-6　用电子计数器测量相位的原理框图

设被测信号 u_1 在相位上超前被测量信号 u_2，它们分别被送至零电平比较器 1 和比较器 2。当 u_1 由负变为正通过零时，被相应的比较器检测出并发出一个脉冲 u'_1，加到 RS 触发器的 S 端，使 Q 端变成高电平，打开闸门，让标准频率为 f_0 的时钟脉冲序列进入计数器计数。当 u_2 由负经过零变为正的瞬间，比较器 2 也输出一个脉冲 u'_2 加到触发器 R 端，使 RS 触发

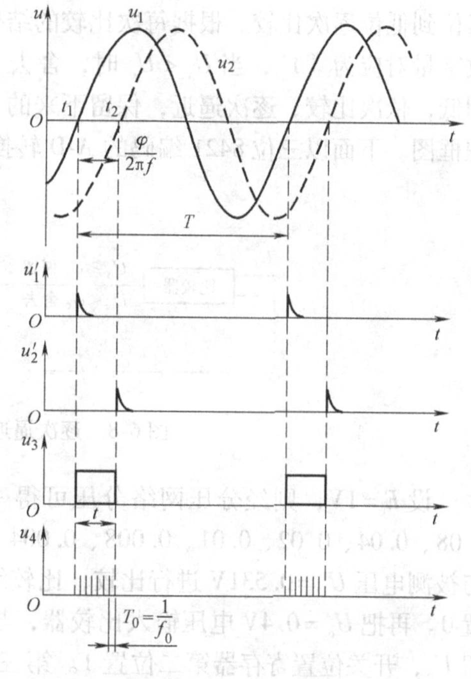

图6-7 相位测量的波形

器的Q端恢复到低电平，从而关闭闸门，计数器停止计数。框图中各点的波形如图6-7所示。

由图6-7所示波形可见，这种相位测量方法实际上是测量正弦波形对应点间的时间间隔。若以N代表对应于相位差的脉冲数，T_0为计数脉冲的周期，则两信号对应点间的时间间隔可表示为

$$t = NT_0 \tag{6-5}$$

由于相位差

$$\varphi = 360°ft \tag{6-6}$$

将式（6-5）代入，得

$$\varphi = \frac{NT_0}{T}360° \tag{6-7}$$

式中 T——被测信号的周期；

T_0——标准时钟脉冲的周期。

这种方法测出T和N，再利用式（6-7）进行计算，其缺点是测量结果与被测量信号的周期（或频率）有关。

为了消除被测量的频率对测试结果的影响，使u_4在经过一个闸门后进入计数器，该闸门的开门时间为T_1，$T_1 \gg T_0$，T_1是由晶体振荡器输出的频率f_0分频而得。在T_1时间内进入计数器的总脉冲个数为

$$N_1 = \frac{T_1}{T}N \tag{6-8}$$

将式（6-5）和式（6-6）代入式（6-8）得

$$N_1 = \frac{T_1}{360°T_0}\varphi \tag{6-9}$$

令$T_1/(360°T_0) = 10^n$，则

$$N_1 = 10^n\varphi \tag{6-10}$$

改变T_1的值可以改变指数n，这样可以改变相位计的量限。计数器中计得的N_1和被测相位成正比，而且与被测量的频率无关。

6.1.2 模拟-数字（A-D）转换器

模拟-数字转换器是将模拟量转换为数字量的装置，简称A-D转换器。模拟量是连续变化的物理量，它的范围很广，如时间、压力、电压等都是，这里只讨论电压-数字转换器。电压-数字转换的方法很多，本节只介绍有代表性的三种A-D转换器。

1. 逐次逼近式A-D转换器

逐次逼近式A-D转换器是由一个控制电路按一定编码顺序操纵一系列开关，把标准电压E通过一个电阻分压网络分压。分压所得的电压U_c是按8421码排列的，即0.8E、0.4E、0.2E、0.1E、0.08E、0.04E、0.02E、0.01E、…。U_c与输入电压U_x相比较，直到二者逼近到一定程度，控制电路所编成的码即为U_x的数字量。比较过程是从U_c的最高位开始，由

高位到低位逐次比较。根据每次比较的结果取舍 U_c，当 $U_x \geq U_c$ 时保留 U_c，开关位置量闭合，数字量对应为“1”，当 $U_x < U_c$ 时，舍去 U_c，开关位置断开，数字量对应“0”。这样从高到低，依次比较，逐次逼近，保留下来的 U_c 的总和即可近似等于 U_x。图 6-8 所示是它的原理框图。下面以三位 8421 编码的 A-D 转换器测量 $U_x = 0.531\text{V}$ 电压为例说明其转换过程。

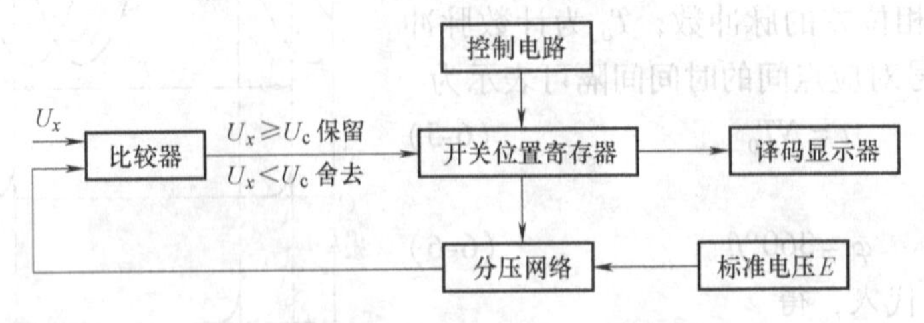

图 6-8　逐次逼近式 A-D 转换器的原理框图

设 $E = 1\text{V}$，则经分压网络分压可得一组标准电压，其值分别是 0.8、0.4、0.2、0.1、0.08、0.04、0.02、0.01、0.008、0.004、0.002、0.001，单位为 V。首先，$U_c = 0.8\text{V}$ 电压与被测电压 $U_x = 0.531\text{V}$ 进行比较，比较结果是 $U_x < U_c$，舍去 U_x，开关位置寄存器第一位置 0。再把 $U_c = 0.4\text{V}$ 电压输入比较器，与 $U_x = 0.531\text{V}$ 被测电压比较，结果是 $U_x > U_c$，保留 U_c，开关位置寄存器第二位置 1。第三步是原来保留的 0.4V 电压与 0.2V 电压一起输入到比较器与被测电压比较，结果是 $U_x < U_c = 0.6\text{V}(0.4\text{V} + 0.2\text{V})$，所以 0.2V 电压被舍去，开关位置寄存器第三位置 0。第四步是 0.4V 电压与 0.1V 电压一起与被测电压 U_x 比较，结果是 $U_x > U_c = 0.5\text{V}$，因而 0.1V 电压被保留，开关位置寄存器第四位置 1。第五步是已保留的 0.4V、0.1V 电压与 0.08V 电压一起去和 $U_x = 0.581\text{V}$ 电压比较，结果是 $U_x < U_c = 0.58\text{V}$，0.08V 电压舍去，开关位置寄存器第五位置 0。就这样，在控制电路的控制下，由高位到低位逐次比较下去，被保留的电压之和与被测电压之间的差值逐渐减小，最后，被保留的电压之和近似于被测电压。在开关位置寄存器中就记下了 010100110001，模拟电压 0.531V 被转换为数字量，该数字量可经译码显示器显示出来，也可被微处理器 CPU 取走。

这种转换器的优点是，测量速度快，每秒可达数千次，例如 AD574 模/数转换芯片一次转换时间仅为 25μs；缺点是，对混入被测电压中的串模干扰抑制能力较差，即抗干扰性能差。目前大多数 A-D 转换器都采用逐次逼近方法，如 8 位的 ADC0809、10 位的 AD573、12 位的 AD574 等。

2. 双斜率积分式 A-D 转换器

双斜率积分式 A-D 转换器的核心部件是积分器。在转换过程中，首先输入模拟电压 U_x，对 U_x 进行定时积分，然后在同一积分器的输入端换接反极性的基准电压 U_n（参考电压），对 U_x 进行定值的反向积分。通过两次积分，将输入电压转换成与其成正比的时间间隔。这个时间间隔可用脉冲计数准确地测出，从而获得数字化的转换效果。图 6-9 所示是双斜率积分式 A-D 转换器的原理框图，其工作过程分为采样和比较两个阶段。

在测量开始时，逻辑电路闭合开关 S_1，采样阶段就从这里开始，同时定时器开始累计对应于时间 T 确定的时钟脉冲个数。在时间 T 期间，将 U_x 连到运算放大器，电容器 C 对输入电压积分，因此在这个周期结束时，电容电压 U_C 为

$$U_C = \frac{1}{RC}\int_0^T U_x \mathrm{d}t = \frac{1}{RC}\overline{U}_x T \tag{6-11}$$

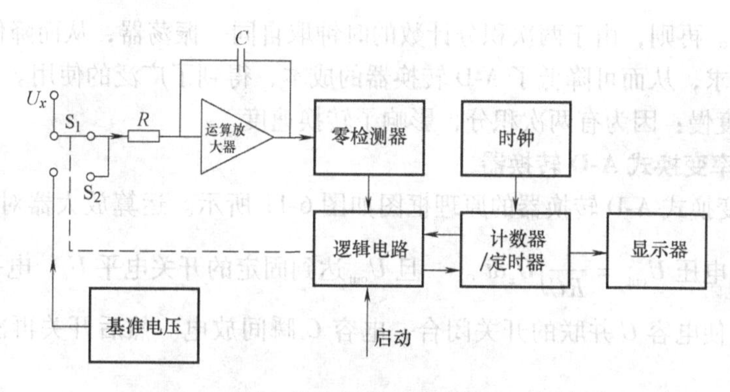

图6-9 双斜率积分式A-D转换器的原理框图

式中 $\overline{U}_x$——U_x 在时间 T 期间的平均值。

接着是比较阶段，即在时间 T 结束后，逻辑电路断开 S_1，闭合 S_2，将基准电压 U_n 送到积分器。如果假定 U_n 与 U_x 的极性相反，则电容 C 开始放电。由于基准电压 U_n 是恒定的，因此放电的斜率也是不变的。图6-10示出了电容 C 的充放电波形。时间 t 后电容器放电完毕，此时有

$$U_C = \frac{1}{RC}\int_0^T U_n \mathrm{d}t = \frac{1}{RC}U_n t \tag{6-12}$$

于是得到

$$\frac{1}{RC}U_n t = \frac{1}{RC}\overline{U}_x t \tag{6-13}$$

即

$$\overline{U}_x / U_n = t/T \tag{6-14}$$

时间 t 由计数器进行测量。当零检测器指出电容器已放电完毕，时间 t 结束，由逻辑电路发出停止信号。假定计数器在 T 期间累计脉冲个数为 N_1，电容放电时间 t 期间累计脉冲个数为 N_2，由于 U_n、T 和 N_1 是预先给定的，则 $\overline{U}_x$ 与脉冲 N_2 成正比，脉冲个数 N_2 反映了时间 t 的大小，由式（6-14）可知，N_2 也反映了 $\overline{U}_x$ 或说 U_x 在采样周期 T 内平均值的大小，从而达到了A-D转换的目的。同时应指出的是，若当输入被测电压为 U'_x 时，且 $U'_x > U_x$，则同样能得出反映 U'_x 在采样周期 T 内平均值大小的电容器放电时间 t'。由前所述，$t' > t$，电容器充放电的波形如图6-10虚线所示。

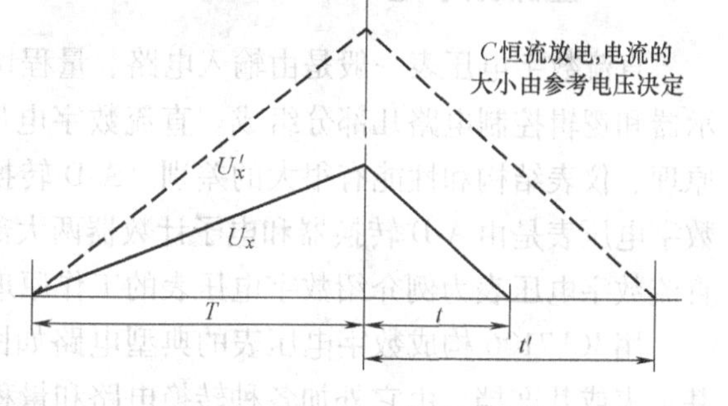

图6-10 电容 C 的充放电波形

双斜率积分式A-D转换器的特点可归纳如下：

1）抗干扰能力强：由于测得结果反映的是被测电压在 T 时间段内的平均值，因此混入被测电压信号中的交流干扰成分通过积分过程被削弱。

2）测量准确度高：该A-D转换器的准确度主要取决于基准电压 U_n 的准确度和稳定性，而与元件参数 R 和 C 基本无关，即对积分器元件 R 和 C 可不必选精密元件，也能达到相当

高的测量准确度。再则，由于两次积分计数的时钟取自同一振荡器，从而降低对振荡器脉冲频率准确度的要求，从而可降低了 A-D 转换器的成本，得到了广泛的使用。

3）转换速度慢：因为有两次积分，影响了转换速度。

3. 电压/频率变换式 A-D 转换器

电压/频率变换式 A-D 转换器的原理框图如图 6-11 所示。运算放大器对输入电压 U_x 进行积分，其输出电压 $U_{out} = \frac{1}{RC}\int U_x \mathrm{d}t$。一旦 U_{out} 达到固定的开关电平 U_s，电平检测器就传出一个控制脉冲，使电容 C 并联的开关闭合，电容 C 瞬间放电。然后开关再次断开，又重复下一个测量周期。

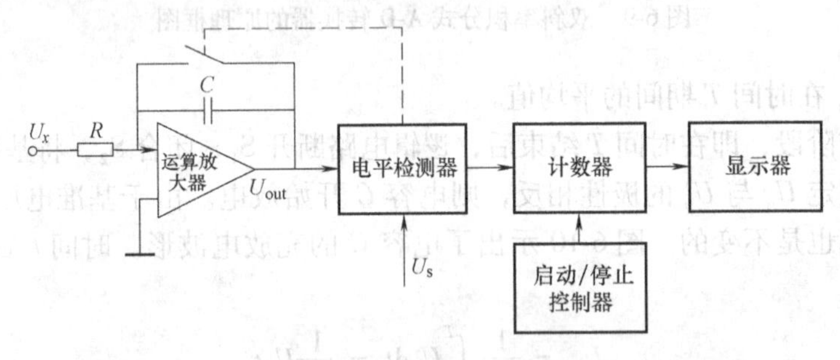

图 6-11　电压/频率变换式 A-D 转换器的原理框图

开关的每次闭合，电平检测器就输出一个脉冲到计数器。U_{out}从建立至到达开关电平 U_s 的时间 t 与输入电压 U_x 大小成反比，若忽略电容 C 放电时间，则电平检测器输出至计数器的脉冲频率 $f = 1/t$ 与输入电压 U_x 的大小成正比关系。计数器在选定的时间间隔内对脉冲群计数，从而实现 A-D 转换。

这种形式的 A-D 转换器还是属于积分型的，其抗干扰能力强，但转换速度低。

6.1.3　直流数字电压表

直流数字电压表一般是由输入电路、量程切换电路、A-D 转换器、电子计数器、数字显示器和逻辑控制电路几部分组成。直流数字电压表由于采用不同的 A-D 转换器而使其工作原理、仪表结构和性能有很大的差别。A-D 转换器是直流数字电压表的核心，更简单地讲，数字电压表是由 A-D 转换器和电子计数器两大部分组成的。下面，以由单片 ICL7106 组成的直流数字电压表为例介绍数字电压表的工作原理。

用 ICL7106 构成数字电压表的典型电路如图 6-12 所示，该表的量程为 200mV，也称为基本表或基准挡。由它外加各种转换电路和量程切换装置可构成数字万用表和各种其他数字仪表。图 6-12 中，R_3、C_4 为时钟振荡器的 RC 网络；R_1、R_4 是基准电压的分压电阻，供片内 A-D 转换用；R_5、C_5 为输入端阻容滤波电路，以提高仪表的抗干扰能力；C_1、C_2 分别是基准电容和自动调零电容；R_2、C_3 分别是积分电阻和积分电容；COM 引脚和面板上的表笔插孔 COM 连接。该表的原理框图如图 6-13 所示。其中，A-D 转换器采用双斜率积分式 A-D 转换原理，并主要由缓冲器、积分器与比较器组成。双斜率积分式 A-D 转换器原理在前面已有叙述，这里将不再说明，下面看其他几个方框的作用。

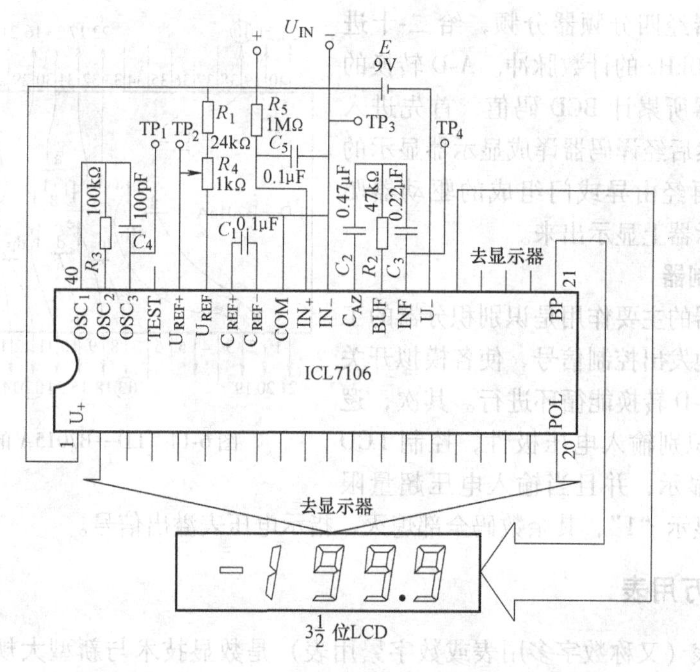

图6-12　由ICL7106构成的数字电压表的典型电路

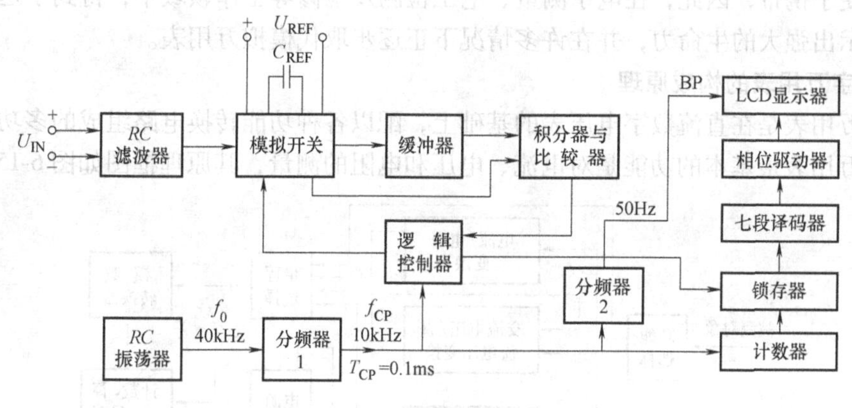

图6-13　数字电压表的原理框图

1. *RC* 振荡器

RC 振荡器由ICL7106芯片内部的两个非门和外部元件 *R*、*C* 组成。它属于两级反相的阻容振荡器，输出波形占空比为50%（即脉冲宽度和脉冲周期的比值）。

2. LCD显示器

LCD显示器采用LD—B7015A型显示模块，其内部接线如图6-14所示。图中，引线箭头所指的数码中，带圆圈的是由4077B四异或非门的引脚号，用于驱动显示三个小数点和电池电压低指示信号，其余数码表示ICL7106型A-D转换器的引脚号；未带箭头的表示空脚。该显示器属于七段（a、b、c、d、e、f、g）显示，但千位数只使用a、b段（当电压表过载时，即超量限时显示过载符号“1”低三位数字各段全灭，否则显示被测电压最高位）和g段（用来显示负号“-”）。

晶体振荡器经四分频器分频，给二-十进制计数器提供 10kHz 的计数脉冲。A-D 转换的结果，即计数器所累计 BCD 码值，首先进入锁存器锁存，然后经译码器译成显示器显示的七段笔画码，再经由异或门组成的驱动器驱动，最后在显示器上显示出来。

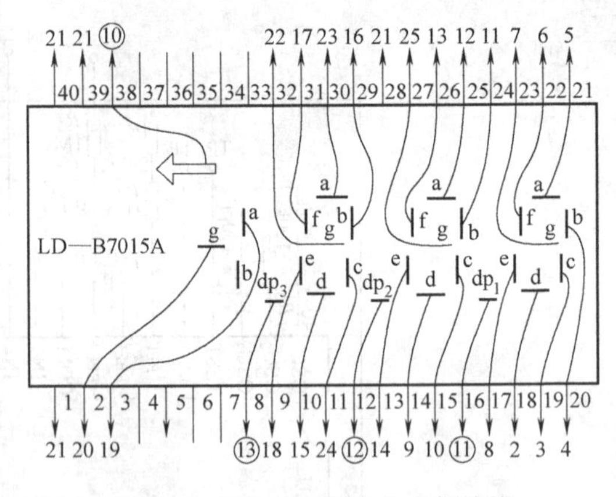

图 6-14　LD—B7015A 的内部接线

3. 逻辑控制器

逻辑控制器的主要作用是识别积分器的工作状态，适时地发出控制信号，使各模拟开关接通或断开，A-D 转换能循环进行。其次，逻辑控制器还能识别输入电压极性，控制 LCD 显示器的负号显示，并且当输入电压超量限时，使千位数显示“1”，其余数码全部熄灭，指示电压表溢出信号。

6.1.4　数字万用表

数字万用表（又称数字多用表或数字繁用表）是数显技术与新型大规模集成电路技术的结晶。数字万用表有很高的灵敏度和准确度、显示清晰直观、功能齐全、性能稳定、过载能力强、便于携带，因此，在电子测量、电工检测及检修等工作领域中，得到了迅速推广和普及，显示出强大的生命力，并在许多情况下正逐步取代模拟万用表。

1. 数字万用表的构成原理

数字万用表是在直流数字电压表的基础上，配以各种功能转换电路组成的多功能测量仪表。数字万用表最基本的功能是对电流、电压和电阻的测量，其原理框图如图 6-15 所示。

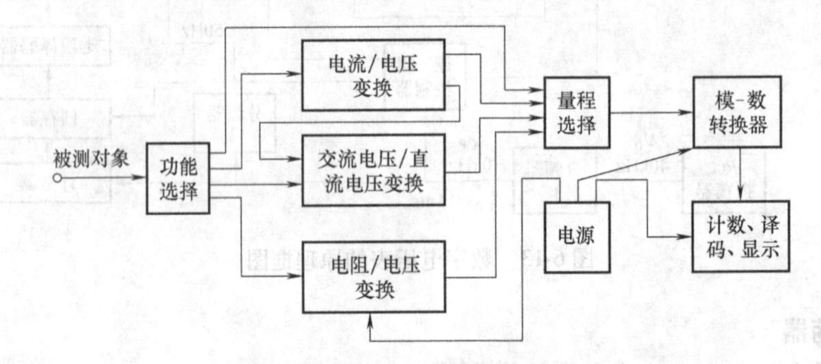

图 6-15　数字万用表的原理框图

数字万用表中常见的功能转换电路有把二极管正向压降转换为直流电压的变换器、把电容量转换为直流电压的变换器、把晶体管电流放大倍数转换为直流电压的变换器、把频率转换为直流电压的变换器、把温度转换为直流电压的变换器等。除此之外，数字万用表还常附加有自动关机电路、报警电路、蜂鸣器电路、保护电路、量程自动切换电路等。DT830 型数字万用表就是在单片 ICL7106 的直流数字电压表的基础上增加外围功能转换电路构成的。下面以 DT830 型数字万用表为例，对功能转换电路进行说明。

（1）数字万用表的直流电压挡　DT830 型数字万用表的直流电压挡就是一个多量限的

直流数字电压表，原理电路如图6-16所示。该表共设置五个电压量程：200mV、2V、20V、200V、2000V，由量程选择开关S_1控制，其分压比依次为1/1、1/10、1/100、1/1000、1/10000。只要选取合适的挡，就可把0～2000V范围内的任何直流电压衰减为0～200mV的电压，再利用基本表（量程为200mV）进行测量。该基本表就是前面刚讲过的单片ICL7106构成的直流数字电压表。

（2）数字万用表的直流电流挡　DT830型数字万用表的直流电流挡分五个量程，其原理电路如图6-17所示。电阻R_6～R_{10}是分流电阻，当被测电流流经分流电阻时产生压降，以此作为基本表的输入直流电压。在各挡满量程时，基本表的输入端得到200mV的输入电压。

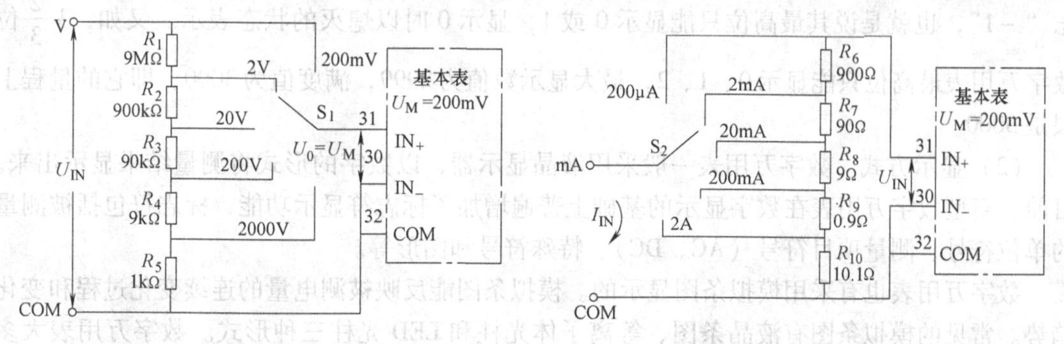

图6-16　DT830型数字万用表测量直流电压的原理电路

图6-17　DT830型数字万用表测量直流电流的原理电路

（3）数字万用表电阻的测量　DT830型数字万用表的基本表（直流电压表）采用7106 A/D转换芯片，该芯片第1脚有2.8V的基准电压输出，可作为基准电压源供电阻测量使用。电阻测量的原理是利用被测电阻和基准电阻串联后接在基准电压源上，以被测电阻上的压降做为基本表的电压输入，通过选择开关改变基准电阻的大小，就可实现多量程电阻测量。其原理电路如图6-18所示。图中，R_x是被测电阻，R_1～R_6是基准电阻。

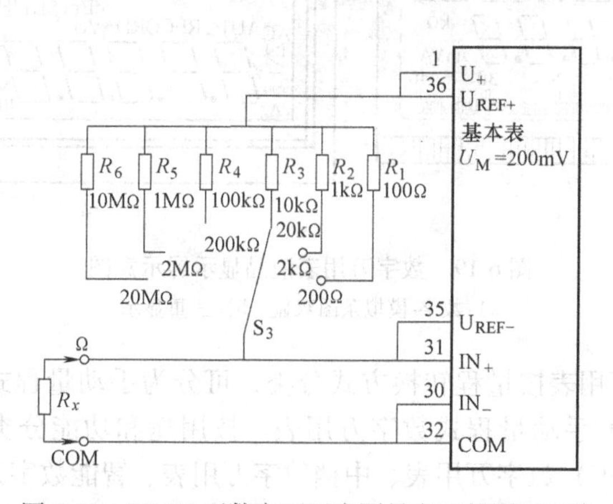

图6-18　DT830型数字万用表测量电阻的原理电路

2. 数字万用表的特点

（1）显示位数　数字万用表的显示位数通常为$3\frac{1}{2}$位～$8\frac{1}{2}$位，一般有$3\frac{1}{2}$位、$3\frac{2}{3}$位、

$3\frac{3}{4}$位、$4\frac{1}{2}$位、$4\frac{3}{4}$位、$5\frac{1}{2}$位、$6\frac{1}{2}$位、$7\frac{1}{2}$位、$8\frac{1}{2}$位共九种。$3\frac{1}{2}$位读作“三又二分之一位”。其余类推。

判定数字仪表的显示位数有两条原则：① 能显示从 0～9 中所有数字的位是整数位；② 分数位的数值是以最大显示值中最高位数字为分子，用满量程时（此时仪表已溢出）最高位数字作分母。例如，DT830 型数字万用表的显示位数是$3\frac{1}{2}$位，其最大显示值是 1999，满度值是 2000，此时万用表已超量限，低三位数字全部熄灭，最高位即千位处显示溢出标志“-1”，也就是说其最高位只能显示 0 或 1，显示 0 时以熄灭的状态表示。又如，$3\frac{2}{3}$位数字万用表最高位只能显示 0、1、2，最大显示数值为 2999，满度值为 3000，即它的量程上限是 3000。

（2）显示方式　数字万用表一般采用液晶显示器，以数字的形式将测量结果显示出来。目前，新型数字万用表在数字显示的基础上普遍增加了标志符显示功能，标志符包括被测量的单位符号、测量项目符号（AC、DC）、特殊符号和图形等。

数字万用表也有采用模拟条图显示的。模拟条图能反映被测电量的连续变化过程和变化趋势。常见的模拟条图有液晶条图、等离子体光柱和 LED 光柱三种形式。数字万用表大多选用液晶条图，以降低显示功耗。

20 世纪 90 年代国际上流行款式是双显示，即在数字显示的基础上又增加了液晶条图显示功能，其液晶显示屏如图 6-19a 所示。有些仪表可同时显示被测量的多种数据（例如最大值、最小值、平均值、即时值），称为多重显示仪表。图 6-19b 所示是三重显示屏的示意图。

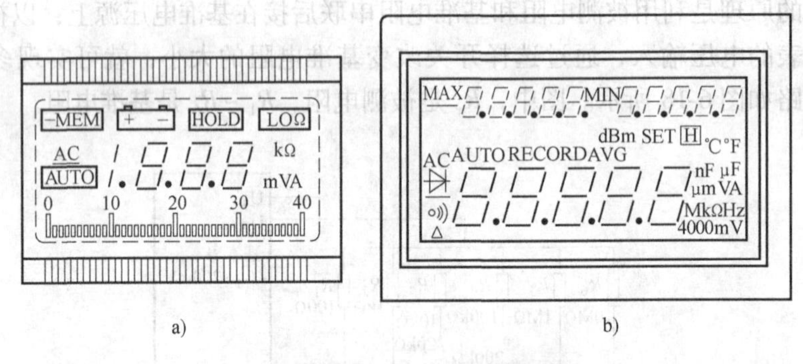

图 6-19　数字万用表液晶显示屏示意图
a）数字-模拟条图双显　b）三重显示

（3）分类　数字万用表按量程转换方式分类，可分为手动量程式数字万用表、自动量程式数字万用表和自动/手动量程式数字万用表。按用途和功能分类，可分为低档普及型（如 DT830 型数字万用表）数字万用表、中档数字万用表、智能数字万用表、多重显示数字万用表和专用数字仪表等。按形状大小分，可分为袖珍式数字万用表和台式数字万用表两种。

（4）分辨力　数字仪表在最低量程上末位变化一个数字所对应的数值称为分辨力，它反映出仪表灵敏度的高低。显然，分辨力随显示位数的增加而提高。

模拟万用表的灵敏度是用最低电压挡（例如直流 2.5V 挡，交流 10V 挡）的最小分度值来表示的。该数值越小，说明灵敏度越高，一般为0.1V至零点几伏。数字万用表与之对应的技术指标是分辨力，它表示在最低量程（例如200mV挡）末位上变化一个数字所对应的电压值。DT830型数字万用表200mV挡的最大显示值为199.9mV，末位数字1表示0.1mV，因此分辨力为0.1mV，比模拟万用表高10^3倍。

（5）分辨率　数字万用表的分辨力也可用分辨率来表示。分辨率是指仪表所能显示的最小数字（零除外）与最大数字之比，通常用百分数表示。例如，DT380型数字万用表可显示的最小数字（不包括零）为1，最大数字为1999，故分辨率为$\frac{1}{1999}\approx 0.05\%$。

（6）准确度　数字万用表的准确度有两种表示方法。

1）第一种表示方法为

$$准确度=\pm(a\%读数值+b\%满度值) \tag{6-15}$$

式（6-15）中，“$a\%$读数值”代表转换器、分压器等的综合误差；“$b\%$满度值”代表由于数字化处理而带来的误差。对于某块数字仪表而言，b值是固定的，a值则与所选择的测量种类及量程有关。测量准确度是测量结果中系统误差和偶然误差的综合，它表示测量值与真值的一致程度，也反映了测量误差的大小。也就是说，数字万用表的测量准确度表示了测量的绝对误差。例如，SK—6221型数字万用表直流2V挡的准确度为±(0.8%读数值+0.2%满度值)，则测量0.1V电压时的绝对误差为±(0.8%×0.1V+0.2%×2V)，即绝对误差为0.0048V。

2）第二种表示方法为

$$准确度=\pm(a\%读数值+n个字) \tag{6-16}$$

式（6-16）中，n是由于数字化处理引起的误差反映在末位数字上的变化量。若把n个字的误差折合成满量程的百分数，即为式（6-15），因此式（6-15）和式（6-16）是等价的。

例　DT830型数字万用表直流2V挡的准确度（23℃±5℃）为±(0.5%读数值+2个字)，问用该表2V挡测量1.997V和0.1V电压的误差分别为多少？

解：（1）测1.997V电压时

$$准确度=\pm(0.5\%读数值+2个字)=\pm(0.5\%\times1997+2个字)\approx\pm12个字$$

所以，测1.997V电压时的绝对误差为

$$\Delta=\pm12个字$$

相对误差为

$$\gamma=\frac{\Delta}{1997}\approx\pm0.6\%$$

（2）测0.1V电压时的绝对误差为

$$\Delta=\pm(0.5\%\times100+2个字)\approx\pm3个字$$

相对误差为

$$\gamma=\frac{\Delta}{100}=\pm3.0\%$$

由以上例子可见，用数字万用表测量电压时应尽量使所选量程接近被测值，以便减小测量结果的相对误差。

3. DT830 型数字万用表的技术指标

DT830 型数字万用表是 20 世纪 80 年代较为流行的一种普及型 $3\frac{1}{2}$ 位袖珍式液晶显示数字仪表。它的价格很低，可以与模拟（即指针式）万用表相竞争。其主要技术指标见表 6-1。除表 6-1 中所列功能外，DT830 型数字万用表还有测量二极管正向压降、晶体管电流放大倍数和利用蜂鸣器检查线路通断的功能。

表 6-1　DT830 型数字万用表的主要技术指标

直流电压（DCV）				
量　程	分 辨 力	误差（23℃ ±5℃）	最大允许输入（DA 或 AC 峰值）	输入电阻
200mV	0.1mV	±（0.5% U_M +2 个字）	1000V	10MΩ
2V	1mV			
20V	10mV			
200V	100mV	±（0.8% U_M +2 个字）		
1000V	1V		1100V	
交流电压（ACV）（45 ~500Hz）				
量　程	分 辨 力	误差（23℃ ±5℃）	最大允许输入（DC 或 AC 有效值）	输入电阻
200mV	0.1mV	±（1.0% U_M +5 个字）	750V	10MΩ//100pF
2V	1mV			
20V	10mV			
200V	100mV			
750V	1V			
直流电流（DCA）				
量　程	分 辨 力	误差（23℃ ±5℃）	最大电压负荷（有效值）	过载保护快速熔断器
200μA	0.1μA	±（1.0% I_M +2 个字）	250mV	0.5A（250V）
2mA	1μA			
20mA	10μA			
200mA	100μA			
10A	10mA	±（1.2% I_M +5 个字）	700mV	
交流电流（ACA）（45 ~500Hz）				
量　程	分 辨 力	误差（23℃ ±5℃）	最大电压负荷（有效值）	过载保护快速熔断器
200μA	0.1μA	±（1.2% I_M +5 个字）	250mV	0.5A（250V）
2 mA	1μA			
20mA	10μA			
200mA	100μA			
10A	10mA	±（2% I_M +5 个字）	700mV	

(续)

电阻(Ω)					
量　程	分 辨 力	最大测试电流	误差(23℃ ±5℃)	最大开路电压	最大允许输入(DC或AC有效值)
200Ω	0.1Ω	1mA	±(1.0% R_M +3个字)	1.5V	250V
2kΩ	1Ω	0.4mA	±(1.0% R_M +2个字)	750mV	
20kΩ	10Ω	75μA			
200kΩ	100Ω	7.5μA			
2000kΩ	1kΩ	0.75μA	±(1.5% R_M +2个字)		
20MΩ	10kΩ	75μA	±(2.0% R_M +3个字)		

6.2 数字功率表

6.2.1 单相有功功率的数字测量

根据电路原理，在正弦交流电路中设

$$u(t)=U_m\sin\omega t=\sqrt{2}U\sin\omega t$$

$$i(t)=I_m\sin(\omega t-\varphi)=\sqrt{2}I\sin(\omega t-\varphi)$$

式中 U_m、U——交流电压的幅值和有效值；

I_m、I——交流电流的幅值和有效值；

ω——角频率；

φ——交流电压与交流电流的相位差。

则瞬时功率为

$$p(t)=u(t)i(t)=2UI\sin\omega t\sin(\omega t-\varphi)$$
$$=UI\cos\varphi-UI\cos(2\omega t-\varphi) \tag{6-17}$$

而有功功率为瞬时功率在一个周期内 T 的平均值，所以有功功率为

$$P=\frac{1}{T}\int_0^T p(t)\,\mathrm{d}t=\frac{1}{T}\int_0^T u(t)i(t)\,\mathrm{d}t$$
$$=\frac{1}{T}\int_0^T[UI\cos\varphi-UI\cos(2\omega t-\varphi)]\mathrm{d}t=UI\cos\varphi \tag{6-18}$$

比较式(6-16)和式(6-17)可知，测量有功功率可以由一个乘法器求得瞬时功率 $p(t)$，再经一个低通滤波器，滤掉 $p(t)$ 中的两倍工频成分 $UI\cos(2\omega t-\varphi)$ 来完成。

在有功功率的数字测量中，常用将脉宽调制和幅值调制结合在一起的时分割乘法器来完成求瞬时功率 $p(t)=u(t)i(t)$ 的乘法运算。在实际应用中，常采用的方法是，将电流 $i(t)$ 流经一个固定阻值电阻，在电阻两端得到与 $i(t)$ 成线性比例关系的电压 u_y，将电压 $u(t)$ 也经输入电路变成与之成正比的电压信号 u_x，即

$$u_x=k_xU_m\sin\omega t \tag{6-19}$$

$$u_y=k_yI_m\sin\omega t \tag{6-20}$$

式（6-19）和式（6-20）中，k_x、k_y 代表实际信号与仪表可接收信号间的比例常数，从而可用 u_x、u_y 的乘积代替 $u(t)$ 、$i(t)$ 的乘积。常见的时分割乘法器有采用基准三角波的乘法器、采用基准方波的乘法器、采用自激多谐振荡器的乘法器和采用磁饱和振荡器的乘法器。

采用基准三角波的时分割乘法器为核心部件的数字式单相有功功率表的原理框图如图 6-20a 所示。图中，运算放大器 A_1、A_2、A_3 和 A_4 完成时分割乘法运算。图 6-20b 所示是时分割乘法器各点电压波形。图 6-20a 中，u_y 通过运算放大器 A_2 实现调宽，u_x 通过运算放大器 A_1、A_3 实现调幅，已调波的直流分量经低通滤波器取出并经 A-D 转换变成数字量后，便可在显示器上显示出被测的有功功率。下面具体分析时分割乘法器的工作原理。

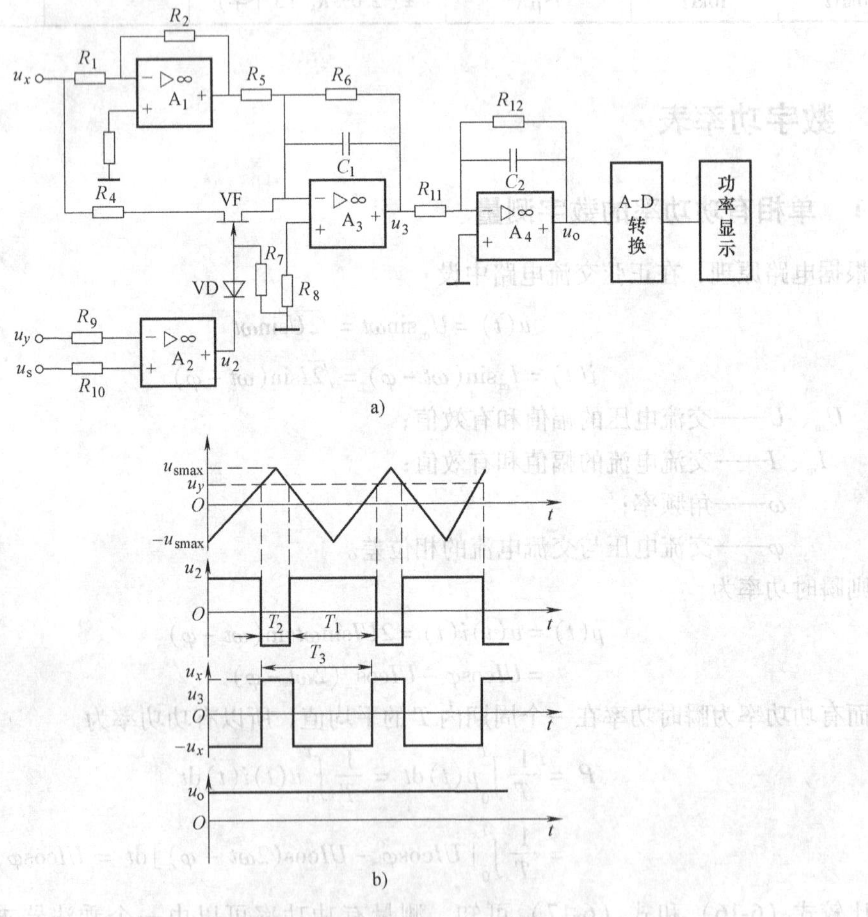

图 6-20　数字式单相有功功率表

a）原理框图　b）电压波形

1. 调宽原理

当 $u_y > u_s$ 时，运算放大器 A_2（比较器）输出正极性，即 $u_2 > 0$，设 $u_2 > 0$ 的时间为 T_1。当 $u_y < u_s$ 时，比较器 A_2 输出负极性 $u_2 < 0$，设 $u_2 < 0$ 的时间为 T_2。设三角波 u_s 的周期为 T_3，最大值为 u_{smax}，最小值为 $u_{smin} = -u_{smax}$，则由图 6-20b 可知

$$\frac{T_2}{T_3}=\frac{u_{smax}-u_y}{2u_{smax}} \tag{6-21}$$

推导式（6-21），可得

$$u_y=\frac{T_1-T_2}{T_3}u_{smax} \tag{6-22}$$

因三角波 u_s 的周期 T_3 和最大值 u_{smax} 是固定不变，且是已知的，由式（6-22）可知 u_y 与 u_2 的正、负脉冲宽度之差成正比，即 u_y 被调制成了脉冲宽度，其数值由正、负脉冲宽度来反映。这便是调宽原理。

2. 调幅原理

当 $u_2<0$ 时，二极管 VD 导通，场效应晶体管 VF 截止，反相比例放大器 A_1 输出为

$$u_1=\frac{-R_2}{R_1}u_x \tag{6-23}$$

加法运算放大器 A_3 输出为

$$u_3=-\frac{R_6}{R_5}u_1=\frac{R_6R_2}{R_5R_1}u_x \tag{6-24}$$

当 $u_2>0$ 时，二极管 VD 截止，场效应晶体管 VF 导通，u_x 经由两条通路被 A_3 放大，即

$$u_3=-\frac{R_6}{R_4}u_x+\frac{R_6R_2}{R_5R_1}u_x \tag{6-25}$$

取 $R_1=R_2$，$R_6=R_5$，$2R_4=R_6$，则由式（6-24）和式（6-25）可得

$$\begin{cases}u_3=u_x & \text{当 } u_2<0 \text{ 时}\\ u_3=-u_x & \text{当 } u_2>0 \text{ 时}\end{cases} \tag{6-26}$$

u_3 的波形如图 6-20b 所示。由图可以看出，在已调脉宽波 u_2 的控制下，u_x 实现了对 u_3 波形的幅度调制（图中信号波是在假定 u_x 恒定的条件下得到的）。

3. 低通滤波器

运算放大器 A_4 与 R_{11}、R_{12}及 C_2 组成反向低通滤波器，在三角波 u_s 一周期 T_3 内的平均电压 U_o 为

$$U_o=-\frac{R_{12}}{R_{11}}\left(\frac{u_xT_2}{T_3}+\frac{-u_xT_1}{T_3}\right)=\frac{R_{12}}{R_{11}}\frac{T_1-T_2}{T_3}u_x \tag{6-27}$$

将式（6-21）代入式（6-27），便得到

$$U_o=\frac{R_{12}}{R_{11}u_{smax}}u_xu_y=K_1u_xu_y \tag{6-28}$$

式中　K_1 比例常数，$K_1=K_{12}/(R_{11}u_{smax})$。

综上所述，时分割乘法器在三角波 u_s 提供的周期 T_3 内，对构成被测功率的一个信号 u_y 进行脉冲调宽式转换，并再以此脉冲宽度控制另一被测信号 u_x 的积分时间，从而实现两信号相乘。通常三角波的频率要远远大于被测周期信号的频率，即 $T_3\ll T_1$。

在 T_3 很小的情况下，这时 U_o 实际上反映了 u_x 和 u_y 瞬时值的乘积，或者说反映了三波周期 T_3 内 u_x 与 u_y 瞬间平均值的乘积。

将式（6-19）和式（6-20）代入式（6-28）便得到

$$U_o=K_1k_xk_yU_mI_m\sin\omega t\sin(\omega t-\varphi)$$

$$
\begin{aligned}
&= K[\,UI\cos\varphi - UI\cos(2\omega t - \varphi)\,] \\
&= KUI\cos\varphi - KUI\cos(2\omega t - \varphi)
\end{aligned}
\tag{6-29}
$$

式中 K——总变换系数；

U、I——输入正弦交流信号电压和电流的有效值。

式（6-29）中的后一项会被滤波器滤除掉而到不了 A-D 转换器。因此，时分割乘法器输出电压 U_o 在数值上仅与三角波 u_s 周期 T_3 内的有功功率成正比，也就是说如果低通滤波器足以滤掉两倍工频信号，则输出电压 U_o 在数值上是与被测有功功率成正比的直流电压。

4. 其他类型的模拟乘法器

时分割乘法器是乘法器的一种，如前文所述，乘法器是用来完成电压、电流两个物理量相乘运算，从而获得功率信号的电路或器件。乘法器是功率测量机构的核心。

乘法器有模拟乘法器和数字乘法器两类。

除了上文介绍的时分割乘法器以外，模拟乘法器还有 1/4 二次方乘法器、热偶乘法器、霍尔效应乘法器等多种类型。下面对这些乘法器做简单介绍。

（1）1/4 二次方模拟乘法器 1/4 二次方模拟乘法器的基本原理是根据和差二次方公式。即

$$
\frac{(x+y)^2-(x-y)^2}{4}=xy \tag{6-30}
$$

1/4 二次方模拟乘法器的原理框图如图 6-21 所示。输入量为 x 和 y，输出值和 x 与 y 的乘积成正比。根据此电路可以完成乘法器功能。取 x 和 y 分别为电压和电流，输出即与功率成正比。

（2）热偶模拟乘法器 热偶模拟乘法器利用热电变换器来实现乘法计算。热电变换器如图 6-22 所示，由加热丝 ab 和热偶丝 cd 组成。加热丝在热偶丝外面缠绕，两者用玻璃或云母绝缘，并封装起来。

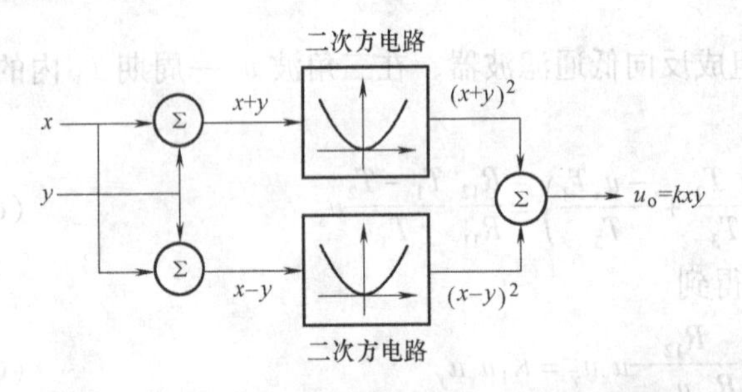

图 6-21 1/4 二次方模拟乘法器的原理框图

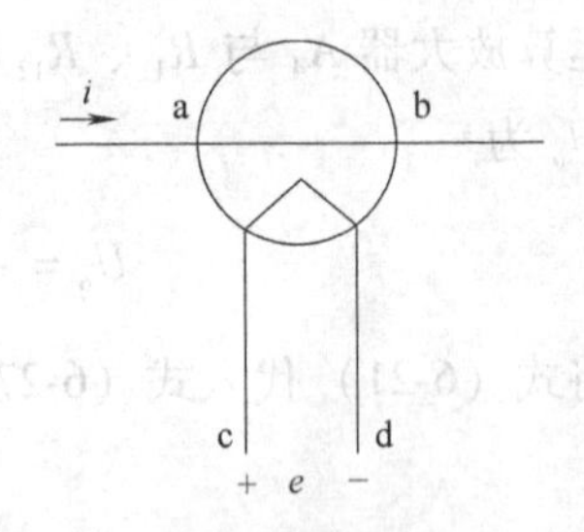

图 6-22 热电变换器

加热丝产生的焦耳热与流过加热丝的电流的二次方成正比。热偶的工作端（热端）与参考端（冷端）之间的温差存在，会在热偶输出端产生热电动势，此热电动势大小与流过加热丝电流 i 的二次方成正比。即有

$$
e = K_e i^2 \tag{6-31}
$$

式中 K_e——热电变化系数。

热偶模拟乘法器可以用来测量电压和电流的乘积，即测量功率，原理电路如图 6-23 所示。

图6-23中，u为被测电压，i_L为被测电流。T_1、T_2为两个特性相同的热电变换器。e_1和e_2分别为T_1、T_2的输出热电动势。r为热偶电阻，连接电阻R，使$R \gg r$，即有$i \propto u$。两个热电变换器的热偶电阻相同，有$i_1 = i_2 = \frac{1}{2}i \propto u$。TA为电流互感器，$i_3 \propto i_L$。流过加热丝$T_1$的电流为$i_3 + i_1$，流过加热丝$T_2$的电流为$i_3 - i_2$，考虑到$i_1 = i_2$，有

$$e_1 = K_e (i_3 + i_1)^2 \tag{6-32}$$

$$e_2 = K_e (i_3 - i_2)^2 \tag{6-33}$$

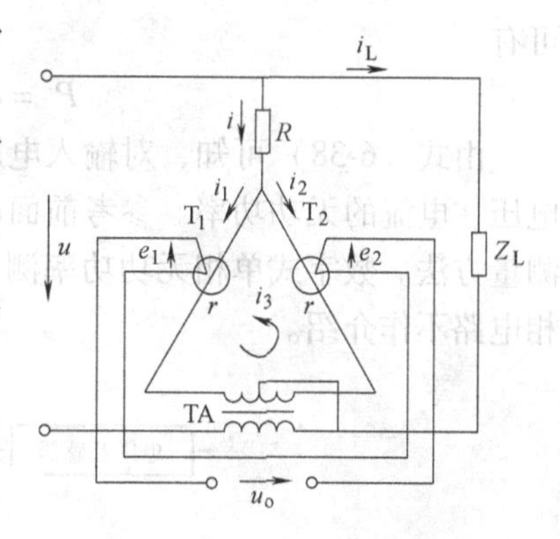

图6-23　热偶模拟乘法器测量功率的原理电路

输出电压

$$u_o = e_1 - e_2 = 4K_e i_1 i_3 \tag{6-34}$$

由于$i_1 = i_2 = \frac{1}{2}i \propto u$，$i_3 \propto i_L$，则

$$u_o \propto u i_L \tag{6-35}$$

即输出电压与被测电压和电流的乘积成正比，可以达到测量功率的目的。

（3）霍尔效应模拟乘法器　霍尔效应模拟乘法器依据霍尔效应来完成乘法计算。霍尔效应是霍尔元件在磁感应强度为B的磁场中，在霍尔元件中通以控制电流I_s，在另外一个方向上会产生霍尔电动势U_H。霍尔效应原理如图6-24所示。

因为霍尔电动势大小与控制电流和磁感应强度的乘积成正比，可以利用此关系完成乘法器设计。

采用霍尔效应模拟乘法器的功率测量如图6-25所示。被测交流电压转换成霍尔工作电流作用在霍尔元件上，同时，被测交流电流经过电流互感器变换成磁感应强度，也作用于霍尔元件，霍尔元件的输出即与功率成正比。

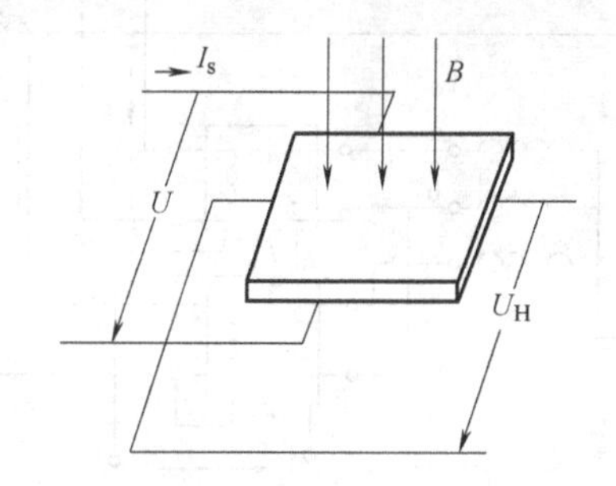

图6-24　霍尔效应原理

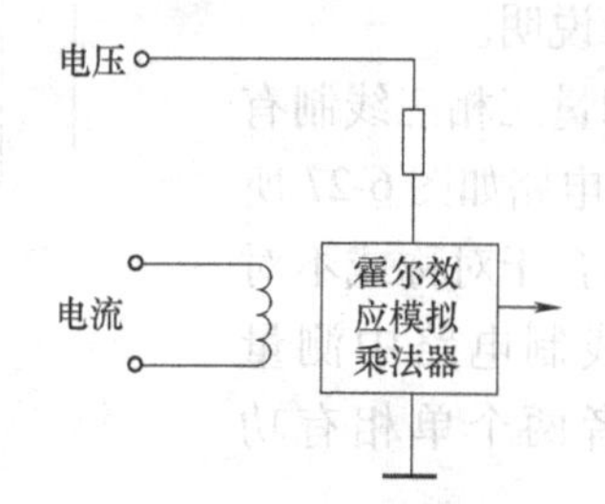

图6-25　采用霍尔效应模拟乘法器的功率测量

6.2.2　单相无功功率的数字测量

在交流电路中，有功功率P和无功功率Q的定义为

$$P = UI\cos\varphi \tag{6-36}$$

$$Q = UI\sin\varphi \tag{6-37}$$

式中　U、I——电压、电流的有效值；

φ——电压超前电流的角度，$\varphi > 0$时电压超前电流，$\varphi < 0$时电流超前电压。

若将输入电压顺时针相移90°而幅值不变，则移相后的电压和电流进行有功功率测量

可有

$$P' = UI\cos(\varphi - 90°) = UI\sin\varphi = Q \tag{6-38}$$

由式（6-38）可知，对输入电压作 -90°相移后再进行有功功率测量，测量结果为原来电压、电流的无功功率。参考前面所讲的有功功率测量方法，不难得到单相无功功率的数字测量方法。数字式单相无功功率测量的原理框图如图 6-26 所示。限于篇幅，这里对电压移相电路不作介绍。

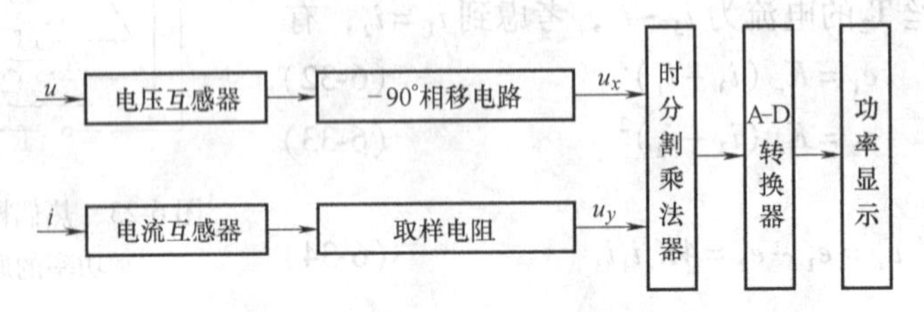

图 6-26　数字式单相无功功率测量的原理框图

在实际应用中，当采用运算放大器实现90°相移时，工频频率波动将引起相移移位不准。为此，常将电压相移 -45°，电流相移45°，来等效代替 -90°电压相移。这样，当工频在50Hz 附近变化时，所引起的合成相移变化量约为零值，也就是说，数字式无功功率表的相移电路在工频附近没有误差。

6.2.3　三相有功功率的数字测量

三相有功功率的数字测量方法与用电动系功率表的测量方法基本一样，仍可分为一表法、两表法和三表法，只是功率表内部结构不同。下面以两表法测量三相三线制有功功率为例来说明。

两表法测量三相三线制有功功率的原理电路如图 6-27 所示，该电路适合于对称或不对称的三相三线制电路中测量有功功率或者两个单相有功功率。

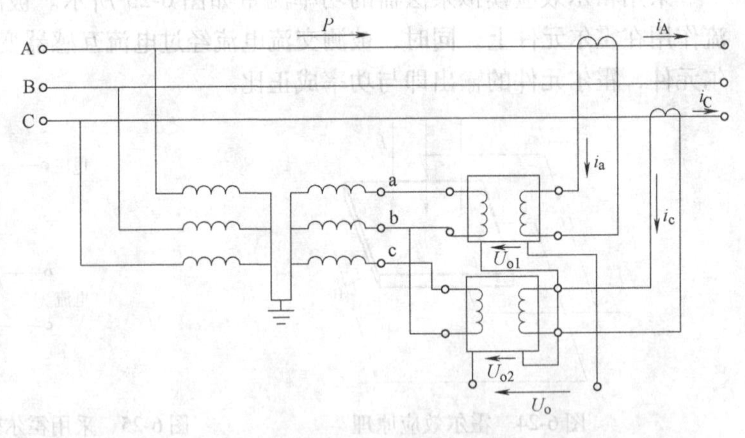

图 6-27　三相三线制有功功率数字测量的原理电路

测量元件（即时分割乘法器）有相同的外特性，即

$$U_{o1} = K\mathrm{Re}[\dot{U}_{ab}\overset{*}{I}_a],\quad U_{o2} = K\mathrm{Re}[\dot{U}_{cb}\overset{*}{I}_c] \tag{6-39}$$

式中　K——线性变换系数。

于是有

$$\begin{aligned} U_o &= U_{o1} + U_{o2} = K[\dot{U}_{ab}\overset{*}{I}_a + \dot{U}_{cb}\overset{*}{I}_c] \\ &= K(U_{ab}I_a\cos\varphi_1 + U_{cb}I_c\cos\varphi_2) \\ &= K(P_1 + P_2) = KP \end{aligned} \tag{6-40}$$

式中　φ_1——线电压$\dot{U}_{ab}$超前线电流$\dot{I}_a$的角度；

φ_2——线电压$\dot{U}_{cb}$超前线电流$\dot{I}_c$的角度；

P_1、P_2——两个时分割乘法器所对应的被测有功功率；

P——三相三线制总有功功率。

由式（6-40）可见，输出电压U_o与三相有功功率成正比，由此可测得电路的三相有功功率。在实际应用中，常将两有功功率表合成在一起，做成一块数字式三相有功功率表，其内部结构原理框图如图6-28所示。电压互感器二次电压u_{ab}、u_{cb}再经过精密隔离电压互感器TV送至时分割乘法器单元；电流互感器二次侧串联精密电流互感器TA，而后再在TA的二次侧串小标准电阻，用来获取代表电流i_A、i_C的电压信号送给时分割乘法器。交流功率经过时分割乘法器转换为直流电压。经求和器求和后，直流电压U又转化为频率量。该频率被计数器计数显示被测有功功率。

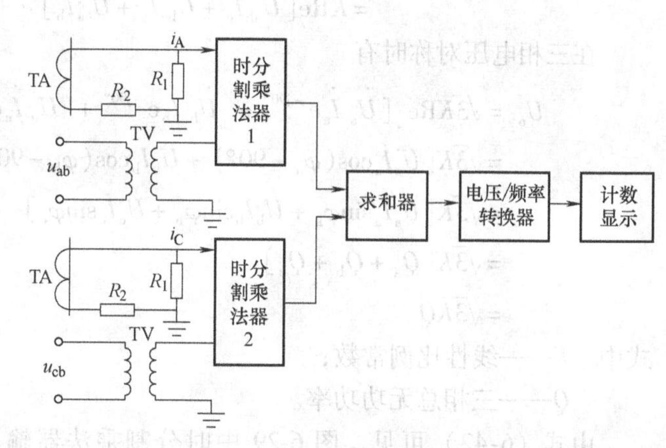

图6-28　三相有功功率数字测量内部结构原理框图

6.2.4　三相无功功率的数字测量

三相无功功率的测量可采用电动系有功功率表测无功功率的方法，即跨相90°的接线方法。对于三相三线制无功功率的测量可仅采用两个时分割乘法器进行测量，并能和有功功率测量共用一套电压取样元件，只是相乘的电流电压组合与测量有功功率时不一样。其原理电路如图6-29所示。注意，图中两个电流线圈的匝数比是2∶1的关系。

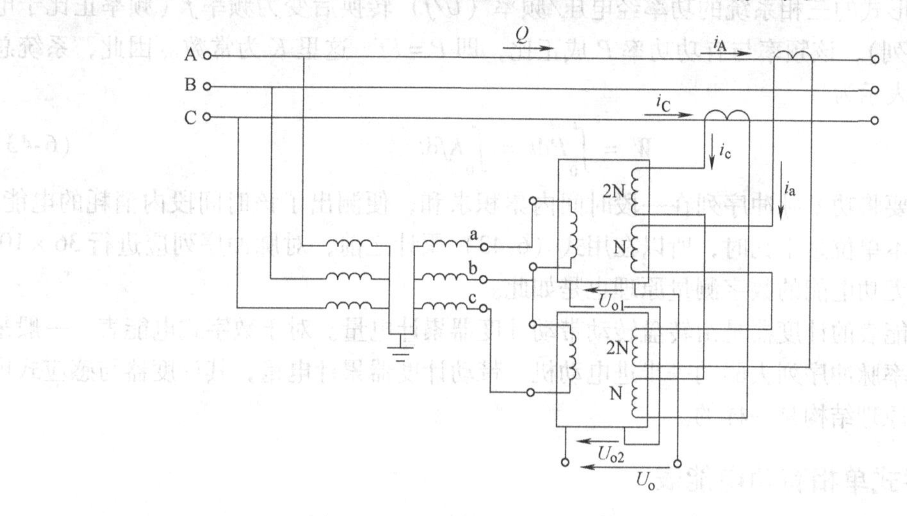

图6-29　三相无功功率数字测量的原理电路

两个时分割乘法器的输出相加后的总输出电压为

$$
\begin{aligned}
U_o &= U_{o1} + U_{o2} = K\mathrm{Re}[\dot{U}_{bc}(2\dot{I}_a + \dot{I}_c) + \dot{U}_{ab}(2\dot{I}_c + \dot{I}_a)] \\
&= K\mathrm{Re}[\dot{U}_{ab}(\dot{I}_c - \dot{I}_b) + \dot{U}_{bc}(\dot{I}_a - \dot{I}_b)] \\
&= K\mathrm{Re}[\dot{U}_{ab}\dot{I}_c + \dot{U}_{bc}\dot{I}_a + \dot{U}_{ca}\dot{I}_b]
\end{aligned} \tag{6-41}
$$

在三相电压对称时有

$$
\begin{aligned}
U_o &= \sqrt{3}K\mathrm{Re}\ [\dot{U}_a\dot{I}_a\mathrm{e}^{-\mathrm{j}90°} + \dot{U}_b\dot{I}_b\mathrm{e}^{-\mathrm{j}90°} + \dot{U}_c\dot{I}_c\mathrm{e}^{-\mathrm{j}90°}] \\
&= \sqrt{3}K[U_aI_a\cos(\varphi_a - 90°) + U_bI_b\cos(\varphi_b - 90°) + U_cI_c\cos(\varphi_c - 90°)] \\
&= \sqrt{3}K[U_aI_a\sin\varphi_a + U_bI_b\sin\varphi_b + U_cI_c\sin\varphi_c] \\
&= \sqrt{3}K[Q_a + Q_b + Q_c] \\
&= \sqrt{3}KQ
\end{aligned} \tag{6-42}
$$

式中 K——线性比例常数；

Q——三相总无功功率。

由式（6-42）可见，图 6-29 中时分割乘法器输出总直流电压 U_o 正比于三相总无功功率。

采用图 6-29 所示的方法测量无功功率时，在电压对称、电流任意不对称的情况下无接线误差；在电压不对称时将出现接线误差，其准确度一般达不到 0.5 级；在测量准确度要求较高时必须采用无功功率数字表测无功功率，对三相三线制，其外围电路和测有功功率的图 6-27 相同，无功功率表的内部电路与图 6-28 相似，只是在时分割乘法器前增加了移相电路。

6.3 数字式电能表

电压信号形式的三相系统的功率经电压/频率（U/f）转换后变为频率 f（频率正比于电压 U 的脉冲系列），该频率与有功功率 P 成正比，即 $P = Kf$。这里 K 为常数。因此，系统总的有功能量可表示为

$$
W = \int_0^t P\mathrm{d}t = \int_0^t Kf\mathrm{d}t \tag{6-43}
$$

也就是说，只要将功率脉冲序列在一段时间内累积求和，便测出了该时间段内消耗的电能。因为电能的基本单位是千瓦时，所以在用式（6-43）累计之前，对脉冲序列应进行 36×10^5 的分频。对于无功电能的数字测量原理也是如此。

感应式电能表的计度器是由转盘转动带动计度器累计电量。对于数字式电能表，一般采用分频后的功率脉冲序列去驱动一步进电动机，带动计度器累计电量，其计度器与感应式电能表的计度器原理结构是一样的。

6.3.1 数字式单相有功电能表

数字式单相有功电能表与感应式单相有功电能表（俗称单相电度表）的外形尺寸、外观形状和接线盒接线基本一样，其原理框图如图 6-30 所示。取自分压器和分流器上的信号

取样，送到乘法器电路，乘积信号再送到电压/频率（U/f）转换器，经分频电路输出脉冲去驱动步进电动机，带动机电计度器累计电量，或采用电子计度器累加电能。常用的单片计量芯片有德国 EasyMeter 公司的 SPM3-20 芯片和美国 ANALONG DEVICES 公司的 AD7755 芯片等。

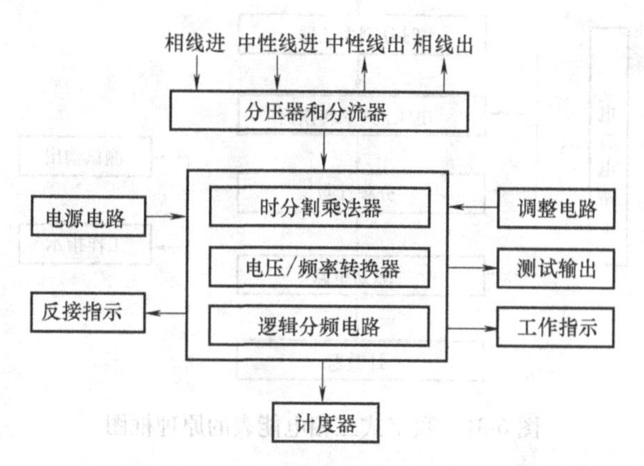

图6-30　数字式单相有功电能表的原理框图

数字式单相有功电能表的性能指标一般优于传统的感应式单相有功电能表。随着专用集成电路集成度的提高和价格的下降，数字式电能表取代感应式电能表将成为发展趋势。数字式和感应式单相有功电能表的综合指标比较见表6-2。

表6-2　数字式和感应式单相有功电能表的综合指标比较

序　号	比 较 内 容	感应式电能表	数字式电能表
1	准确度	2级	1级
2	功耗	3W	0.7W
3	过载能力	2～4倍	6倍
4	高次谐波影响	较大	较小
5	工作位置	垂直悬挂±3°	无特殊要求
6	可靠性	10年	20年
7	防窃电性能	差	好
8	反接指示	无	有
9	止逆功能	无	有

表6-2中的止逆功能和反接指示是指若交换进线和出线，电能表不能倒转和指示告警的功能，此功能可防止人为窃电。

6.3.2　数字式三相电能表

数字式三相电能表的准确度等级一般为0.5、1.0和2.0级，额定电压为57V、100V和220V，额定电流为5A或6A。数字式三相电能表一般分为三相三线有功电能表、三相三线无功电能表、三相四线有功电能表、三相四线无功电能表、三相三线有功无功一体电能表、三相四线有功无功一体电能表。数字式三相电能表的原理框图如图6-31所示。

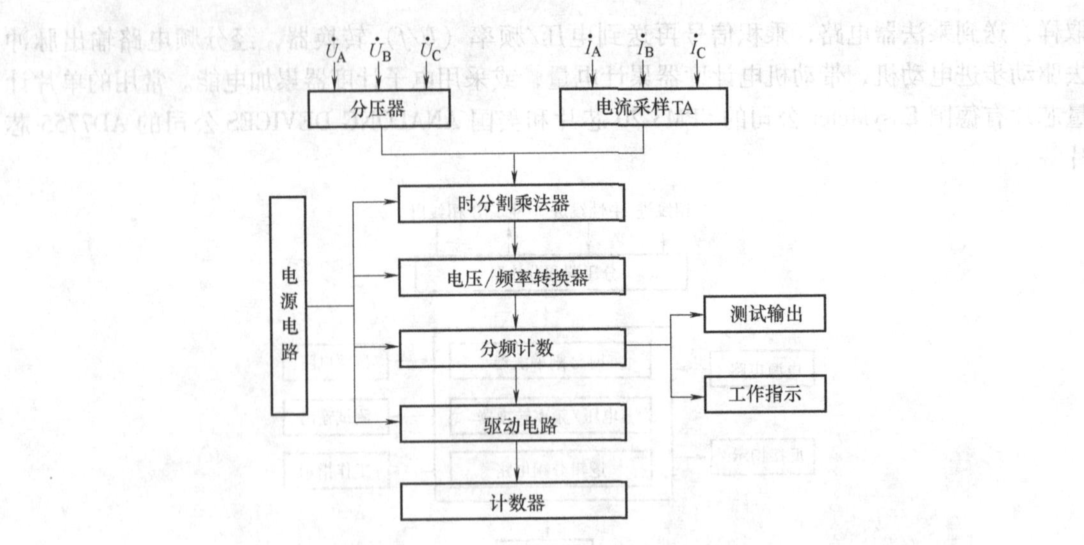

图6-31　数字式三相电能表的原理框图

思 考 题

6-1　用电子计数器测量频率时的闸门信号和用于计数的脉冲信号分别来自何处？测量周期时，这些信号又分别来自何处？

6-2　用七位计数器测频率，当闸门信号置于1s时，显示的测量结果是2164.323kHz，当闸门信号置于100ms时，显示的测量结果将是02164.32kHz，当闸门信号置于10s时的显示值是多少？显示信号是否正确？

6-3　为什么要通过测量周期来确定低频信号的频率？

6-4　为什么说双斜率积分式A/D转换器的抗干扰能力强？以它为核心组成的数字电压表为克服50Hz工频干扰，应在选积分时间T上采取哪种措施？

6-5　用A/D转换器把电压模拟量转换成数字量时，为什么要求模拟电压保持不变？

6-6　DT940C型$3\frac{1}{2}$位数字万用表2V量程的准确度为

$$准确度=\pm(0.5\%读数值+1个字)$$

问用该表2V量程测量1.975V和0.215V电压的误差分别为多少？

6-7　为什么数字式电能表一般仍采用机械式计度器而不采用液晶或数码管显示累计电量？

6-8　数字式单相有功功率表和无功功率表的内部组成有何不同？

6-9　对采样保持器的开启脉冲宽度有什么要求？

第7章 智能电能表

按仪器仪表出现的先后顺序和先进性，可将仪器仪表划分为三大类产品。第一类产品是模拟式仪器仪表，这种仪表至今仍在各种场合被使用，如指针式的电压表、电流表、功率表等。第二类产品是数字式仪器仪表，它们在准确度和灵敏度等各方面都远远优于模拟式仪表，这类仪器仪表的基本原理是将模拟量变为数字量，采用逻辑运算硬件电路实现测量功能。第三类产品是智能仪器仪表，它的基本原理是借助微处理器（CPU）或计算机（PC），采用软件替代部分硬件实现逻辑运算与数据传输、存储等功能，所以也称之为微机化仪器仪表。智能仪器仪表具有数据采集、显示数字处理及优化和控制功能，它朝着开放仪器的体系结构（PC仪器系统）、网络化仪器和虚拟仪器方向发展，是当前仪器仪表发展的重要趋势。

在20世纪70年代初、中期，计算机本身出现了重大突破，大规模集成电路技术飞速发展，微处理器和微机进入了实用阶段，而且价格大幅度下降，可靠性又大为提高。在电能表设计和制造的过程中，随着微处理器引入仪表内部，使电能表具有了控制、存储、运算、逻辑判断及自动操作等智能性能，并在测量准确度、灵敏度、可靠性、自动化程度、运算功能和解决测量技术问题的深度及广度等方面都有了巨大进步。当然，智能电能表是一个发展的概念，在广义上，智能电能表可以定义为内置微处理器的电能表，它具有测量过程控制的软件化、数据处理能力和功能多样化的特点，从而使电能表硬件结构变得简单，体积与功耗减小，测量准确度提高。在狭义上，随着电子信息技术的飞速发展，智能电能表可以定义为是具有电能计量、信息存储和处理、网络双向通信、实时监测、自动控制以及信息交互等功能的电能表。

智能电能表的种类：智能电能表可以按照等级、通信方式等内容进行分类。

1）按照等级分类：包括0.2S、0.5S、1级和2级。

2）按照负荷开关分类：包括内置和外置负荷开关两类。

3）按照通信方式分类：包括载波、GPRS无线、RS-485总线等类型。

4）按照费控方式分类：包括本地费控和远程费控两类。

7.1 智能电能表的硬件结构

智能电能表，即内置微处理器的电能表的硬件结构可简可繁，以适应不同应用场合的实际需要。其简单的硬件结构应包括输入电路、采样保持电路、A-D转换电路、RAM、EPROM、微处理器、监控输出、键盘、日历时钟、读卡电路和显示器等。复杂的硬件结构还可包括专用计量芯片、通信接口等。

7.1.1 简单智能电能表的硬件结构

简单的智能电能表的硬件结构如图7-1所示。下面介绍各部分的功能。

1）微处理器：微处理器（MPU）是将计算机的CPU、RAM、ROM、定时/计数器和I/O

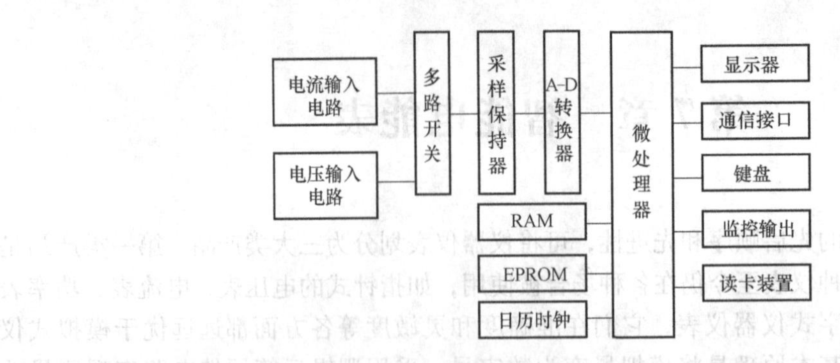

图 7-1　简单的智能电能表的硬件结构

接口集成在一片芯片上形成的芯片级微计算机。微处理器是仪表的核心，它根据编制的程序完成数据传送、各种数学计算等功能。目前 MPU 的品种繁多，选择合适的 MPU 对降低仪表造价、简化硬件结构是至关重要的。智能电能表广泛应用的微处理器有以下几种类型：

① MCS 系列单片机：8 位 MPU（例如 MCS-51 系列单片机）对一般智能仪表均能满足要求，但对某些实时控制场合，信号处理精度或速度要求较高时，常采用 16 位（如 MCS-96 系列）或 32 位的 CPU。

② PIC 系列单片机：美国 Microchip 公司的 8 位 PIC 系列产品具有实用、低价、省电和高速等特点，其最主要的特点是具有一次烧结的低价位 OPT 芯片。其中，PIC16C71 单片机内部集成了四路模拟量输入、采样保持、8 位 A-D 转换器，1K 程序空间、36 字节通用 RAM，其 A-D 转换在 20μs 内即可完成；PIC16C84 单片机内存有 64 字节 EEPROM 型数据存储器。

③ 瑞萨单片机：瑞萨单片机很多型号，集成了 A-D 转换器、A-D 比较器、D-A 转换器、RTC 模块、上电复位（POR）、低电压检测（LVD）等，适合电能表的应用。

④ MSP430 单片机：MSP430FG4619 为美国德州仪器（TI）公司推出的 16 位超低功耗、高性能 MSP430 系列单片机之一。它具有低功耗特性，高度集成，大大降低故障率，在成本、体积、稳定性等方面有优势，适用于智能电能表领域。

⑤ MZ 系列单片机：MZ 系列是由飞思卡尔半导体公司推出的微处理器。在微处理器增强外围设备、提高性能、增加存储量、低功耗和改进系统安全等方面具有优势。

2）智能电能表存储器：智能电能表存储器有 RAM 和 ROM 两类。RAM 是随机存取存储器，用来存储电能计量过程中的数据，MPU 可以将数据写入 RAM，也可以从 RAM 中读出。ROM 是只读存储器，常常作为程序存储区使用，把事先编制好的程序用专用设备固化在 ROM 中，MPU 只能从其中读，但不能在里面写。ROM 有多种形式，除了最早期的掩膜 ROM（MASK ROM）外，现在用得较多的是 EPROM（紫外线擦除只读存储器）、EEPROM（电擦除只读存储器）和 FLASH ROM（闪速存储器）等。

3）日历时钟：日历时钟给 MPU 提供准确的年、月、日、时、分、秒，如 DALLAS 公司的 DS12887 时钟芯片。

4）显示器：显示器一般使用液晶 LCD 显示屏或数码管 LED 显示块。在它上面可显示总累计电量、累计峰电量、累计平电量、累计谷电量等数据。

5）通信接口：通过通信接口可将表内数据经专用通信线、电话线、电力线等传给上级用电管理部门，用电管理部门也可对该表进行远程参数设置、负荷控制等。另外一种工作方式是通信接口以远红外方式与抄表器通信，实现自动抄表。

6）键盘：通过键盘可实现时钟较时，计费平、峰、谷时段划分等功能。

7）监控输出：当电卡电量快用尽时，发报警信号。当超功率运行时间大于给定延时时间时，给出跳闸信号。另外，还可实现过电流（过载）保护跳闸。

8）读卡装置：对预付费电表，MPU 可通过读卡装置对电卡（又称智慧卡或 IC 卡）或磁卡进行读写，实现先买电、后用电的电费预付制。

9）电压、电流输入电路：模拟电压经幅值衰减后送多路开关，电流经幅值衰减和电流/电压转换送入多路开关。

10）多路开关：多路开关又称多路模拟电子开关，它有多个信号输入端以及一个信号输出端，它根据 MPU 给定的地址选择信号，将多个输入信号中与地址信号相对应的一路输入作为输出信号。

11）A-D 转换器：A-D 转换器将模拟量变换成数字量，以便 MPU 进行数字量处理。常用的 A-D 转换器有逐次逼近型、双积分型和 $\Sigma-\Delta$ 型等类型。

12）采样保持器：数字仪表和智能电能表只能处理数字量，所以必须把模拟量变成数字量。但是，由于在转换过程中应保证被测电压不变，因此测量一个随时间变化的电压时，应把要测量的瞬间电压暂时寄存起来以供 A/D 进行转换，而且寄存的时间必须大于 A/D 转换的时间。完成寄存电压瞬间值的器件叫采样保持器。采样保持器有分立元器件的，也有单片集成的。单片集成的采样保持器常见的有 LF198、AD582、AD583 及 SHA 系列等。下面对采样保持器的工作原理作进一步的说明。

采样保持器的原理电路如图 7-2a 所示，它由一个电子模拟开关 A_s 和保持电容 C_h 以及阻抗变换器 1、2 组成。开关 A_s 的闭合与断开受 MPU 发出的逻辑电平控制。当逻辑电平为采样电平时，A_s 闭合，电路处于采样状态，经很短时间（捕捉时间）C_h 迅速充电或放电到

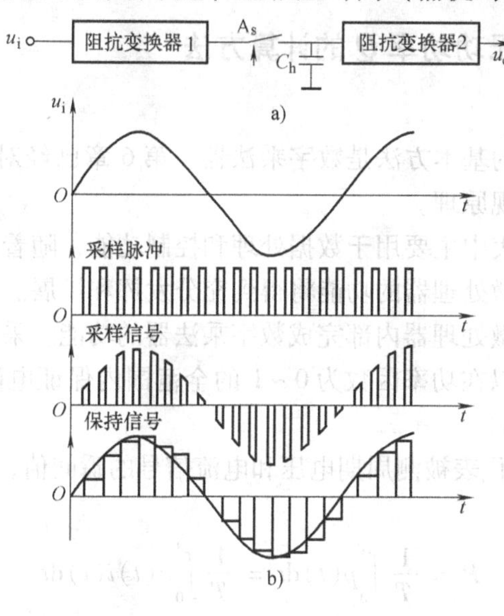

图 7-2　交流信号的采样与保持

a）原理电路　b）工作波形

输入电压 u_i，随后电容电压随 u_i 变化，故整个采样时间应大于捕捉时间。当逻辑电平为保持电平时，A_s 断开，电路处于保持状态，C_h 上将保持 A_s 断开时的电压。当电容 C_h 为定值时，采样时间越短越好，即采样回路的时间常数要小，故用阻抗变换器 1，因其输出阻抗极小，同时在保持时间里为使电容 C_h 上的电压尽量保持不变；保持回路时间常数要大，故用阻抗变换器 2，其输入阻抗很高。实际上，采样保持器的采样时间很小，但不能为零。图 7-2b 示出了实际采样保持器的工作波形。

7.1.2　复杂智能电能表的硬件结构

复杂智能电能表的硬件结构除了具备上述基本硬件结构以外，还包括专用的智能电能表计量芯片、通信芯片等部分。

1）专用计量芯片：常用的单相电能计量芯片有 ADI 公司的 ADE7756、Cirrus Logic 公司的 CS5463、SAMES 公司的 SA9903B、复旦微电子公司的 FM7755、上海贝岭公司的 BL0921 等。常用的三相电能计量芯片有 ATMEL 公司的 AT73C500/501 等。

2）通信芯片：智能电能表通信芯片有 RS-485 通信芯片、红外通信芯片、GPRS 通信芯片、电力载波通信芯片等。

7.2　智能电能表的软件与算法

智能电能表的软件（程序）可分为几大模块，如上电初始化模块、数据采集模块、数据运算处理模块、显示模块、通信模块、键处理模块、自检模块等。具体编写时可编成主程序、子程序和中断服务程序三大类程序块。程序按模块化处理，可读性好、增删容易。智能电能表的软件的关键部分是数据运算处理模块，下面介绍数据运算处理模块中常采用的电能软件与算法。

7.2.1　有功功率 P 和无功功率 Q 的计算方法

1. 单相 P、Q 的算法

智能电能表功率计算的基本方法是数字乘法器，第 6 章已经对模拟乘法器进行了介绍，现在介绍数字乘法器的实现原理。

微处理器在智能电能表中主要用于数据处理和控制功能，随着芯片运算速度的提高和外部接口电路的更加成熟，微处理器的功能将得到充分发挥和扩展。由于微处理器的数据处理性能的提升，因此可以在微处理器内部完成数字乘法器的功能。采用数字乘法器，由计算机软件来完成乘法运算，可以在功率因数为 0～1 的全范围内保证电能表的测量准确度。这是多种模拟乘法器难以完成的。

若以 $u(t)$ 和 $i(t)$ 分别代表被测周期电压和电流信号的瞬间值，被测信号的周期为 T，则有功功率为

$$P = \frac{1}{T}\int_0^T p(t)\,\mathrm{d}t = \frac{1}{T}\int_0^T u(t)i(t)\,\mathrm{d}t \tag{7-1}$$

每隔微小时间间隔（相对于 T 而言）T_s 对电压和电流信号采样（取值）一次，随即算出瞬间电压与电流之积，然后对测量时间段 T 内所有离散采样点上电压与电流乘积求和并取

平均，便估算出积分式（7-1）所表示有功功率的近似值为

$$P \approx \frac{1}{N}\sum_{K=1}^{N} u_K i_K \tag{7-2}$$

式中　u_K 和 i_K——电压 u 和电流 i 的 K 次采样值；

N——电压或电流一周期 T 内的采样点数，$N = T/T_s$。

因无功功率 Q 与有功功率 P 仅在电压、电流的相位差上相差 $\pi/2$，故

$$Q = \frac{1}{N}\sum_{K=1}^{N} u_K i_{K+N/4} \tag{7-3}$$

式（7-3 中），$i_{K+N/4}$是第 $K+\frac{N}{4}$次电流采样值，当 $K+\frac{N}{4}>N$ 时，$i_{K+N/4}$取为 $i_{K-\frac{3}{4}N}$。

2. 三相 P、Q 的计算

根据电路原理，三相有功功率为

$$P = \frac{1}{T}\int_0^T [u_{ab}(t)i_a(t) + u_{cb}(t)i_c(t)]\mathrm{d}t \tag{7-4}$$

经离散化处理有

$$P = \frac{1}{N}\sum_{K=1}^{N}(u_{abK}i_{aK} + u_{cbK}i_{cK}) \tag{7-5}$$

同理有

$$Q = \frac{1}{N}\sum_{K=1}^{N}(u_{abK}i_{a(K+\frac{N}{4})} + u_{cbK}i_{c(K+\frac{N}{4})}) \tag{7-6}$$

式（7-6）中，当 $K+\frac{N}{4}>N$ 时，取 $K-\frac{3}{4}N$。

7.2.2　电能量的计算方法

假设累计电能的计时起点为零，时间终点为 t，电能计量时间起点至时刻 t 经过的正弦信号周期数为 M，则 $MT \leqslant t \leqslant (M+1)T$。再设第 K 个周期内的平均有功功率为 $P(K)$，则累计有功电能为

$$\begin{aligned} W &= \int_0^t p(t)\mathrm{d}t \\ &= \int_0^{MT} p(t)\mathrm{d}t + \int_{MT}^t p(t)\mathrm{d}t \\ &= \int_0^{1T} p(t)\mathrm{d}t + \int_T^{2T} p(t)\mathrm{d}t + \cdots + \int_{(M-1)T}^{MT} p(t)\mathrm{d}t + \int_{MT}^t p(t)\mathrm{d}t \\ &= \sum_{K=1}^{M}\int_{(K-1)T}^{KT} p(t)\mathrm{d}t + \int_{MT}^t p(t)\mathrm{d}t \\ &\approx \sum_{K=1}^{M}\int_{(K-1)T}^{KT} p(t)\mathrm{d}t \\ &= \sum_{K=1}^{M} TP(K) \end{aligned} \tag{7-7}$$

当式（7-7）中 $P(K)$ 用 kW 而 T 用 h 作单位时，则式（7-7）应除以 3600000，得到的有功电能 W_p（kW · h）为

$$W_p = \frac{1}{3600000}\sum_{K=1}^{M} TP(K) \tag{7-8}$$

同理，可得到无功功率 W_q（kW · h）为

$$W_q \frac{1}{3600000}\sum_{K=1}^{M} TQ(K) \tag{7-9}$$

由于电力系统线路的电压或电流的周期随时间会发生波动，所以在精密计量时，应将式（7-8）和式（7-9）中的 T 换成 T（K），即应随时间测量当时的交流信号周期，同时采样间隔 T_s 也应随周期 T 变化而改变，即保证在每一个交流信号周期内都能均匀采样。

由于电力系统中电压和电流信号的周期和幅值在相当短的时间内几乎不变，因此，在实际应用中，常每隔 n 个周期采样一个周期，并计算一次 P，并用该周期的周期长度和功率代替相继 $n-1$ 个周期内的相应量。

7.3 智能电能表的网络通信技术

智能电能表通信技术经历了简单的本地通信、远程通信及其电能自动采集系统的发展历程，现在，智能电能表通信技术已逐步走向大规模联网的网络化阶段。

对于配电台区上行的通信信道，电能自动采集系统采用的通信方式有 PSTN 共用电话网、GPRS、GSM、光纤等。对于配电台区下行的通信信道，电能自动采集系统采用的通信方式主要有 RS-485、低压电力线载波、无线传感网络等。

7.3.1 智能电能表的串行通信

1. 串行通信基本概念

设备之间数据通信方式有并行通信和串行通信两类。

并行通信是将数据的各个位同时通过多个数据线传输，串行通信是将数据一位一位地通过一根数据线传输。例如，要传送由 8 位二进制数组成的 ASCAII 字符，利用并行通信可以用 8 位的数据总线一次传输，而若用串行通信的方式则需要传送 8 次，传送前先利用并-串转换器把并行数据输出为串行数据，接收端再利用串-并转换器把串行数据还原成并行数据。虽然并行通信传输数据的速率高，但由于串行通信成本低、传输距离较长，在智能电能表数据通信中被广泛采用。

2. 串行通信线路的传送方式

串行通信线路的传送方式有三种：单工方式、半双工方式和全双工方式。

单工方式是数据只能按照一个固定的方向传输，只能一方（发送器）传输到另一方（接收器），不能反向传输。半双工方式是数据可以双向传输，但不能同时进行双向传输，只能分时进行。全双工方式是可以同时进行双向传输的工作方式。

3. 串行通信的传输速率

串行通信的传输速率用波特率来表示。波特率即单位时间内传输二进制数据的位数，单位为 bit/s。

4. 信号的调制与解调

由于数字信号（0 或 1）包含的频率成分很宽，如果使用公共电话线路等介质传输，而

介质的频带宽度很有限，信号会由于高频成分的衰减而产生失真。为了可靠地利用模拟信道传输数字信号，需要采用调制与解调技术。

调制是使一个信号（被调制信号或载频信号）的某一参数（如振幅、频率、相位）按照另一个信号（调制信号）的变化形式而变化的过程。解调是调制的反过程，即把调制后的信号恢复为原始信号的过程。

MODEM 的调制方式一般有三种，即振幅调制（ASK）、频率调制（FSK）和相位调制（PSK）。振幅调制是以正弦波的幅度表示数字信号的 1 和 0。频率调制是以正弦波的两种频率表示数字信号的 1 和 0。相位调制是以正弦波的两种相位表示数字信号的 1 和 0。三种调制方式如图 7-3 所示。

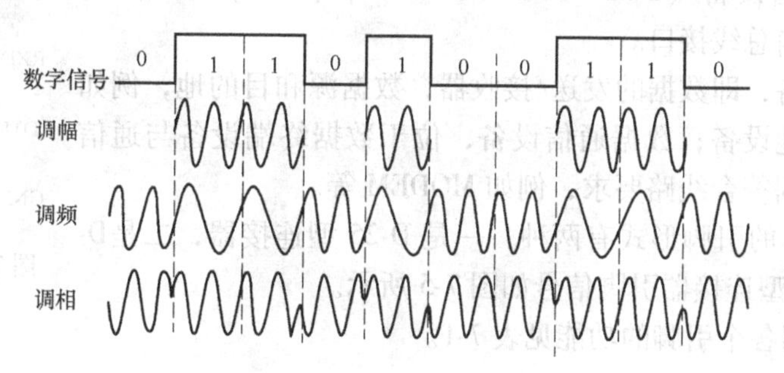

图 7-3　三种调制方式

利用调制解调器进行远程通信示意图如图 7-4 所示。

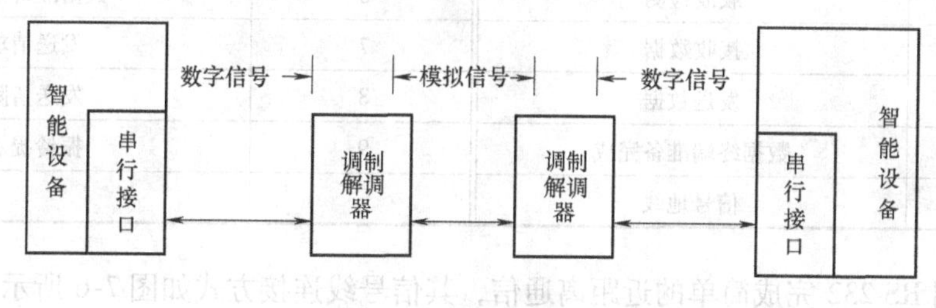

图 7-4　远程通信示意图

5. 串行通信数据的收发方式

串行通信数据的收发方式有异步通信与同步通信两种类型。

异步通信中通信双方以一个字符作为传输单位，且发送方传送字符的间隔是不定的，它传输一个字符总是以起始位开始，以停止位结束。串行通信的每一个帧数据包含起始位、数据位、校验位和停止位。异步的特点是，数据流中字节间是异步的，即前后两个字节发送的时间间隔不固定，以起始位作为发送下一个字节的标志；接收端收到起始位后认为开始接收下一个字节。

同步通信是在约定通信速率下，发送和接收端的时钟信号频率和相位始终保持一致。同步通信的特点是，发送字节之间也是同步的，即在一个数据帧内各个字节间的间隔是固定的或者没有间隔；而数据帧的起始信息由同步字符提供。

考虑到异步通信不需要传送同步脉冲，字符帧长度也不受到限制，智能电能表一般采用异步通信的方式。

7.3.2　几种串行通信的物理标准

智能电能表常用的串行通信接口标准有 RS-232、RS-422、RS-485 等。

1. RS-232C 串行接口

RS-232C 串行接口是由美国电子工业协会（Electronic Industry Association，EIA）制定的接口标准，RS（Recommended Standard）即为推荐标准，232 是标识号，C 表示 RS-232 的最新一次修改，之前有 RS-232B、RS-232A。

RS-232C 是应用于数据终端设备（Data Terminal Equipment，DTE）和数据通信设备（Data Communication Equipment，DCE）之间的异步串行通信总线接口。

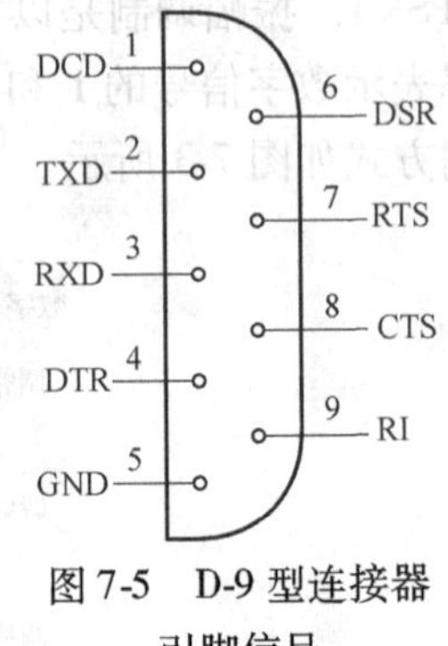

图 7-5　D-9 型连接器引脚信号

数据终端设备，即数据的发送/接收器，数据源和目的地，例如智能电能表或其他设备；数据通信设备，位于数据终端设备与通信线路之间，使数据符合线路要求，例如 MODEM 等。

EIA RS-232C 的引脚形式有两种，一是 D-25 型连接器，二是D-9 型连接器。D-9 型连接器引脚信号如图 7-5 所示。

D-9 型连接器各个引脚的功能见表 7-1。

表 7-1　D-9 型连接器引脚功能

针　脚	功　能	针　脚	功　能
1	载波检测	6	数据准备完成
2	接收数据	7	发送请求
3	发送数据	8	发送清除
4	数据终端准备完成	9	振铃提示
5	信号地线		

可以利用 RS-232 完成简单的近距离通信，其信号线连接方式如图 7-6 所示。

2. RS-422 串行接口

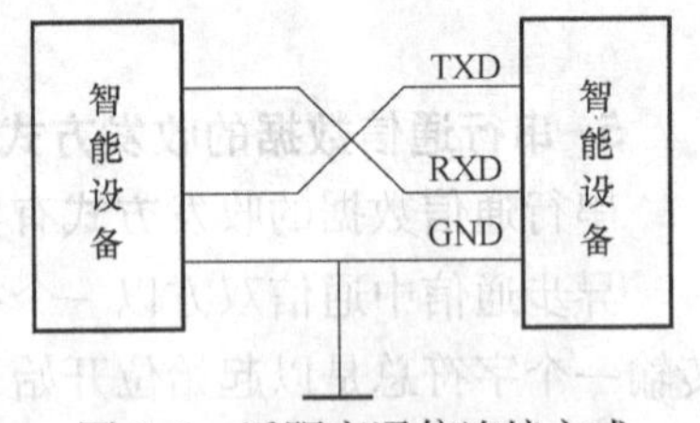

图 7-6　近距离通信连接方式

RS-232 是采用非平衡型传输方式，传输数据体现为信号线和接地线之间的电位差，而且在发送数据时，发送端驱动器输出正电平为 +3 ~ +15V（表示逻辑 0）、负电平为 −3 ~ −15V 电平（表示逻辑 1）。这些就决定了 RS-232 数据通信速率低，通信距离近，抗共模干扰能力较差。

RS-422 全称是“平衡电压数字接口电路的电气特性”，为了改进 RS-232 的上述缺点而推出。RS-422 采用平衡型传输方式，传输数据体现为两根信号线之间的电位差，可以提高抗共模干扰的能力。由于其接收器采用高输入阻抗、发送驱动器比 RS-232 更强的驱动能力，故允许在相同传输线上连接多个接收节点（最多可接 10 个节点），即一个主设备（Master），其余为从设备（Salve），从设备之间不能通信。所以，RS-422 支持点对多的双向通信。RS-422 最大数据通信速度可以达到 10Mbit/s（对应的传输距离为 12m）；最大通信距离为 1200m，对应的通信速率为 10kbit/s。

3. RS-485 串行接口

RS-485 是近距离数据信息传输最为成熟的串行接口。RS-485 通信接口和 RS-422 类似，也是采用了平衡型传输方式，并在此基础上扩展了驱动器和接收器共用同一条线的多点应用，它在同一条线上允许接入 32 个驱动器和 32 个接收器，共同组成环状通信线。RS-485 网络可以选用双绞线电缆，这种电缆形式与差分工作原理的接收器配合，可以有效地滤除线路噪声和感应电压的干扰。

4. 红外光学接口

红外通信是以红外光作为载体传输数据信息的一种通信方式。由于红外光在通过云雾等充满悬浮粒子的物质时不易发生散射，有较强的穿透能力，而且易于产生，因此，红外通信在智能电能表近距离无线通信中得到广泛应用。

红外光学接口通信的基本原理是利用数据信息经调制驱动红外发光二极管发出红外光，再经红外光敏晶体管将其接收后实现数据通信。

5. 调制型红外接口

红外光学接口传输数据时距离要很近，才能减少环境光线的干扰。为了实现现场非接触式的遥控抄表，可以采用经过调制的红外光来实现对信息编码的传输。而且采用合适的调制方法，也是基于编程的需要。例如可以将发射端的编码信号被 38kHz 信号调制，有 38kHz 脉冲群时为逻辑“0”，没有 38kHz 脉冲群时为逻辑“1”，信号接收端再进行解调，还原出原来的数据。

7.3.3 低压电力线载波通信

低压电力线载波通信，指应用于 380V 电压等级及以下的电力线载波通信技术。和高压载波线路不同，低压载波线路在抗干扰、线路阻抗特性等方面有不利因素。通过技术改进和国家标准的推出，低压电力线载波通信可以充分利用现有的低压电网资源，实现传输电线上网、用户抄表及家庭自动化的信息和数据的通信。

7.3.4 无线传感网络通信

无线传感器网络（Wireless Sensor Network，WSN）是大量的静止或移动的传感器以自组织和节点间多跳的方式构成的无线网络，协作地感知、采集、处理和传输网络覆盖区域内感知对象的监测信息，并报告给用户或监控中心。将无线通信单元嵌入到智能电能表，智能电能表即成为无线传感网络中的传感器。目前代表性的无线传感通信网络的典型应用是 ZigBee 无线技术。

7.3.5 GPRS 通信

通用无线分组业务（General Packet Radio System，GPRS）是介于第二代无线通信技术和第三代无线通信技术之间的一种无线通信技术，通常称为 2.5G。GPRS 采用与全球移动通信系统（Global System for Mobile Communications，GSM）相同的频段、频带宽度、突发结构、无线调制标准、跳频规则以及相同的时分多址（Time Division Multiple Access，TDMA）帧结构。GPRS 特别适用于间断的、突发性的和频繁的、少量的数据传输的场合。

7.4　智能电能表的功能及其发展

广义的智能电能表应该具备数字式或电子式电能表的基本功能。随着电子信息技术的发展，为进一步适应建设智能电网远程自动抄表系统、能量管理系统以及双向计量等的要求，智能电能表需向更高级别发展，具备一些新的功能。除了基本的电能计量功能以外，智能电能表的其他主要功能有以下几点。

1. 复费率电能计量功能

复费率电能计量是指由多个计度器分别在规定的不同费率时段内记录交流有功或无功电能。具备复费率电能计量的电能表称为复费率电能表。复费率电能表集有功、分时计费于一体，表中设有多种费率、多个时段；一般具有遥控器红外编程、掌上电脑红外抄表及 RS-485 串行接口有线抄表功能。

费率计度器是由存储器（用作存储信息）和显示器（用作显示信息）二者构成的电一机械装置或电子装置，能记录不同费率的有功或无功的电能量。

电能测量单元是由被测量输入回路、测量等部分构成的，进行有功或无功电能计量的单元。

费率时段控制单元是由费率计度器（含驱动电路）、时间开关及逻辑电路等构成的，进行费率时段电能测量和显示的单元。

峰、平、谷电量计量及显示。电力系统日负荷曲线高峰时段的电能量称峰电量，低谷时段的电能量称谷电量，计量峰、谷时段以外的电能量称平电量，三者之和为总电量。智能电能表一般具有峰、平、谷的指示灯显示。

除了峰、平、谷电量计量之外，智能电能表还应满足不同类型的阶梯电价、分时电价等计量的实际需要，促进电能的合理配备和使用。

2. 预付费电能计量功能

预付费电能计量是在普通单相数字电能表基础上增加了微处理器、IC 卡接口和表内跳闸继电器实现的。它通过 IC 卡进行电能表电量数据以及预购电费数据的传输，通过继电器自动实现欠费跳闸功能，为解决抄表收费问题提供了有效的手段。

测量模块是预付费电能表的核心，微处理器接收到测量部分的功率脉冲进行电能累计，并且存入存储器中，同时进行剩余电费递减，在欠费时给出报警信号并控制跳闸。它随时监测 IC 卡接口，判断插入卡的有效性以及购电数据的合法性，将购电数据进行读入和处理。

显示采用液晶显示器（LCD）或数码管显示（LED）。继电器一般为磁保持继电器，可以通断较大的电流。电能表中可扩展 RS-485 接口，进行数据抄读。

在预付费电能表中，IC 卡技术是一个关键技术。IC 卡是集成电路卡（Intergrated Circuit Gard）的简称。IC 卡将集成电路嵌在塑料卡片中，与磁卡比较，IC 卡有接口电路简单、保密性好、不易损坏、存储容量大、寿命长等特点。IC 卡中的芯片分为不挥发的存储器（也称存储卡）、保护逻辑电路（也称加密卡）和微处理单元（也称 CPU 卡）三种。在电能表上使用的卡，这三种都有，接口往往采用串行方式的接触式卡。

3. 网络通信功能

智能电能表应该具备下列通信功能的一种或多种：RS-485 通信接口、红外通信、GPRS

通信（内置或外配）、无线传感通信模块，GSM通信模块等。为了实现远程抄表系统的需求，根据不同的计量要求，选择合适的通信手段。

4. 控制功能

智能电能表应具备计量量程自动切换功能、自校验和自诊断功能、失电压报警、失电流报警、电压越限报警、超负载报警、停电抄表、电能质量检测以及系统升级等功能。

5. 人机交互功能

智能电能表一般配备键盘输入和液晶显示部件，可以实现键盘参数设置和显示电能信息的功能。

智能电能表的全屏显示画面可以直观地显示不同时段（本月、上月、上上月），三相或单相有功、无功，正向或反向，峰、平、谷电量，功率因数，实时电压、电流、功率及负载曲线，越限记录（总/A相/B相/C相、起始时间、累计次数、累计时间、累计电量），失电压、失电流等信息。

6. 双向电能计量功能

为了适应智能电网和新能源接入的要求，智能电能表还应具备电能双向计量的功能。实现双向电能计量功能是实现分布式电源并网、需求侧智能管理系统、供用电双向互动服务的前提和基础。智能电能表可以用来实现用户和供电公司之间真正的双向通信和信息互享，而且具备付费模式可变、支持微型分布式发电等功能，能够满足智能化家庭中用电管理模式的要求。从这个角度来讲，智能电表是智能电网建设的起点和必要前提。

思考题

7-1　智能电能表硬件结构和数字式电能表有什么区别?

7-2　智能电能表中的数字乘法器实现过程是什么?

7-3　试写出单相电子式复费率电能表的主要功能特点。

7-4　智能电能表的主要功能有哪些?

7-5　为什么人们将具有微处理器的数字式电能表称为智能型数字电能表?

7-6　智能电能表常用的几种串行通信的物理标准是什么，各有哪些特点?

第 8 章　电气测量常用的其他几种仪表

本章将介绍工程上常用的几种仪表，包括相位表、频率表、直流电位差计、绝缘电阻表、接地电阻测量仪、直流电桥和交流变比电桥，并重点介绍这些常用仪表的结构、工作原理及使用方法。

8.1　相位表和频率表

相位表和频率表的结构型式有多种，在相位表中有电动系相位表、电磁系相位表，在频率表中有电动系频率表、电磁系频率表、整流系频率表和电子系频率表，本节只介绍最普遍的、适合于低频范围应用的电动系相位表和电动系频率表，这些仪表都是利用“比率表”的基本原理制造的。

8.1.1　电动系相位表

电气工程中一般用符号 φ 表示电路的电压与电流之间的相位差角，用 $\cos\varphi$ 表示功率因数，每个 φ 角都对应一个 $\cos\varphi$，所以相位表和功率因数表实质上是同一种表，只是一个是用 φ 作为刻度标志，另一个是用 φ 角的余弦作为刻度标志。下面介绍电动系相位表的结构与原理。

1. 电动系相位表的结构

电动系相位表多采用比率表型结构，如图 8-1 所示。图中，A 为由两段相同线圈串联而成的固定线圈，B_1、B_2为两个结构相同、匝数尺寸也相等的可动线圈，彼此成 γ 交角固定在转轴上。可动部分不装游丝，未通电前处于随遇平衡状态，即可以自由地绕轴偏转。

固定线圈 A 串联之后，引出两个电流端钮。可动线圈 B_1、B_2分别与 R_1、L_1、R_2串联之后引出两个电压端钮，测量相位时电流端钮与负载电阻 R 串联，电压端钮与电源电压并联，具体接法如图 8-2 所示。

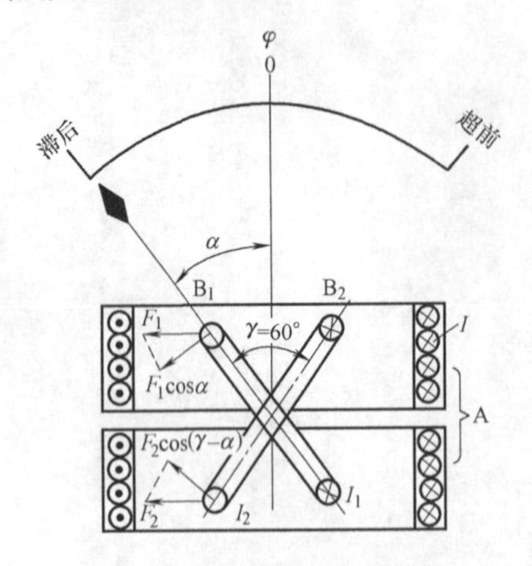

图 8-1　电动系相位表的结构

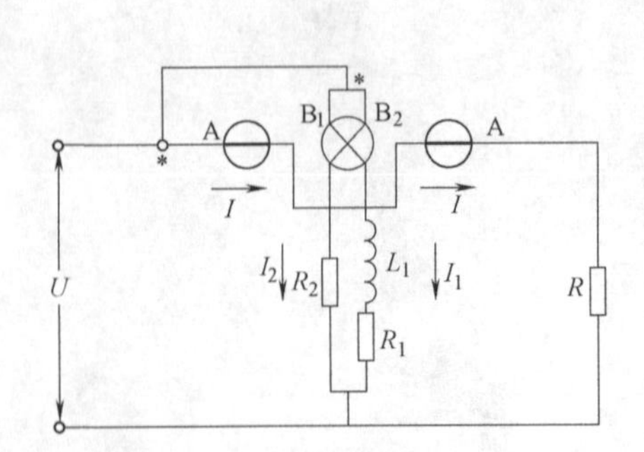

图 8-2　单相相位表电路连接

2. 工作原理

设通过固定线圈的电流为负载电流 I，通过可动线圈 B_1、B_2的电流为 I_1、I_2。给定电流的参考方向如图8-2箭头所示。I 与 I_1对可动部分产生的电磁力为 F_1，I 与 I_2对可动部分产生的电磁力为 F_2，但使可动部分产生偏转的力是 F_1、F_2与线圈平面垂直的分量，即

$$F_1' = F_1\cos\alpha$$

$$F_2' = F_2\cos(\gamma-\alpha)$$

式中　α——可动线圈 B_1与固定线圈轴线之间的夹角。

若线圈 A 与 B_1、B_2分别通以交流电 i、i_1、i_2，则两个可动线圈所产生的瞬时转矩为

$$M_{t1} = k_1 i i_1\cos\alpha \tag{8-1}$$

$$M_{t2} = k_2 i i_2\cos(\gamma-\alpha) \tag{8-2}$$

两个可动线圈所受的平均转矩分别为

$$M_1 = k_1 I I_1\cos\alpha\cos(\widehat{\dot{I}\dot{I}_1}) \tag{8-3}$$

$$M_2 = k_2 I I_2\cos(\gamma-\alpha)\cos(\widehat{\dot{I}\dot{I}_2}) \tag{8-4}$$

在 B_1、L_1、R_1组成的支路中，电流 i_1的相位比电压 U 的相位滞后一个 β 角，β 角由 L_1、R_1的值决定。在 B_2、R_2组成的支路中，因为 R_2很大，可以忽略 B_2的感抗，近似地认为电流 I_2与电压 U 同相，其相量图如图8-3所示。

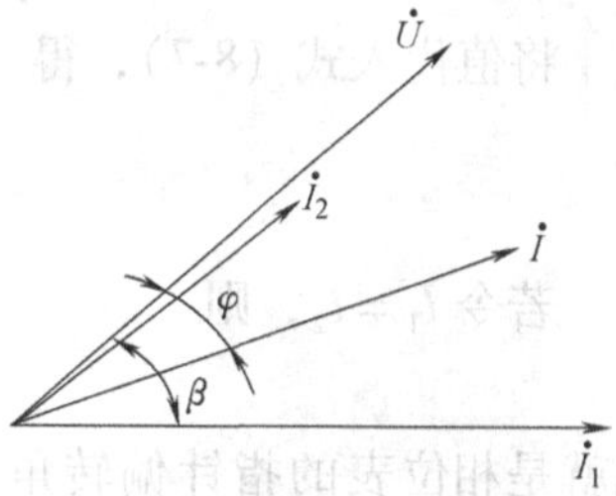

将 $\cos(\widehat{\dot{I}\dot{I}_1}) = \cos(\beta-\alpha)$ 和 $\cos(\widehat{\dot{I}\dot{I}_2}) = \cos\varphi$ 代入式(8-3)和式(8-4)中，得

$$M_1 = k_1 I I_1\cos\alpha\cos(\beta-\varphi) \tag{8-5}$$

$$M_2 = k_2 I I_2\cos(\gamma-\alpha)\cos\varphi \tag{8-6}$$

图8-3　单相相位表相量图

考虑到线圈 B_1、B_2的结构、尺寸、匝数完全相同，近似地认为 $k_1 = k_2$。

从图8-1中给定的电流参考方向可知，可动线圈 B_1产生的转矩 M_1与可动线圈 B_2产生的转矩 M_2，其正方向刚好相反，所以当 $M_1 = M_2$时，可动部分平衡，可推出平衡条件为

$$\frac{\cos\alpha}{\cos(\gamma-\alpha)} = \frac{I_2\cos\varphi}{I_1\cos(\beta-\varphi)} \tag{8-7}$$

若两支路阻抗相等，$I_1 = I_2$，并配置适当的 L_1、R_1便满足 $\beta=\gamma$，则代入式(8-7)可得

$$\alpha = \varphi \tag{8-8}$$

若指针装在可动线圈 B_1的平面上，线圈 A 轴线与标度尺中心重合，如图8-1所示，则 B_1与线圈 A 轴线的夹角，就是指针与标度尺中心的夹角。由式(8-8)可知，指针偏转角就等于电路相位差角 φ。若仪表标度尺按 φ 值刻度，则分度是均匀的，若按 $\cos\varphi$ 刻度，则分度是不均匀的。偏转角 α 的方向与负载的性质即 φ 值正负有关，通常 $\varphi=0$ 或 $\cos\varphi=1$ 置于标度尺中心，感性负载向一边偏转，容性负载向另一边偏转。

3. 电动系三相相位表

三相相位表的基本结构与单相相位表相同，所不同的是可动线圈 B_1的支路没有串接电感，而是用纯电阻 R_1，如图8-4所示。

这种相位表只适用于三相三线制对称负载的相位或功率因数的测量。

例如负载为三角形联结，B_1支路电压为U_{AB}，电流I_1与电压U_{AB}同相。B_2支路的电压为U_{AC}，电流I_2与电压U_{AC}同相，相量图如图8-5所示。

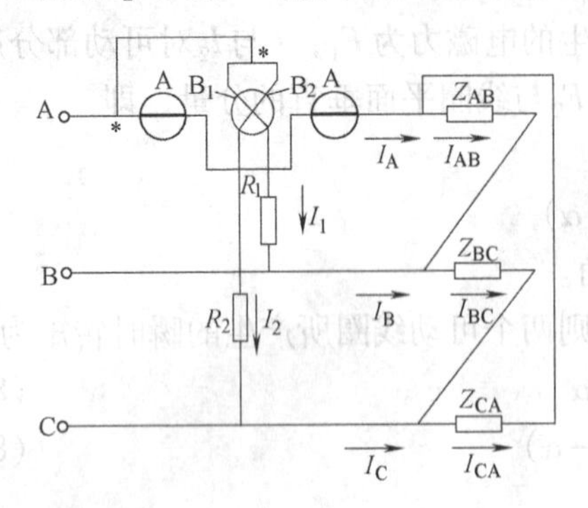

图8-4　三相相位表原理电路

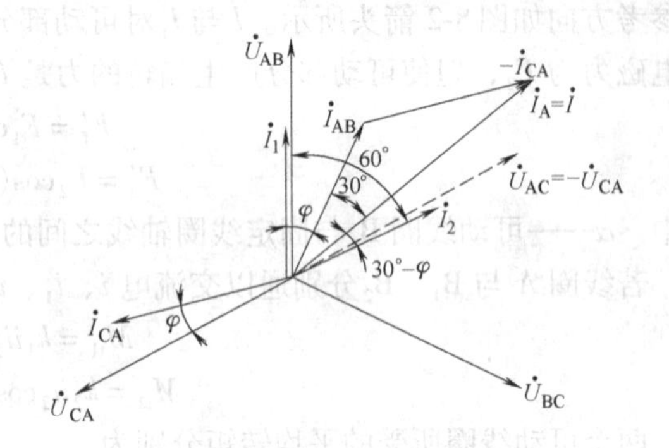

图8-5　三相相位表相量图

由图8-5可知

$$\hat{\dot{I}\dot{I}_1}=30°+\varphi,\ \hat{\dot{I}\dot{I}_2}=60°-30°-\varphi=30°-\varphi$$

将值代入式（8-7），得

$$\frac{\cos\alpha}{\cos(\gamma-\alpha)}=\frac{I_2\cos(30°-\varphi)}{I_1\cos(30°+\varphi)} \tag{8-9}$$

若令$I_1=I_2$，则

$$\alpha=F(\varphi) \tag{8-10}$$

也就是相位表的指针偏转角与各相负载的相位差φ有关，因为是对称负载，所以各相φ相等。

4. 相位表的使用

相位表的接法与功率表很相似，因此接线时要遵守“电源端”守则。由于固定线圈与负载串联，所以额定电流应大于负载电流，可动线圈的两个支路与负载并联，所以额定电压应大于负载电压。在上面推导中曾假定$I_1=I_2$，$\beta=\gamma$，而I_2电流与电感L_1的感抗有关，所以相位表必须使用在规定频率范围内，若频率改变，感抗值变化，显然上述条件就被破坏，造成仪表读数误差。

8.1.2　电动系频率表

1. 结构

电动系频率表多采用比率表型结构，如图8-6所示，内部电路如图8-7所示。

图8-6中，固定线圈A在结构上分成完全相同的两段，这样能获得较均匀的磁场。可动线圈也有两个，彼此在空间相差90°，可动部分不装游丝，利用固定线圈A与可动线圈B_1之间的电磁力矩作为转动力矩，固定线圈A与可动线圈B_2之间的电磁力矩作为反作用力矩。因此在通电前既无作用力矩又无反作用力矩，可动线圈呈随遇平衡状。

2. 工作原理

设通过固定线圈A的电流为I，通过可动线圈B_1、B_2的电流分别为I_1、I_2。给定的电流参考方向如图8-6中的标注。因此两个线圈通电后所产生的电磁力F_1和F_2的给定方向如

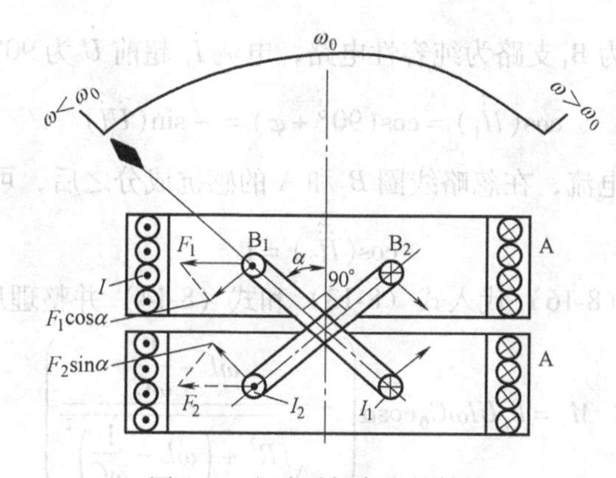

图 8-6　电动系频率表的结构

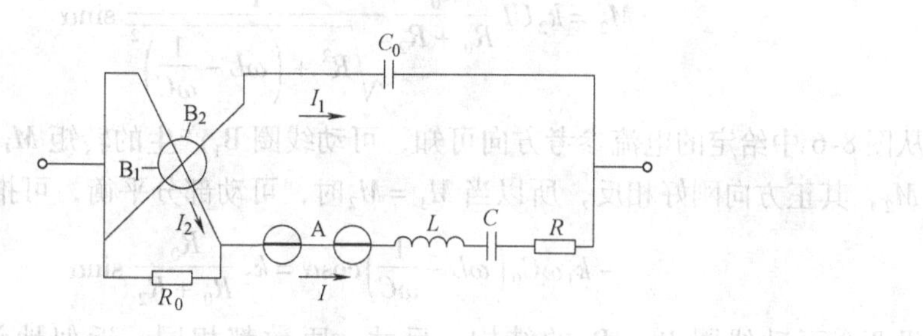

图 8-7　电动系频率表的内部电路

图 8-6 中箭头所示。力 F_1、F_2 对可动线圈平面垂直的分量为

$$F_1' = F_1\cos\alpha$$

$$F_2' = F_2\cos(90° - \alpha)$$

式中　α——可动线圈 B_1 与固定线圈轴线间的夹角。

若线圈分别通以交流电 i、i_1、i_2，则按电动系仪表原理，设$\frac{\mathrm{d}M_{12}}{\mathrm{d}t}$为常数，可得可动线圈 B_1、B_2 所受的瞬时转矩分别为

$$M_{t1} = k_1 i i_1 \cos\alpha \tag{8-11}$$

$$M_{t2} = k_2 i i_2 \cos(90° - \alpha) \tag{8-12}$$

可动线圈所受的平均转矩分别为

$$M_1 = \frac{1}{T}\int_0^T M_{t1}\mathrm{d}t = k_1 I I_1 \cos\alpha\cos(\dot{I}\hat{\dot{I}}_1) \tag{8-13}$$

$$M_2 = \frac{1}{T}\int_0^T M_{t2}\mathrm{d}t = k_2 I I_2 \cos(90° - \alpha)\cos(\dot{I}\hat{\dot{I}}_2) \tag{8-14}$$

式中　k_1、k_2——与测量机构有关的比例常数。

电动系频率表的相量图如图 8-8 所示。

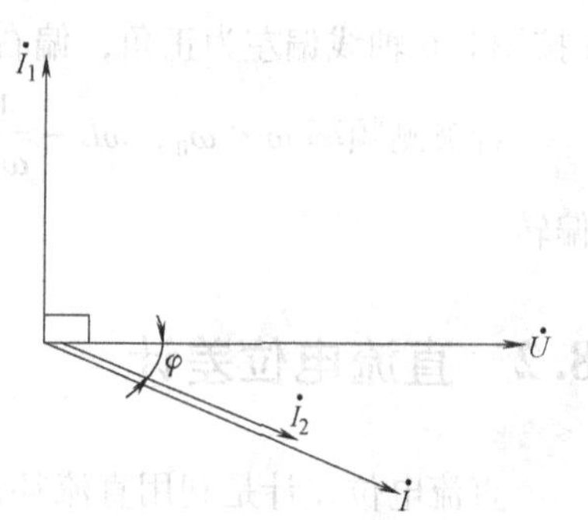

图 8-8　电动系频率表的相量图

从图 8-8 可知，电源电压 U 与固定线圈支路的电流 I 之间的相位差为 φ，φ 与电路的 R、L、C 有关。在忽略线

圈 B_1 的阻抗之后，可认为 B_1 支路为纯容性电路，电流 $\dot{I}_1$ 超前 $\dot{U}$ 为90°，可得

$$\cos(\hat{\dot{I}\dot{I}_1}) = \cos(90° + \varphi) = -\sin(\hat{\dot{U}\dot{I}}) \tag{8-15}$$

I_2 为线圈 B_2 支路的电流，在忽略线圈 B_2 和 A 的感抗成分之后，可近似认为 $\dot{I}$ 与 $\dot{I}_2$ 同相

$$\cos(\hat{\dot{I}\dot{I}_2}) = 1 \tag{8-16}$$

将式（8-15）和式（8-16）代入式（8-13）和式（8-14）并整理后可得

$$M_1 = k_1 UI\omega C_0 \cos\alpha\left(-\frac{\omega L - \dfrac{1}{\omega C}}{\sqrt{R^2 + \left(\omega L - \dfrac{1}{\omega C}\right)^2}}\right) \tag{8-17}$$

$$M_2 = k_2 UI \frac{R_0}{R_0 + R_2} \frac{1}{\sqrt{R^2 + \left(\omega L - \dfrac{1}{\omega C}\right)^2}} \sin\alpha \tag{8-18}$$

从图8-6中给定的电流参考方向可知，可动线圈 B_1 产生的转矩 M_1 与可动线圈 B_2 产生的转矩 M_2，其正方向刚好相反，所以当 $M_1 = M_2$ 时，可动部分平衡，可推出平衡条件为

$$-k_1\omega C_0\left(\omega L - \frac{1}{\omega C}\right)\cos\alpha = k_2 \frac{R_0}{R_0 + R_2} \sin\alpha \tag{8-19}$$

设两个可动线圈 B_1、B_2 的结构、尺寸、匝数都相同，近似地认为 $k_1 = k_2$，代入式（8-19）得

$$\tan\alpha = -\frac{R_0 + R_2}{R_0}\omega C_0\left(\omega L - \frac{1}{\omega C}\right) = f(\omega) \tag{8-20}$$

式（8-20）表明，在电路中其他参数为一定时，角 α 是被测频率 ω 的函数。如果将标度尺中心放在固定线圈轴线位置，指针装在线圈 B_1 上，那么角 α 就是指针与标度尺中心的夹角。从式（8-20）可知，指针偏离标度尺中心的的角度 α 与被测频率 ω 有关。

设被测频率 $\omega = \omega_0$（$\omega_0 = \frac{1}{\sqrt{LC}}$，即电路的谐振频率），将 $\omega L = \frac{1}{\omega C}$ 代入式（8－20）可求得 $\alpha = 0$，即指针停在固定线圈 A 的轴线，也就是标度尺中心的位置。

若被测频率 $\omega > \omega_0$，$\omega L - \frac{1}{\omega C} > 0$，$\alpha$ 角为负，即指针从标度尺中心沿顺时针方向偏转（按图8-6轴线偏左为正角，偏右为负角）。

若被测频率 $\omega < \omega_0$，$\omega L - \frac{1}{\omega C} < 0$，$\alpha$ 角为正，指针就要从标度尺中心沿逆时针方向偏转。

8.2 直流电位差计

直流电位差计是利用直流补偿原理制成的一种仪器，所谓补偿法也是一种比较测量法，测量准确度比较高。直流电位差计除了测量电压之外，还可以用来测量电流、电阻和电功率。

8.2.1　工作原理

图 8-9 所示是直流电位差计的原理电路，它可以分为Ⅰ、Ⅱ、Ⅲ三个回路。

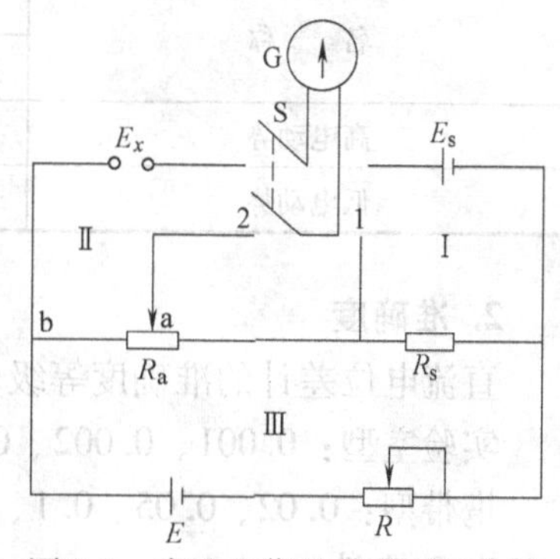

图 8-9　直流电位差计的原理电路

回路Ⅲ为工作电流回路，包括辅助电源 E，调节工作电流用的可变电阻 R，已知电阻 R_a和 R_s。工作回路主要任务是提供一个稳定的工作电流。使电阻 R_a和 R_s能得到一个稳定的压降。

回路Ⅰ称为校准回路，标准电池 E_s用来校准工作电流，即当开关 S 合向 1 时，调节 R 改变工作电流，从而改变它在 R_s上的压降。若检流计指零，则说明标准电池的电动势 E_s与工作电流在 R_s 上的压降 IR_s 相互补偿，即

$$E_s = IR_s \tag{8-21}$$

回路Ⅱ称为测量回路，当开关 S 合向 2 时，调节 R_a 以改变 R_a左端 a、b 点间的压降 U_{ab}（注意：不能调节 R，否则工作电流将发生变化）。若检流计指零，则表明回路中 E_x与工作电流在 R_a 上的压降 U_{ab}相互补偿，即

$$E_x = IR_u = \frac{E_s}{R_s}R_u \tag{8-22}$$

式中　R_u——电阻 R_a 左端 ab 部分的电阻值。

若 E_s、R_s 为已知，就可以按 R_u 值求出对应的 E_x 值。

从上述原理可以看出，电位差计具有两个特点：

1）电位差计的平衡是利用电动势互相补偿的原理，因此平衡时，测量回路不从 E_x 中取用电流，从而消除被测电源 E_x 的内阻、导线电阻、接触电阻对测量的影响。校准回路也一样，不从标准电池取用电流，保持了标准电池电动势的稳定。

2）被测电压值由式（8-22）决定，式中的 E_s 是标准电池的电动势，由于标准电池的性能稳定，它的电动势值保证有较高的准确度。式中 R_a 和 R_s 可以用准确度、稳定度都较高的电阻。所以电位差计的准确度可达 ±0. 001%。

实用电位差计电路与上述原理电路有些区别，如考虑到标准电池的电动势会受温度影响，所以 R_s 通常由两部分电阻构成，一部分为固定电阻，一部分为可调电阻。可调部分又称为温度补偿电阻，以补偿 E_s 因温度而发生的变化。为了使电位差计能达到足够的读数精度，满足一定的测量范围，多数实用电位差计的 R_a 用十进电阻盘，以便能读出多位读数，但也有用滑线电阻盘的。

8.2.2　直流电位差计的技术性能和分类

1. 量限范围

直流电位差计量限一般不超过 2V，选择量限时，应使被测值的第一位数字出现在第一读数盘上，保证有最高准确度。

直流电位差计按其测量范围分为高、低电位差计两种，它们的区别见表 8-1。

表 8-1 高、低电位差计的区别

名 称	第一测量盘步进电压值 ΔU	
	第一测量盘步进数≥10	第一测量盘步进数≥100
高电动势	$\Delta U_1 \geqslant 0.1$	$\Delta U_1' \geqslant 0.01$
低电动势	$\Delta U_1 \leqslant 0.01$	$\Delta U_1' \leqslant 0.001$

2. 准确度

直流电位差计的准确度等级分为

实验室型：0.001、0.002、0.005、0.01、0.02、0.05。

携带型：0.02、0.05、0.1、0.2。

3. 稳定性

电位差计工作电源的稳定性就是工作电流的稳定性，它直接影响电位差计的测量准确度，因此要用性能好的电池或稳压电源。电池容量要超过 1000 倍的放电电流，电压相对变化量应小于$\frac{1}{5}K\%$，其中 K 为准确度等级。

8.2.3 电位差计的应用

1. 测量电压

电位差计主要用于测量标准电池的电动势，或用于检定电压表。在机械工业生产中常用热电偶测温，如要求能读出四位数的温度值，必须精确测量热电偶电动势至五位，所以直流电位差计可用于检定高温计。

如果被测电压超过量限范围，可配上测量用分压箱扩大量程。只是使用之后，就要从被测电路取用一部分功率，不能像电位差计本身那样做到不取用功率。

2. 测量电流

测量电流是通过测量已知电阻 R_n 上的电压降，再间接计算出被测电流，如图 8-10 所示，有

$$I_x = \frac{U_x}{R_n} \tag{8-23}$$

选择电阻 R_n 时要考虑到电阻的额定允许电流要大于被测电流以及 I_x 在 R_n 上的压降，既要保证第一测量盘能读数，又不得超过电位差计的上量限。

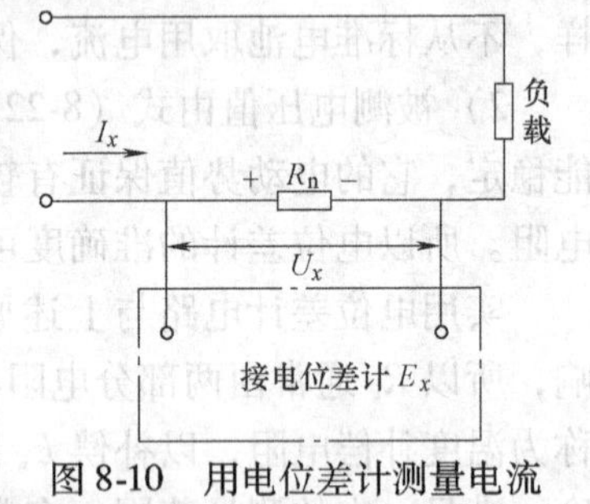

图 8-10 用电位差计测量电流

此外，用电位差计可以测量电阻、功率，与变换器配合还可以测量各种非电量。

8.3 绝缘电阻表和接地电阻测量仪

8.3.1 绝缘电阻表

绝缘电阻表，习称兆欧表，它是专用于检查和测量电气设备或供电线路的绝缘电阻的一种便携式电表。电气设备的绝缘性能是否良好，关系到设备的正常运行和操作人员的人身安

全。为防止绝缘材料因发热、受潮、污染、老化等原因造成绝缘的损坏，也为了检查修复后的设备绝缘性能是否达到规定的要求，都要测量设备的绝缘电阻。

为什么绝缘电阻不能用万用表的电阻挡检查呢？这是因为绝缘电阻数值都比较大，如几十兆欧或几百兆欧，在这个范围内万用表刻度不准确。更主要的是因为万用表测电阻时所用的电源电压比较低，在低电压下呈现的绝缘电阻值不能反映在高电压作用下的绝缘电阻的真正数值。因此，绝缘电阻必须用备有高压电源的绝缘电阻表进行测量。绝缘电阻表的刻度以兆欧为单位，可以较准确测出绝缘电阻的数值。

1. 绝缘电阻表的结构

常用绝缘电阻表由磁电系比率表表头和手摇直流发电机两个部分组成，图 8-11 所示是它的结构示意图。

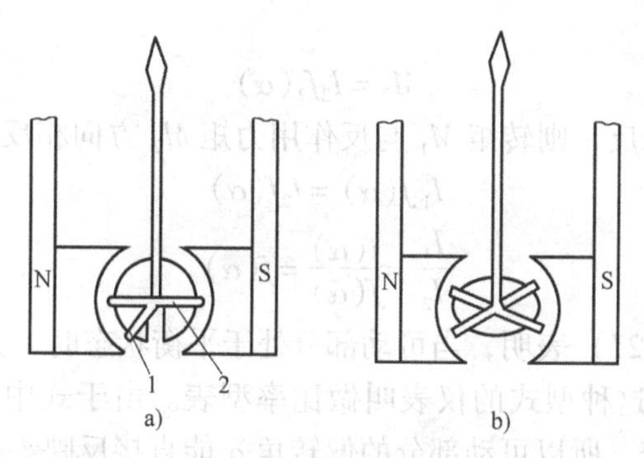

图 8-11　磁电系比率表的结构示意图

1—线圈 1　2—线圈 2

磁电系比率表表头，其可动部分有两个可动线圈，一个产生转动力矩，另一个产生反作用力矩。两个线圈装在同一转轴上，转轴上虽然也装有盘形导电丝，但不产生反作用力矩，只作为引导电流之用。其固定部分包括永久磁铁、极掌、铁心等部件，但由于极掌与铁心形状比较特殊，使铁心与磁极间的气隙，能形成不均匀磁场。图 8-11a 所示为铁心带缺口的结构，图 8-11b 所示为椭圆铁心的结构。当两个线圈在这种磁场中转动时，一个线圈的力矩随 α 而增大，另一个线圈的力矩增大速率比第一个小（参见图 8-13），设线圈 1 的作用力矩为 M_1，线圈 2 的反作用力矩为 M_2，当 $M_1 = M_2$时，指针将停在 α 处。

绝缘电阻表的手摇直流发电机，其电压有 500V、1000V、2000V、2500V 等几种，一般发电机都设有离心调速装置，以保持转子能恒速转动。

2. 绝缘电阻表的工作原理

绝缘电阻表的表头与发电机的原理电路如图 8-12 所示，被测电阻接在“线”（L）和“地”（E）两个端钮上。图中形成两个回路，一个是电流回路，另一个是电压回路。

电流回路从电源正端经被测绝缘电阻 R_x、限流电阻 R_1、线圈 1 回到电源负端。在电阻 R_1和发电机电压 U 不变的情况下，流经电流回路的电流 I_1随 R_x增加而减少，而线圈 1 的转矩 M_1与电流 I_1及指针所在位置角 α 有关，即

$$M_1 = I_1 f_1(\alpha) \tag{8-24}$$

电压回路从电源正端经限流电阻 R_2、线圈 2 回到电源负端。若电阻 R_2 和发电机电压 U 不变，则流经电压回路的电流 I_2 也不变。反作用线圈 2 所受的反作用力矩与 I_2 和偏转角 α

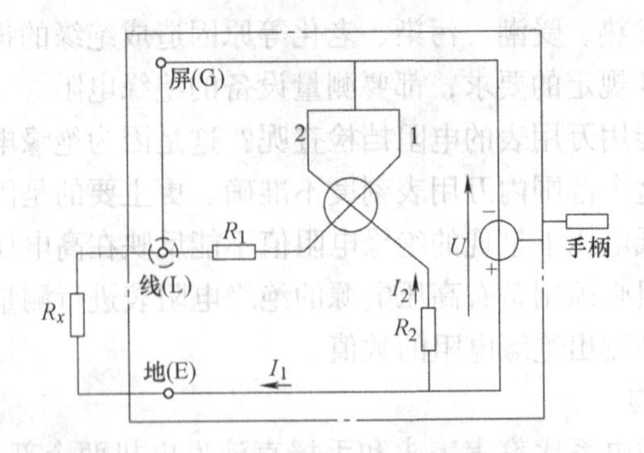

图 8-12　绝缘电阻表的原理电路

有关，即

$$M_2 = I_2 f_2(\alpha) \tag{8-25}$$

设两个线圈的绕向相反，则转矩 M_1 与反作用力矩 M_2 方向相反，当 $M_1 = M_2$ 时，有

$$I_1 f(\alpha) = I_2 f(\alpha) \tag{8-26}$$

$$\frac{I_1}{I_2} = \frac{f(\alpha)}{f(\alpha)} = f(\alpha) \tag{8-27}$$

式（8-26）和式（8-27）表明，当可动部分处于平衡状态时，其偏转角 α 是两线圈电流 I_1、I_2 比值的函数。所以这种型式的仪表叫做比率型表。由于式中的 I_2 大小不变，而 I_1 随被测的绝缘电阻大小而变，所以可动部分的偏转角 α 能直接反映绝缘电阻的大小。

例如当 $R_x = 0$ 时，相当于“E”、“L”两端钮短接，电流回路的 I_1 最大，图 8-13 所示的转矩特性上移到最大位置，即图上所注的 M_1' 处。M_1' 与 M_2 交点所对应的可动部分偏转角为 α'，指针位于标度尺最右端。当 $R_x = \infty$ 时，相当于“E”、“L”两端钮开路，电流回路的 I_1 为零，可动部分在 I_2 的作用下，指针将转到最左端，可见绝缘电阻表的标度尺为反向刻度，如图 8-14 所示。

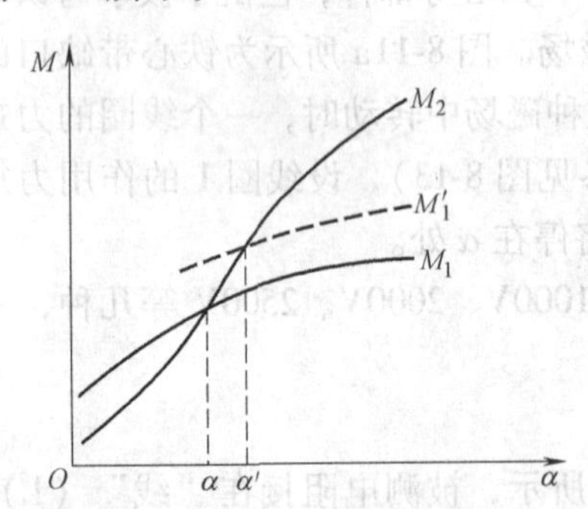

图 8-13　绝缘电阻表的力矩与偏转角关系

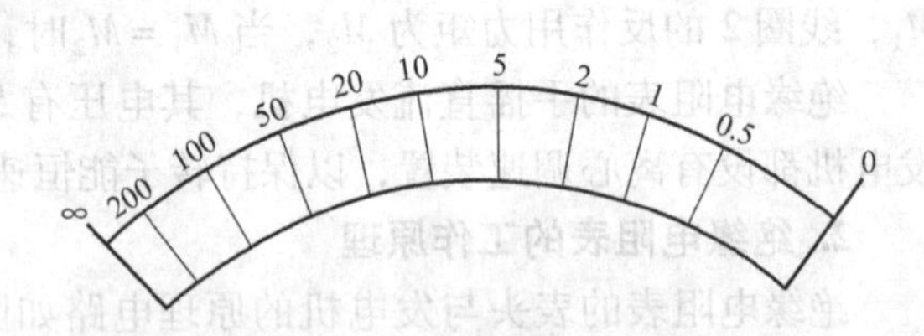

图 8-14　绝缘电阻表的标度尺

如果在测量中手摇发电机的电压 U 大小有波动，电流回路的电流 I_1 和电压回路的电流 I_2 将同时发生变化，只要 I_1、I_2 的比值保持不变，可动部分的偏转角也会保持不变，这可以保证在操作时绝缘电阻表读数不因手摇速度的快慢而不同，这是比率表的一个特点。

3. 绝缘电阻表的使用

选用绝缘电阻表时其额定电压一定要与被测的电气设备或线路的工作电压相对应，见表 8-2。如果测量高压设备的绝缘电阻用 500V 以下的绝缘电阻表，则测量结果不能正确反映在工作电压作用下的绝缘电阻。同样也不能用电压太高的绝缘电阻表测量低压电气设备的绝缘电阻，以防损坏绝缘。

表 8-2　选用绝缘电阻表时的额定电压

被测对象	被测设备的额定电压/V	绝缘电阻表的额定电压/V
线圈绝缘电阻	<500 >500	500 1000
电力变压器线圈绝缘电阻、电机线圈绝缘电阻	>500	1000~2500
发电机线圈绝缘电阻	<500	1000
电气设备绝缘电阻	<500 >500	500~1000 2500
瓷绝缘子		2500~5000

此外，绝缘电阻表的测量范围也要与被测量绝缘电阻的范围相吻合。

绝缘电阻表接线柱有三个："线"（L）、"地"（E）和"屏"（G），在进行一般测量时，只要把被测量绝缘电阻接在 L 与 E 之间即可。但对测量表面不干净或潮湿的对象，为了准确测量绝缘材料的绝缘电阻（即体积电阻），就必须使用 G 接线柱，其接线如图 8-15 所示。

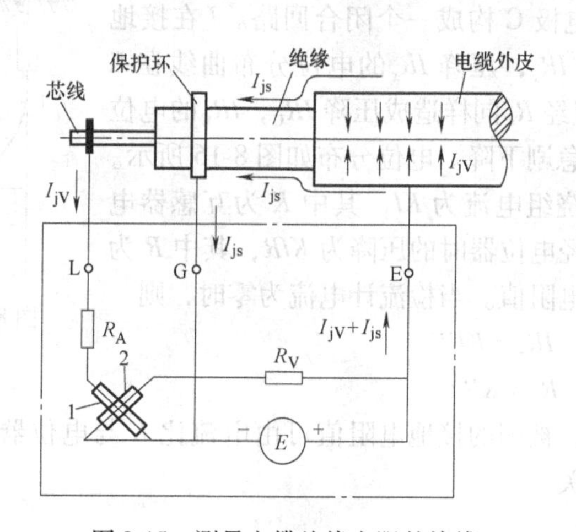

图 8-15　测量电缆绝缘电阻的接线

由图 8-15 可看出，绝缘材料的表面电流 I_{js} 沿绝缘电阻表面经 G 接线柱而不经线圈流回电源负极，而反映体电阻的 I_{jV} 则经绝缘电阻内部、L 接线柱、线圈 1 回到电源负极，可见，绝缘电阻表加接 G 柱之后，测量结果只反映体电阻的大小。

使用绝缘电阻表还应注意：

1）绝缘电阻测量必须在设备和线路停电状态下进行，对于含有大电容的设备，如高压供电线路，停电后还不能马上测量，必须待完全放电后再进行测量。用绝缘电阻表测过的设备，如含有大电容，也要及时放电，以防发生触电。

2）虽说绝缘电阻表的测量结果与手摇发电机的电压无关，但因导流丝存有残余力矩，以及仪表本身的灵敏度所限，故绝缘电阻表的发电机必须供给足够的电压，以保证正常工作。为此，测量时应使手摇发电机的转速保持在规定的范围，否则将带来很大的误差。通常规定绝缘电阻表的额定转速为120r/min。

8.3.2　接地电阻测量仪

电气设备运行时，为防止绝缘因某种原因发生击穿和漏电时使电气设备外壳带电危及人身安全，一般都要求将设备外壳进行接地。另外，为了防止大气雷电袭击，在高大建筑物或高压输电线上都装有避雷装置，而避雷针或避雷线也要可靠接地。接地目的是为了安全，但如果接地电阻不符合要求，则既不能保证安全，又会造成安全错觉。为此要求装好接地线之后，必须测量接地电阻。测量接地电阻是安全用电的一项重要措施。

接地电阻的测量方法很多，可用伏安法、电桥法等，下面主要介绍接地电阻测量仪的工作原理。

1. 工作原理

接地电阻测量仪是根据电位差计原理设计的，如图8-16所示。图中，E为接地电极；P和C分别为电位和电流的辅助电极，被测的接地电阻R_x接在E和P之间，而不包括辅助电极C的接地电阻R_C。

交流发电机G输出电流I，流经电流互感器T的一次绕组、接地电极E、辅助电极C构成一个闭合回路。I在接地电阻R_x上造成的压降为IR_x，压降IR_x的电位分布曲线在E电极附近急剧下降。I流经R_C同样造成压降IR_C，IR_C的电位分布曲线在C电极附近急剧下降。电位分布如图8-16所示。

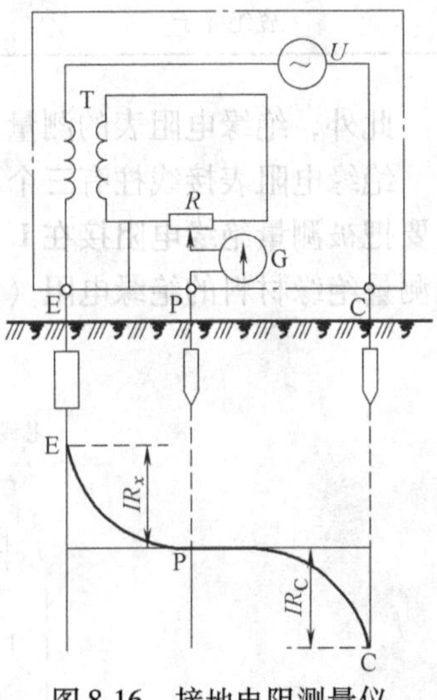

图8-16　接地电阻测量仪

电流互感器的二次绕组电流为KI，其中K为互感器电流比。二次绕组电流流经电位器时的压降为KIR，其中R为电位器可动触点左边的电阻值。当检流计电流为零时，则

$$IR_x = KIR$$

$$R_x = KR \tag{8-28}$$

由式（8-28）可见，被测的接地电阻值可由电流比K与电位器可动触点位置决定，而与辅助电极接地电阻无关。

2. 使用方法和步骤

1）将被测接地极接仪器的E接柱，将电位探针和电流探针插在距接地极20m的地方，电位探针可近一些，并用导线将探针与P、C接线柱相连。

2）将仪表指针调到零点。

3）将倍率开关置于最大倍率上，缓缓摇动发电机手柄，调节“测量标度盘”即R的可动触点位置，使检流计电流趋近于零，然后加快发电机手柄转速，使达到120r/min。调节“测量标度盘”使指针完全指零，这时

接地电阻 = 倍率 × 测量标度盘读数

若测量标度盘读数小于1，应将倍率置于较小的一挡重新测量。

8.4　直流电桥和交流变比电桥

8.4.1　惠斯顿电桥

1. 惠斯顿电桥的工作原理

惠斯顿电桥又称为单电桥，其原理电路如图 8-17 所示。

图 8-17 中的被测电阻 R_x 和已知电阻 R_2、R_3、R_4 互相连接成为一个封闭形的环形电路。四个电阻的连接点 a、b、c、d 称为电桥的顶点；由四个电阻组成的支路 ac、cb、ad、db 分别称为桥臂。在电桥的两个顶点 a、b 端，接一个直流电源，一般称为电桥输入端；而在电桥的另外两个顶点 c、d 端，接一个指零仪，一般称为电桥输出端。

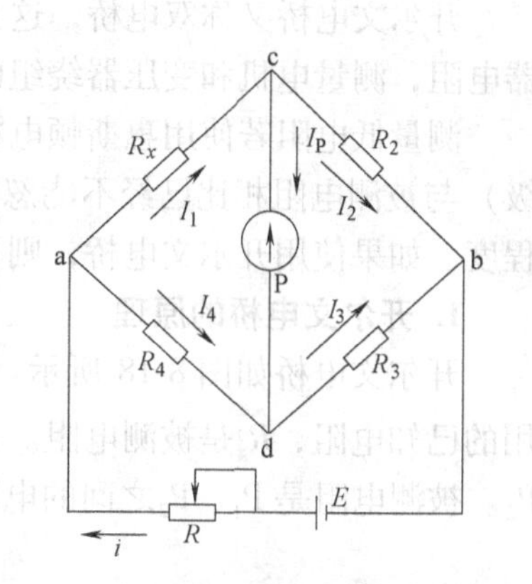

图 8-17　惠斯顿电桥的原理电路

当电桥接通电源之后，调节桥臂电阻 R_2、R_3、R_4，使 c、d 两个顶点的电位相等，也就是指零仪两端没有电压，其电流 $I_P=0$，称这种状态为电桥平衡。当电桥平衡时必定满足下列条件，即

$$I_1R_x=I_4R_4 \tag{8-29}$$

$$I_2R_2=I_3R_3 \tag{8-30}$$

由于 $I_P=0$，按基尔霍夫定律可得 $I_1=I_2$ 和 $I_3=I_4$，代入式（8-29）和式（8-30），并将两式相除，整理后可得

$$R_x=\frac{R_2}{R_3}R_4 \tag{8-31}$$

式中　R_2、R_3——电桥的比例臂电阻；

　　　R_4——电桥的比较臂电阻。

式（8-31）表明，当电桥平衡时，可以从 R_2、R_3、R_4 的电阻值求得被测电阻 R_x。

因此，用电桥测电阻实际上是将被测电阻与已知电阻相比较，只要比例臂电阻和比较臂电阻 R_2、R_3、R_4 足够准确，R_x 的测量准确度也可以做得较高。惠斯顿电桥准确度分为 0.01、0.02、0.05、0.1、0.2、1.0、1.5、2.0 八个等级。

由于式（8-31）是根据 $I_P=0$ 得出的结论，因此指零仪必须采用高灵敏度的检流计，以确保电桥的平衡条件，从而保证电桥的测量准确度。

2. 电桥使用步骤

1）使用前先将检流计止动器的锁扣打开，并调节调零器使指针位于机械零点。

2）若使用外接电源，其电压应按规定选择。太高会损坏桥臂电阻，太低会降低灵敏度。若使用外接检流计作指零仪，应选择其灵敏度和临界阻尼电阻。

3）接好 R_x 后，应根据 R_x 阻值范围，选择合适的比例臂比率，以保证比较臂的四组电阻箱全部用上。

4）调节平衡时，应先按“电源”按钮，再按“检流计”按钮。测量完毕，应先打开“检流计”按钮，后松开“电源”按钮，防止自感电动势损坏检流计。在平衡过程中不要把检流计按钮按死，应调节比较臂电阻，调到电桥基本平衡后，再按死检流计按钮。

5）测量结束后，若不再使用时，应将检流计的止动器锁上。

8.4.2　开尔文电桥

开尔文电桥又称双电桥，这是用来测量低电阻的一种比较仪器。例如测量电流表的分流器电阻，测量电机和变压器绕组的电阻都需要使用开尔文电桥。

测量低电阻若使用惠斯顿电桥，则由于接线电阻和接触电阻（一般为 $10^{-3}\sim10^{-4}$ 数量级）与被测电阻相比已经不能忽略，这些寄生电阻将使测量结果的误差增大到不能容许的程度。如果使用开尔文电桥，则可以消除接线电阻及接触电阻所造成的误差。

1. 开尔文电桥的原理

开尔文电桥如图 8-18 所示。图中，E 为电源，R_1、R_1'、R_2、R_2'为桥臂电阻，R_s是比较用的已知电阻，R_x是被测电阻。R_s和 R_x都有两对接头，即电流接头 C_1、C_2和电位接头 P_1、P_2。被测电阻是 P_1、P_2之间的电阻。

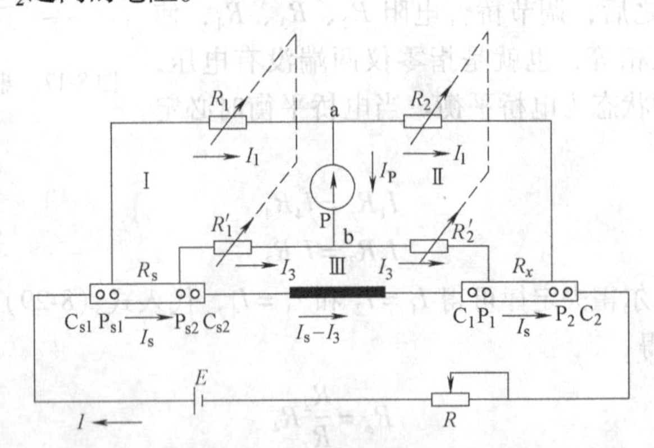

图 8-18　开尔文电桥原理电路

测量时，接上 R_x，调节各桥臂电阻，使检流计指零，说明此时 $I_P=0$，根据基尔霍夫定律可写出三个回路方程为

$$\left.\begin{aligned}I_1R_1&=I_sR_s+I_3R_1'\\I_1R_2&=I_sR_x+I_3R_2'\\(I_s-I_3)r&=I_3(R_1'+R_2')\end{aligned}\right\}\tag{8-32}$$

将式（8-32）的方程组联立求解，可写成下列两种不同形式：

$$R_x=\frac{R_2}{R_1}R_s+\left(\frac{rR_2}{r+R_1'+R_2'}\right)\left(\frac{R_1'}{R_1}-\frac{R_2'}{R_2}\right)\tag{8-33}$$

$$R_x=\frac{R_2}{R_1}R_s+\left(\frac{rR_1'}{r+R_1'+R_2'}\right)\left(\frac{R_2}{R_1}-\frac{R_2'}{R_1'}\right)\tag{8-34}$$

可见，用开尔文电桥测电阻，R_x的值由两项决定：第一项与惠斯顿电桥相同，第二项称为更正项。为了使开尔文电桥求 R_x 公式与惠斯顿电桥相同，可以想办法让更正项等于零。为此，在制造开尔文电桥时，通常令 $R_1'=R_1$、$R_2'=R_2$，也就是 $R_1'/R_1=R_2'/R_2$，式（8-32）和式（8-33）更正项即为零。在测量过程中还需要调节 R_1、R_2 或 R_1'、R_2'，为了保证调节过程中，保持更正项为零，在结构上把 R_1 和 R_1'以及 R_2 和 R_2'做成一对同轴调节电阻，使改变

R_1 或 R_2 的同时，R_1'与 R_2'会随之变化，并能始终保持同步，以保持更正项为零。同时，在制造中对连接 R_s 和 R_x 电流接头的导线 r，尽可能采用导电性良好、线径较粗的导线，这样即使 R_1'/R_1 与 R_2'/R_2 两项不相等，但由于 r 值很小，更正项仍会趋近于零。

采用开尔文电桥所以能够测量小电阻，其关键有以下两点：

1）惠斯顿电桥之所以不能测量小电阻是因为用惠斯顿电桥测出的值，包含有桥臂间的引线电阻与接触电阻，当接触电阻与 R_x 相比不能忽略时，测量结果就有很大误差。而开尔文电桥电位接头的接线电阻与接触电阻位于 R_1、R_2 和 R_1'、R_2'的支路中，如果在制造时令 R_1、R_2、R_1'、R_2'，都不小于 10Ω，那么接触电阻的影响就可以略去不计。

2）开尔文电桥电流接头的接线电阻与接触电阻，一端包含在电阻 r 里面，而 r 是存在于更正项中，对电桥平衡不发生影响，另一端则包含在电源电路中，对测量结果也是不会产生影响的。

2. 使用开尔文电桥应注意的事项

1）被测电阻应与电桥的电位接线柱相连，电位接头应比电流接头更靠近被测电阻，如图 8-19 所示。被测电阻本身如没有什么接头之分，应自行引出两个接头，而且连接时不能将两个接头绞在一起，因电流接头有很大电流，绞在一起会影响电位接头的接触电压降。

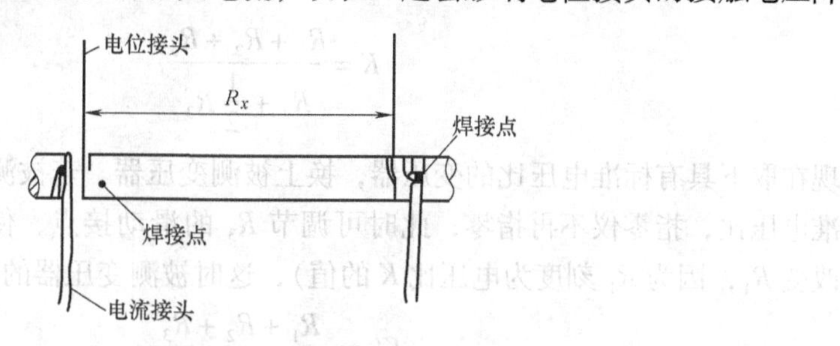

图 8-19　电位接头与电流接头的连接

2）开尔文电桥工作时电流很大，所以电源容量要大，测量操作速度应快，测量结束时应立即关断电源。

8.4.3　变比电桥

变比电桥是利用变压器绕组作为比例臂，用来测量变压器电压比和电压比误差的一种交流电桥。图 8-20 所示是电阻分压式的变比电桥的原理电路。图 8-20a 用于测量变压器电压比，图 8-20b 用于测量电压比误差。

设在图 8-20a 所示的被测变压器一次绕组施加电压 u_1，则二次绕组感应电压为 u_2，调节电阻 R_1，使指零仪指示为零，可用下式计算电压比：

$$K=\frac{u_1}{u_2}=\frac{R_1+R_2}{R_2}=\frac{R_1}{R_2}+1 \tag{8-35}$$

式中　K——被测变压器的电压比；

R_1、R_2——电阻分压器的电阻值。

可见，从 R_1、R_2 读数，可算出电压比 K 值，也可以在电阻调节度盘上，直接刻出 K 值。

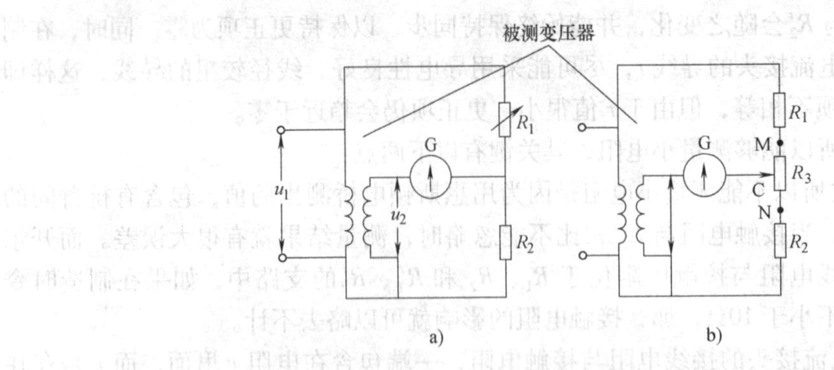

图 8-20　变比电桥的原理电路
a）测电压比　b）测电压比误差

为了测量电压比误差，还需在 R_1、R_2 之间串联一个可变电阻 R_3。若在标准电压比时，令电阻 R_3 的滑动触点置于中间位置。调好 R_1 使指零仪指零，因为 R_3 滑动触点两边的阻值相等，并等于$\frac{1}{2}R_3$，故

$$K=\frac{R_1+R_2+R_3}{R_2+\frac{1}{2}R_3} \tag{8-36}$$

现在取下具有标准电压比的变压器，换上被测变压器。若被测变压器的实际电压比不等于标准电压比，指零仪不再指零，此时可调节 R_3 的滑动接点，使指零仪重新指零（注意！不要改变 R_1，因为 R_1 刻度为电压比 K 的值），这时被测变压器的实际电压比 K'为

$$K'=\frac{R_1+R_2+R_3}{R_2+\frac{1}{2}R_3+\Delta R} \tag{8-37}$$

被测变压器的电压比误差用相对误差表示

$$\begin{aligned}\gamma_K&=\frac{K'-K}{K}=\frac{K'}{K}-1\\&=\frac{R_1+R_2+R_3}{R_2+\frac{1}{2}R_3+\Delta R}\cdot\frac{R_2+\frac{1}{2}R_3}{R_1+R_2+R_3}-1\\&=\frac{-\Delta R}{R_2+\frac{1}{2}R_3+\Delta R}\end{aligned}$$

因为 $R_2+\frac{1}{2}R_3\gg\Delta R$，所以

$$\gamma_K\approx\frac{-\Delta R}{R_2+\frac{1}{2}R_3} \tag{8-38}$$

在实际电路中，一般取 $R_2+\frac{1}{2}R_3=1000\Omega$，$\gamma_K=0.001\times(-\Delta R)$，可以将 ΔR 调节度盘

直接刻上 γ_K 的值。

思 考 题

8-1　电动式相位表与电动式频率表有什么区别?

8-2　绝缘电阻表测量绝缘电阻时如何接线，屏蔽端钮的作用是什么?

8-3　使用接地电阻测量仪的方法和步骤有哪些?

8-4　开尔文电桥与惠斯顿电桥的主要区别是什么?

第 9 章　电测量指示仪表的选择与校验

为了更好地选择和使用电测量指示仪表，对各种常用电测量指示仪表的技术特性进行比较是非常重要的，只有通过各方面特性比较，才能正确选择出合适的仪表。由于电测量指示仪表在使用一段时间后，其技术特性将发生变化，如果变化太大，将影响测量的准确性，因此，使用中的或修理后的电工仪表，都必须定期进行校验。本章将讨论有关仪表的选择和校验的相关问题。

9.1　电测量指示仪表的技术特性比较

表 9-1 给出了各种常用电测量指示仪表的技术特性综合比较，其中只列出了不同型式的电工指示仪表的主要特性。应当指出：仪表的结构决定了它的特性，例如，整流系仪表是由磁电系表头与整流电路组成，因此它具有磁电系仪表的部分特性，同时又具有由整流电路（整流器件）所形成的特性。

表 9-1　各种常用电测量指示仪表的技术特性综合比较

性能＼型式	磁电系	整流系	电磁系	电动系	铁磁电动系	静电系	感应系
测量基本量（不加说明时为电流或电压）	直流或交流的恒定分量	交流平均值（在正弦交流下刻度一般按有效值刻度）	交流有效值或直流	交流有效值或直流，交、直流功率及相位、频率等	交流有效值或直流，交、直流功率及相位、频率等	直流或交流电压	交流电能及功率
使用频率范围	一般用于直流	45～1000Hz（有的可达 5000Hz）	一般用于 50Hz	一般用于 50Hz	一般用于 50Hz	可用于高频	一般用于 50Hz
准确度（等级）	一般为 0.5～2.5 级高可达 0.1～0.05 级	0.5～2.5 级	0.5～2.5 级	一般为 0.5～2.5 级高可达 0.1～0.05 级	1.5～2.5 级	1.0～2.5 级	1.0～3.0 级
量限大致范围：电流	几微安到几十微安	几十微安到几十安	几毫安到 100A	几十毫安到几十安			几十毫安到几十安
量限大致范围：电压	几千毫伏到 1kV	1V 到数千伏	10V 到 1kV	10V 到几百伏		几十伏到 500kV	几十伏到几百伏
功率损耗	小	小	大	大	大	极小	大
波形影响		测量交流非正弦有效值的误差很大	可测非正弦交流有效值	可测非正弦交流有效值	可测非正弦交流有效值	可测非正弦交流有效值	可测非正弦交流有效值

（续）

性能＼型式	磁电系	整流系	电磁系	电动系	铁磁电动系	静电系	感应系
防御外磁场能力	强	强	弱	弱	强	—	强
标度尺分度特性	均匀	接近均匀	不均匀	不均匀（功率均匀）	不均匀	不均匀	
过载能力	小	小	大	小	小	大	大
转矩（指通过表头电流相同时）	大	大	小	小	较大	小	最大
价格（对同一准确度等级的仪表的大致比较）	贵	贵	便宜	最贵	较便宜	贵	便宜
主要应用范围	用作直流电表	用作万用电表	用作板式及一般实验室电表	用作板式交直流标准表及一般实验室电表	板式电表	用作高压电压表	用作电能表

表9-1中所列的静电系仪表，可直接测量几十千伏甚至更高的电压，也可以测量很低的电压，并能交、直流两用。它的主要特性有：

1）能测量有效值：因为偏转角与U^2成正比，因此能用来作传递仪表。

2）使用频率范围宽：能在直流和交流10Hz至几兆赫范围上使用。

3）输入阻抗高：测直流时，它的电阻是绝缘通路的泄漏电阻。在测量直流或交流时，功耗都极小。

4）非线性标度尺：近似为二次方规律，但可以用改变叶片形状等措施加以改善。

9.2　电测量指示仪表的选择

合理地选择仪表和测量方法是完成某项测量任务的保证。所谓合理选择，是指在工作环境、经济比较、技术要求等前提下选择型式、准确度和量程均适当的仪表，以及选择正确的测量电路、测量方式方法，以保证要求的测量准确度。一般按下述几方面进行选择。

9.2.1　按被测量的性质选择仪表的类型

1）看被测量是交流还是直流：直流可选用直流电位差计、磁电系、电动系或电磁系仪表，交流则可选用电动系和电磁系仪表。由于直流测量的准确度一般比交流高，所以测量交流也可以先通过变换器，将交流转换成直流，然后用直流仪表进行测量。

2）看被测量是低频还是高频：对于50Hz的工频，电磁系、电动系、感应系仪表都可以使用。电动系和整流系仪表的应用还可以扩大到几千赫兹，超过1000Hz的交流，一般选用电子伏特计，也可选用热电系仪表。热电系仪表是热电变换器与磁电系仪表的组合，是将交流电经电阻转换为热能，然后用变换器转换为直流电压再进行测量。

3）看被测量是正弦还是非正弦：常用交流电表都是用正弦波的交流量进行刻度的，并且一般都刻成有效值。这些仪表都属于有效值电表，可以用来测量正弦波的有效值。如果要测量正弦波的平均值、峰值、峰峰值，则可按表9-2的关系进行换算。

表9-2 换算表

已知 \ 求	平均值	有效值	峰值	峰峰值
平均值	—	1.11	1.57	3.14
有效值	0.900	—	1.414	2.83
峰值	0.637	0.707	—	2.00
峰峰值	0.318	0.354	0.500	—

如果用按正弦波刻度的有效值电表测量非正弦波，那么仪表读出的有效值是否等于非正弦波的真正有效值，必须视仪表的类型而定。电动系、电磁系仪表的转动力矩都是由有效值决定的，所以不论被测电压或电流的波形是否是正弦，都可以直接读出有效值（当然还要看频率范围是否允许）。如果是整流系仪表，例如万用表测量电压，它们的转动力矩由平均值所决定，读出的有效值，不等于被测的非正弦波的有效值，必须根据波形因数换算，即

$$U_x = \frac{1}{2.22}UK \tag{9-1}$$

式中 U——按刻度读出的电压值；

2.22——正弦波半波整流波形因数；

K——被测电压波形因数（参见表9-3）；

U_x——被测电压实际值。

表9-3 电压波形因数

名称	波形	峰值	有效值	平均值
正弦波		U_M	$0.707U_M$	$0.637U_M$
半波整流后的正弦波		U_M	$0.5U_M$	$0.318U_M$
全波整流后的正弦波		U_M	$0.707U_M$	$0.637U_M$
三角波		U_M	$0.577U_M$	$0.5U_M$
方波		U_M	U_M	U_M
方脉冲	τ T	U_M	$\sqrt{\frac{\tau}{T}}U_M$	$\frac{\tau}{T}U_M$

（续）

名　　称	波　　形	峰　　值	有　效　值	平　均　值
隔直后方脉冲		U_{M}	$\sqrt{\frac{\tau}{T-\tau}}U_{\mathrm{M}}$	$\frac{\tau}{T-\tau}U_{\mathrm{M}}$
锯齿波		U_{M}	$0.577U_{\mathrm{M}}$	$0.5U_{\mathrm{M}}$
梯形波	ψ	U_{M}	$\sqrt{1-\frac{4\psi}{3\pi}}U_{\mathrm{M}}$	$\left(1-\frac{\psi}{\pi}\right)U_{\mathrm{M}}$

可见测量非正弦电流或电压的有效值，选用电动系、电磁系仪表读数比较方便，但频率范围有限，选用整流系仪表则增加换算的麻烦。

9.2.2　仪表准确度的选择

电压表或电流表的准确度必须结合测量要求，并根据实际需要选择。仪表的准确度既不能选得太低，也不能选得太高，因为选用高准确度的仪表，不仅价格高，而且使用时有许多严格的操作规范和复杂的维护保养条件，这便会增加不必要的负担，同时也不一定都能收到准确的测量效果。

一般把0.1级、0.2级仪表作为标准表或作为精密测量仪表，0.5级、1.0级仪表作为实验室测量仪表，1.5级以下的作为一般工程测量仪表，超过0.1级则需要选用比较仪表，例如电位差计。

因为测量误差是仪表误差和扩程装置误差两部分之和，所以应选择准确度比测量仪器本身高2~3级的配套用的扩程装置（例如分流器、附加电阻、互感器等）。

仪表与扩程装置配套使用时，它们之间的准确度关系见表9-4。

表9-4　仪表与扩程装置之间的准确度关系

仪表准确度等级	分流器或附加电阻准确度等级	电流或电压互感器准确度等级
0.1	不低于0.05	
0.1	不低于0.1	
0.5	不低于0.2	0.2（加入修正值）
1.0	不低于0.5	0.2（加入修正值）
1.5	不低于0.5	0.2（加入修正值）
2.5	不低于0.5	1.0
5.0	不低于1.0	1.0

9.2.3　仪表量限的选择

对于所有电测量指示仪表，只有在合理量限下，准确度才有意义，否则测量误差会很大。例如用量限为150V、0.5级的电压表测量100V电压，测量结果中可能出现的最大绝对误差为

$$\Delta_{\mathrm{m}} = \pm K\% \times A_{\mathrm{m}} = \pm 0.5\% \times 150\mathrm{V} = \pm 0.75\mathrm{V}$$

相对误差为

$$\gamma_1 = \frac{\Delta_m}{A_{x1}} = \frac{0.75}{100} = \pm 0.75\%$$

同一电压表测量20V电压可能出现的最大相对误差为

$$\gamma_2 = \frac{\Delta_m}{A_{x2}} = \frac{0.75}{20} = \pm 3.5\%$$

计算结果表明，γ_2 是 γ_1 的5倍，故测量误差不仅与仪表准确度有关，而且与使用的量限有密切关系，一定要把仪表准确度和测量结果的误差区分开。

为了充分利用仪表准确度，应按标度尺使用在后1/4段来选择量程，选在标度尺中间位置时测量误差可能比后1/4段大两倍，更应尽量避免使用标度尺的前1/4段。

9.2.4　仪表内阻的选择

为了减小误差，应根据测量对象电路中的阻抗大小，适当选择仪表的内阻。仪表内阻的大小、反映仪表本身的功耗。为了不影响被测电路的工作状态，电压表内阻应尽量大些，量程越大，内阻应越大；电流表内阻应尽量小些，量程越大，内阻应越小。

例9-1　用电磁系、0.5级、量限为300V、内阻为10kΩ的电压表，对图9-1所示电路中电阻 R_1 上的电压进行测量，计算由内阻影响产生的测量误差。

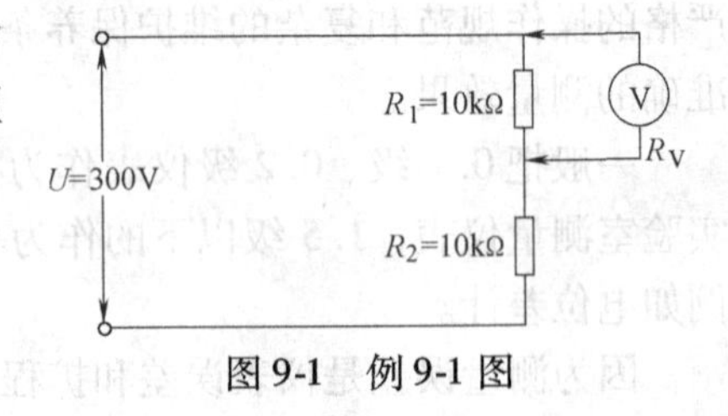

图9-1　例9-1图

解：U_{R_1} 的实际值为

$$U_{R_1} = 300\text{V} \times \frac{10}{10+10} = 150\text{V}$$

用电压表测量值为

$$U'_{R_1} = 300\text{V} \times \frac{\dfrac{10 \times 10}{10+10}}{\dfrac{10 \times 10}{10+10} + 10} = 100\text{V}$$

相对误差

$$\gamma = \frac{-50}{150} \times 100\% = -33\%$$

为仪表基本误差±0.5%的66倍。

若改用2.5级、内阻为2000kΩ、量程为300V的万用表，则

$$U''_{R_1} = 300\text{V} \times \frac{\dfrac{R_1 R_V}{R_1 + R_V}}{\dfrac{R_1 R_V}{R_1 + R_V} + R_2} = 149.4\text{V}$$

$$\gamma' = \frac{149.4 - 150}{150} \times 100\% = -0.4\%$$

可见只要电压表内阻大，尽管电压表准确度较低，但测量误差反而小。

例9-2　图9-2所示电路，用0.5级、内阻为1kΩ的毫安表测量电路的电流。电路电压为60V，负载电阻为400Ω，求内阻影响带来的误差。

解：I 为电流实际值，即

$$I=\frac{60}{400}\text{A}=150\text{mA}$$

用毫安表测量值

$$I'=\frac{60}{400+1000}\text{A}=43\text{mA}$$

可见在某种情况下，内阻对测量误差的影响远远超过仪表准确度对测量误差的影响。

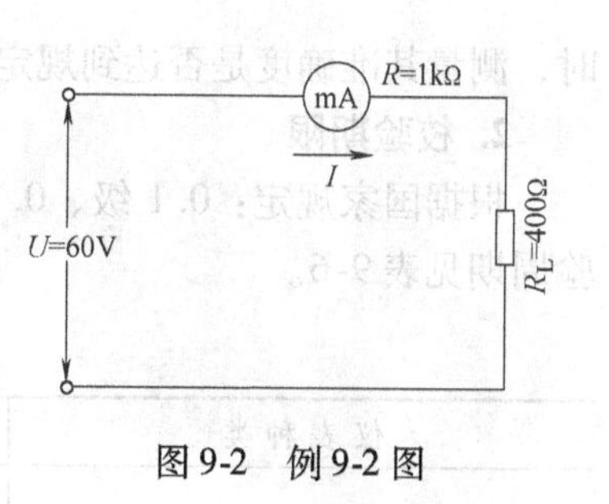

图 9-2　例 9-2 图

9.2.5　仪表工作条件的选择

根据工作条件（例如是在实验室使用还是安装在开关板上）和使用环境（例如温度、湿度、机械振动、外界电磁场强弱等）选用合适的仪表。

国家标准 GB/T 776—1976 规定：仪表按使用条件分 A、A_1、B、B_1、C。它们的工作条件规定见表 9-5。

表 9-5　仪表的工作条件规定

分组		A	A_1	B	B_1	C
工作条件	温度	0 ~ 40℃		−20 ~ 50℃		−40 ~ 60℃
	相对湿度	95%（+25℃）	85%	95%（+25℃）	85%	95%（+35℃）
最恶劣条件	温度	−40 ~ +60℃		−40 ~ +60℃		−50 ~ +60℃
	相对湿度	95%（+35℃）	95%（+30℃）	95%（+30℃）	95%（+35℃）	95%（+60℃）

标准还规定仪表外壳防护性能有普通、防尘、防溅、防水、水密、气密和隔爆七种类型，一般不加说明的指普通式、A 组仪表。

总之，选择电测量指示仪表必须全面考虑各方面因素，同时应抓住主要因素。例如，对于高频的测量，测量时频率误差是主要的，因此要选用电子系仪表；对于高精度的测量，准确度是主要的，因此要选用准确度比较高的仪表；如果要测量电压，被测的两点间电阻又比较大，则应选用内阻比较大的电压表。

9.3　电流表和电压表的校验

电测量指示仪表在使用一段时间后，由于机械磨损、材料老化等因素的影响，其技术特性将发生变化。如果变化太大，将影响测量的准确性。因此，国家规定对使用中的或修理后的电工仪表，都必须校验。所谓校验，就是对仪表进行质量检查，看它是否达到规定的技术性能，特别是看准确度是否达到标定值。

9.3.1　校验的基本知识

1. 校验的基本方法

对电工仪表进行校验，主要是测量被校验仪表在规定的条件下工作时，其准确度是否达到规定值。例如，测定被校验仪表防御外磁场性能，就是让被校验仪表在试验磁场中工作时，测量其准确度是否达到规定值。

2. 校验期限

根据国家规定：0.1 级、0.2 级、0.5 级标准表每年至少进行一次校验。其余仪表的校验周期见表 9-6。

表 9-6 电工仪表的校验周期

仪 表 种 类	安装场所及使用条件	校 验 周 期
安装式（配电盘）指示仪表和记录仪表	主要设备和主要线路的安装式仪表	每年一次
	其他安装式仪表	每两年一次
试验用指示仪表和记录仪表	标准仪表	每年一次
	常用的便携式仪表	每年两次
	其他便携式仪表	每年一次
电能表	标准电能表（回转表）	每年两次
	发电机和主要线路（大用户）的电能表	每年两次
	容量在 5kW 以上的电能表	每两年一次
	容量在 5kW 以下的电能表	每五年一次

3. 校验项目和检查方法

仪表的校验项目、校验方法应按照国家对不同仪表的规定标准来确定，具体要求应查阅相关的规程。

4. 校验的一般步骤

1）校验前的检查：先检查外观，看是否有零件脱落或损坏之处，并轻轻摇晃被校表，看指针是否回到零位等，如发现非正常现象，应予以消除。然后将仪表通电，使其指针在标度尺上缓慢上升或下降，观察是否有卡针现象，如有，应经过修理后才能进行校验。

2）确定校验方法：根据仪表的类别及准确度选择校验方法，见表 9-7。

表 9-7 校验方法的选择

受 检 项 目	仪 表 类 别	检 定 方 法
直流下的基本误差及升降变差	0.1 ~0.5 级直流及直流标准表	直流补偿法、数字电压法
额定及扩大频率范围下的基本误差及升降变差	0.1 ~0.5 级交直流两用及交流标准表	交、直流比较法
直流及交流下的基本误差及升降变差	0.2 级工作仪表及 0.5 ~5.0 级仪表	直接比较法

一般最常用的方法为直接比较法，即将被校表与标准表直接比较的方法。采用直接比较法时，标准表及与标准表配套使用的分流器、互感器的级别应符合表 9-8 中的规定，标准表的量限不应超过被校表量程上限的 25%。

表 9-8 标准表、分流器、互感器及与被校表之间的级别关系

被校表的准确度等级	标准表的准确度等级		与标准表一起使用的互感器等级	与标准表一起使用的分流器等级
	不考虑修正	考虑修正		
0.2	—	0.1	0.05	0.05
0.5	0.1	0.2	0.1	0.1

（续）

被校表的准确度等级	标准表的准确度等级		与标准表一起使用的互感器等级	与标准表一起使用的分流器等级
	不考虑修正	考虑修正		
1.0	0.2	0.5	0.2	0.2
1.5	0.5	0.5	0.2	0.2
2.5	0.5	—	0.2	0.2
5.0	0.5	—	0.2	0.5

3）确定校验电路：根据所确定的校验方法和被校表的实际情况，选择校验电路。

4）校验时的工作条件：校验前仪表和附件的温度与周围空气的温度相同；有调零器的仪表应在预热前先将指示器调到零位，在校验过程中不允许重新调零。所有影响仪表示值的量应在该表技术说明书规定的范围内。

5. 校验时测量次数的规定

1）检定被校表基本误差时，应在标度尺工作部分的每一个带有数字的分度线上进行如下次数的测量：

① 0.1级和0.2级标准表应进行4次，即上升下降各一次，然后改变通过仪表的电流方向，重复上述测量。

② 磁电系和0.5级以下的其他系列仪表仅需在一个电流方向上校验2次即可。

2）对于50Hz的交直流两用仪表，一般应在直流下校验；对于有额定频率的交流仪表，应在额定频率下校验；对于有额定频率或扩展频率的交直流两用仪表（或交流仪表），一般对一个量限在直流下（或工频50Hz）全校，而对上限频率和下限频率只校三个数字分度线；当交直流两用仪表在直流下与交流下的准确度级别不同时，应分别在直流和交流下校验。

3）确定多量限仪表误差时，可采用如下方法：

① 共用一个标度尺的多量限电压表、电流表及功率表，可只对其中某一个量限进行全校，而其余量限只校四个数字分度线（即起始有效数字分度线、上限数字分度线、全部校验量限中正负最大误差数字分度线）。

② 可以采用测量附加电阻的方法对电压表的高压挡进行校验。

6. 测量数据的计算、化整和仪表准确度的确定

1）测量数据的记录和计算，应按有效数字的规则进行。

2）计算被校表的准确度，应取标准表4次（或2次）测量结果的算术平均值作为被测量的实际值。

对0.1级和0.2级仪表，对上限的实际值化整后应有5位有效数字；对0.5级仪表，应有4位有效数字。

3）取各次测量的实际值与被校表示值之间的最大差值（绝对值）作为被校表的最大基本误差。

4）确定被校表准确等级时，取记录数据中差值最大的作为最大绝对误差Δ_m，根据被测仪表的量限A_m，计算出最大引用误差γ_m，然后取比γ_m稍大的邻近一级的K值（见表1-1），作为被校表的准确度等级。

5）根据测量数据，可以得出修正值和修正曲线。

9.3.2 直接比较法校验电测量指示仪表的电路

下面介绍几个常用的电测量指示仪表校验电路。

1. 电流表的校验电路

1）直流电流表的校验电路如图9-3所示。其中，图9-3a所示的电路适合于校验量限较小的电流表，调节RP_1、RP_2可以改变校验回路电压的大小，调节RP_3可以改变校验回路电阻的大小。这三个电阻配合使用，可以比较平滑地调节并准确地达到所需要的电流值。各可调电阻的选择应使其额定电流大于被校表的量限。

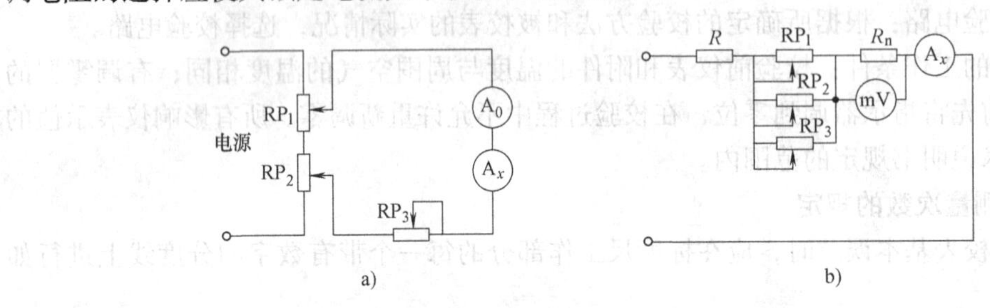

图9-3　直流电流表的校验电路

RP_1、RP_2、RP_3—可调电阻　R—限流电阻　R_n—标准电阻

A_0—标准电流表　A_x—被校验电流表

图9-3b所示的是利用标准毫伏表校验电流表的电路，所测电流实际值I_0(A)可按下式进行计算：

$$I_0=\frac{U_0}{R_n}\frac{R_i+R_n}{R_i}\times10^{-3} \tag{9-2}$$

式中　U_0——标准毫伏表的示值（mV）；

R_i——标准毫伏表的内阻（Ω）；

R_n——标准电阻的阻值（Ω）。

2）交流电流表的校验电路如图9-4所示。图中，自耦调压器的T_1、T_2用来调节交流电源电压；降压变压器T_D具有降低交流电源电压以适应校验要求和把校验回路与电网电压（220V）隔离开的作用，RP用来调节校验电流的大小。

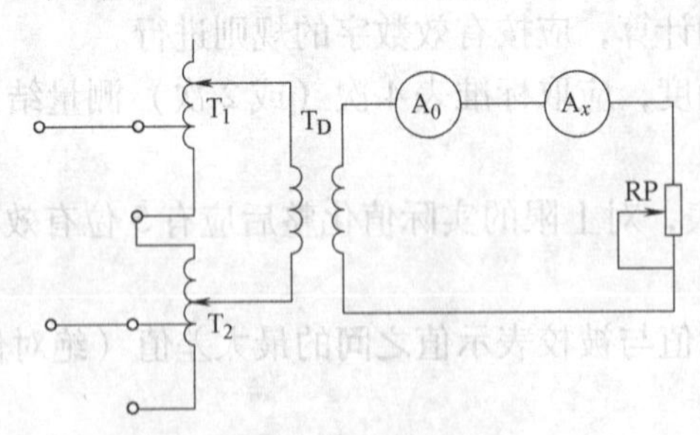

图9-4　交流电流表的校验电路

A_0—标准交流电流表　A_x—被校交流电流表　T_1、T_2—自耦调压器

T_D—降压变压器　RP—可调电阻

2. 电压表的校验电路

1）直流电压表的校验电路如图 9-5 所示。图中，RP_1、RP_2 是用来调节电压的两个可调电阻。通常 RP_1 的电阻值比 RP_2 的电阻值大很多倍，这样就可以利用 RP_1 作粗调，RP_2 作细调，使电压的调节较为平滑，从而便于获得校验所需要的读数。

2）交流电压表的校验电路如图 9-6 所示。

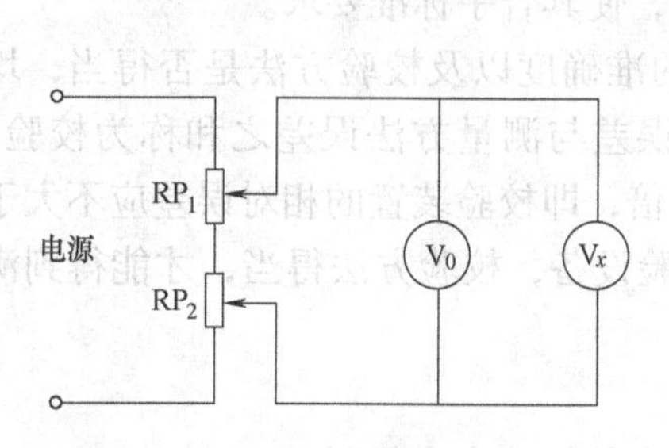

图 9-5　直流电压表的校验电路

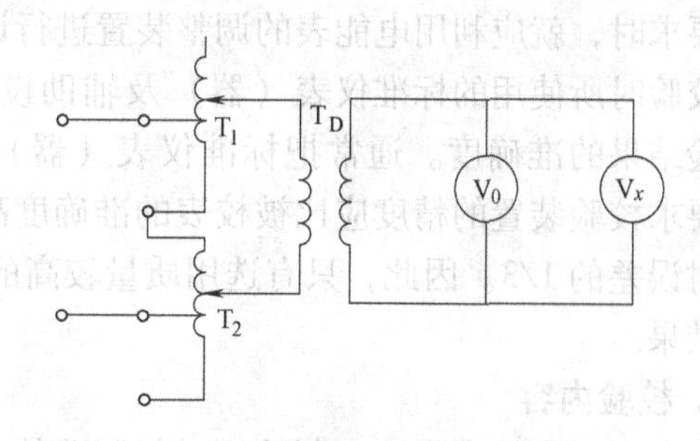

图 9-6　交流电压表的校验电路

9.4　功率表和电能表的校验

9.4.1　功率表的校验

下面简单介绍用“假负载法”来校验单相功率表的方法。图 9-7 所示的是单相功率表的校验电路。图中，W_0为标准功率表，W_x为被校功率表。功率表的电流大小由自耦调压器 T_1 和 T_2 进行调节，而加在功率表上的电压大小由 T_3 和 T_4 调节。B 是移相器，调节 B 可以改变 T_3、T_4 的输出电压与 T_1、T_2 输出电压之间的相位差，也就是可以改变功率表电压线圈上的电压与电流线圈中电流之间的相位差，因此这种电路也可以用来校验低功率因数功率表。这种校验电路的特点是，功率表的电流线圈和电压线圈由两个互不相关的电路供电，仪表的指示并不反映真实的负载功率，故称这种校验电路为“假负载法”。它的优点是消耗功率小，所用校验设备的容量小，而且被校表的功率消耗不会影响标准功率表的读数。

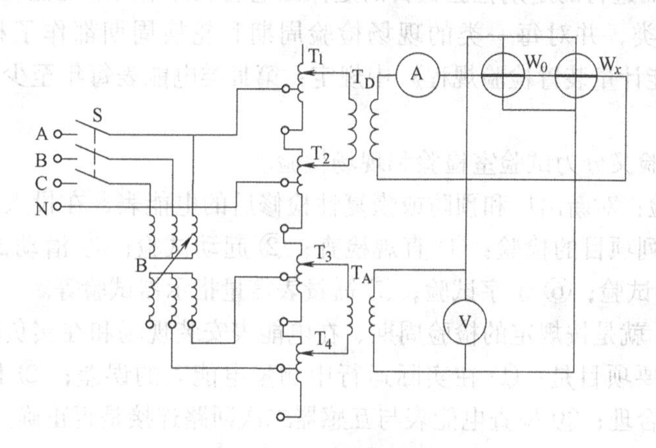

图 9-7　单相功率表的校验电路

9.4.2 电能表的校验

1. 电能表的校验方法

电能表的校验就是对电能表是否合格做出鉴定，其主要任务是利用标准仪表（器）确定电能表的准确度等级。通过校验，如果发现电能表的某些特性、特别是误差特性达不到规定的要求时，就应利用电能表的调整装置进行调整，使其合乎标准要求。

校验时所使用的标准仪表（器）及辅助设备的准确度以及校验方法是否得当，均会影响校验结果的准确度。通常把标准仪表（器）的误差与测量方法误差之和称为校验精度。一般要求校验装置的精度应比被校表的准确度高 3 倍，即校验装置的相对误差应不大于被校表相对误差的 1/3。因此，只有选用质量较高的校验设备，校验方法得当，才能得到满意的校验结果。

2. 校验内容

按我国国家标准规定，制造厂对新制造的电能表的校验内容如下：

1）定型试验：它是由制造厂或委托的专门机构，按照国家标准和产品的技术条件，对新设计的电能表的样品所进行的鉴定试验。

2）型式试验：指制造厂按照国家标准和产品技术条件对其生产的电能表所进行的例行检查试验。该试验每年至少要进行一次，目的是防止已定型的电能表的结构、工艺、主要材料改变时，或批量生产的电能表间断后又重新生产时，其技术指标有所改变。型式试验项目有：测定工作转矩、摩擦转矩、圆盘转速，测定电压、频率、温度、波形、自热、过负载、外磁场等特性，以及进行耐压试验等。

3）出厂检验：是指制造厂的质量监督部门在电能表出厂前，对每只电能表是否合格所进行的检验。经检验合格的电能表应加盖封印并出具质量合格证书。出厂检验项目主要有：测定基本误差，起动、潜动、绝缘试验，检查标志、外观以及三相电能表逆相序影响试验等。

3. 安装式电能表的检验

安装式电能表的检验也称一般性试验或周期检验，它是指运行使用中的电能表依照相应的检验制度和规程而进行的定期检验，目的是保证电能表计量的准确性和可靠性。我国将电能计量装置分为四类，并对每一类的现场检验周期和轮换周期都作了相应的规定。例如 SD109—1983《电能计量装置检验规程》中规定：第Ⅲ类电能表每年至少现场校验一次，每 2 ~ 3 年轮换一次。

电能表周期检验又分为试验室检验和现场检验。

1）试验室检验：对新出厂和预防或恢复性检修后的电能表，在投入运行使用之前，必须在试验室经过下列项目的检验：① 直观检查；② 起动试验；③ 潜动试验；④ 测定基本误差；⑤ 绝缘强度试验；⑥ 走字试验；⑦ 需量表需量指示器试验等。

2）现场检验：就是按规定的检验周期、在电能表安装现场和在实负荷下对表所进行的检验。现场检验主要项目是：① 在实际运行中测量电能表的误差；② 检查是否有计量差错，计量方式是否合理；③ 检查电能表与互感器二次回路连接是否正确。

4. 测量误差的方法

在一般性试验中，重要项目是测量电能表的基本误差。下面就介绍几种测量误差的方法。

（1）瓦秒法　由电能表相对误差公式 $\gamma=\frac{W-W_0}{W_0}\times100\%$ 可知，若通过电路的功率 P 在某一段时间 t 内保持不变，则在 t 时间内的实际电量 $W_0=Pt$。于是电能表相对误差公式又可表示为

$$\gamma=\frac{W-Pt}{Pt}\times100\% \tag{9-3}$$

根据式（9-3），可采用一只标准功率表（瓦特表）监视电路的功率并使之保持不变，再用一只标准计时器测量时间 t，然后将被试电能表指示的电量数 W 与 Pt 之差除以 Pt，以确定其误差。这种确定电能表误差的方法称为瓦特表·秒表法，简称瓦秒法。

瓦秒法是检验标准电能表和进行电能表特性试验时的主要方法。瓦秒法对试验设备要求严格，操作麻烦，工效较低，故检验普通电能表一般不用此法，而是采用“标准电能表法”。在应用瓦秒法检验电能表时，可采用下述两种方式：

1）定转测时法：定转测时法是在维持加在被试电能表上的功率 P 不变的条件下，测量被试电能表转盘转 N 转所需实际时间 t，与转 N 转的算定时间 T（也称理论时间）相比较，以确定误差。误差计算公式为

$$\gamma=\frac{PT-Pt}{Pt}\times100\%=\frac{T-t}{t}\times100\% \tag{9-4}$$

式（9-4）中，算定时间 T(s) 可根据被试电能表的铭牌上标注的电能表常数（即理论常数）按式(5-8) $C=\frac{N}{W}$ 或 $C=\frac{N}{PT}$ 求得

$$T=\frac{3600\times1000N}{C_xP} \tag{9-5}$$

式中　N——试验时选定的被试电能表转盘转数（r）；

C_x——被试电能表铭牌上标注的电能表常数 [r/(kW·h)]；

P——试验时通过被试电能表的实际功率（W）。

算定时间 T 的物理意义是，在功率 P 保持不变的情况下，被试电能表无误差时转盘转 N 转所需的时间。

在校验电能表时，需测量不同负载点下的误差。为简化误差计算，可在校验前算出电能表在其额定功率（P_n）下转盘转 N 转所需的时间 T。在其他不同功率下，若功率值比额定功率小（或大）几倍，就把选定转数 N 减小（或增大）几倍，这样就可使误差公式（9-4）中的算定时间 T 保持不变。

另外，为减小校验中的偶然误差，转数 N 的选择应保证算定时间 T 不至过小。例如，2.0 级的表，$T\geqslant50$s；1.0 级以上的表，$T\geqslant100$s。采用自动化计时的，可适当缩短算定时间，但也应保证转数 N 不少于 1 整转。

2）定时测转法：定时测转法是在维持加在被试电能表上的功率 P 不变的条件下，测量给定的时间 t 内，被试电能表转盘的实际转数 N 与该时间（t）内转盘的算定转数（理论转数）N_0 相比较，以确定误差。

根据电能表常数的定义及其表达式 $C=\frac{N}{W}$ 或 $C=\frac{N}{PT}$，不难将电能表的相对误差公式 $\gamma=$

$\frac{W-W_0}{W_0}\times100\%$ 变为

$$\gamma=\frac{\frac{N}{C_x}-\frac{N}{C}}{\frac{N}{C}}\times100\%=\frac{C-C_x}{C_x}\times100\% \tag{9-6}$$

式中　C——电能表的实际常数［r/(kW·h)］；

C_x——电能表铭牌上标注的常数［r/(kW·h)］。

根据直接接入式的电能表常数式 $C=\frac{3600\times1000n_n}{P_n}$ ［r/（kW·h）］，实际电能表常数和铭牌上标注的电能表常数可分别表示为

$$C=\frac{3600\times1000N}{Pt} \tag{9-7}$$

$$C_x=\frac{3600\times1000N_0}{Pt} \tag{9-8}$$

将式（9-7）和式（9-8）代入式（9-6）则得

$$\gamma=\frac{N-N_0}{N_0}\times100\% \tag{9-9}$$

式中　N——实测转盘转数，即在恒定功率 P 下，经选定时间 t，转盘的实际转数；

N_0——算定转数，即在上述相同条件下，根据铭牌常数按式（9-8）算出的转盘应转的转数。

在应用定时测转法时，选定时间 t 应不小于 60s。同时还应使转盘转数满足读数准确度的要求，即转盘的最小分度与转数相比，应不超过被试电能表基本误差定值的 20%。

定转测时法与定时测转法相比，前者准确、校验效率高、操作较方便，不仅适用于校验普通电能表，也适用于校验标准电能表；后者只适用于校验标准回转式电能表。

（2）标准电能表法　标准电能表法是根据式 $\gamma=\frac{W-W_0}{W_0}\times100\%$，将一只标准电能表与被试电能表接在同一电路中，在相同的功率下运行同样时间，然后比较它们的转盘转数以确定误差，因此又将此法称为比较法。标准电能表法的校验精度决定于标准电能表的误差和操作的偶然误差，既不需测定时间，也不要求维持功率不变，操作简便，得到了普遍应用。

如果被校电能表铭牌上标注的常数为 C_x，实测转盘转数为 N；标准电能表铭牌上标注的常数为 C_0，实测转盘转数为 n。将两只电能表同时接入校验电路后，它们指示的电量分别为 $W=\frac{N}{C_x}$和 $W_0=\frac{n}{C_0}$，于是被校电能表的误差为

$$\gamma=\frac{\frac{N}{C_x}-\frac{n}{C_0}}{\frac{n}{C_0}}\times100\%=\frac{\frac{C_0}{C_x}N-n}{n}\times100\%=\frac{N_0-n}{n}\times100\% \tag{9-10}$$

式中　n——标准电能表的实测转数（r）；

N_0——标准电能表的算定转数（r）。

算定转数 N_0 的物理意义是：当被校电能表无误差时，其转盘转 N 转，对应标准电能表

转盘应转的转数，也可把 N_0 称为理论转数。若两只电能表接于同一电路后，则测得的电量应是相等的，于是必有下列关系成立：

$$W = \frac{N}{C_x} = W_0 = \frac{N_0}{C_0}$$

所以

$$N_0 = \frac{C_0}{C_x}N \tag{9-11}$$

式中　N——试验时，选定的被校表转盘转数（r）；

C_0——标准电能表铭牌上标注的常数［r/(kW · h)］；

C_x——被校电能表铭牌上标注的常数［r/(kW · h)］。

在实际校表中，当考虑到校验时的接线方式、标准表和被试表是否经互感器接入等因素时，还需将 N_0 乘以一个系数 K，于是式（9-11）变为

$$N_0 = \frac{C_0}{C_x}NK \tag{9-12}$$

系数 K 可按下述公式计算：

$$K = \frac{1}{K_L K_Y K'_L K'_Y K_J} \tag{9-13}$$

式中　K_L、K_Y——被校电能表铭牌上标注的电流、电压互感器的额定变比；

K'_L、K'_Y——与校准电能表联用的标准电流、电压互感器的额定变比；

K_J——接线系数，由校验接线方式决定。

例如，当被校表和标准表均经互感器接入时，则式（9-11）中的 C_0 应以标准表的一次常数代入；C_x 应以被试表的二次常数代入，于是算定转数 N_0 为

$$N_0 = \frac{\dfrac{C_0}{K'_L K'_Y}}{C_x K_L K_Y}N = \frac{C_0}{C_x K_L K_Y K'_L K'_Y} \tag{9-14}$$

应指出，当被校表和标准表铭牌常数给出的形式不同时，必须将其均换算为 r/(kW · h) 后才能用式（9-11）求算定转数 N_0。现将电能表铭牌常数形式不同时 N_0 的计算公式列于表 9-9 中。

表 9-9　电能表铭牌给出的 N_0 的计算公式

被校电能表铭牌常数给出的形式	标准电能表铭牌常数给出的形式		
	C_{01}［r/(kW · h)］	C_{02}(W · h/r)	C_{03}(W · s/r)
C_{x1}［r/(kW · h)］	$N_0 = \frac{C_{01}}{C_{x1}}N$	$N_0 = \frac{1000}{C_{02}C_{x1}}N$	$N_0 = \frac{3600 \times 1000}{C_{03}C_{x1}}N$
C_{x2}(W · h/r)	$N_0 = \frac{C_{01}C_{x2}}{1000}N$	$N_0 = \frac{C_{x2}}{C_{021}}$	$N_0 = \frac{3600C_{x2}}{C_{02}}N$
C_{x3}(W · s/r)	$N_0 = \frac{C_{01}C_{x3}}{3600 \times 1000}N$	$N_0 = \frac{3600C_{x3}}{C_{02}}N$	$N_0 = \frac{C_{x3}}{C_{03}}N$

应该指出，当考虑标准电能表本身的误差 γ_0（%）时，应将式（9-10）修正为

$$\gamma = \frac{N_0 - n}{n} \times 100\% \pm \gamma_0 \tag{9-15}$$

在应用比较法校验电能表时，为减小人为误差和偶然误差，测量应不少于两次，然后取平均值计算被校表的误差。另外，为提高标准电能表的读数准确度，选定被校表转盘转数时，应保证标准表的算定转数 N_0 不小于 10r。

例 9-3 某三相三线有功电能表，其铭牌数据 $U_n=380\text{V}$，$I_b=10\text{A}$，$C_x=500\text{r}/(\text{kW}\cdot\text{h})$。用瓦秒法校验其在 $\cos\varphi=1$，$I=I_b$ 时的误差，实测转盘转 66r 用 124.2s，求误差为多少?

解： 根据已知条件求得算定时间为

$$T=\frac{3600\times1000\times66}{500\times380\times10\times1}\text{s}=124.7\text{s}$$

被校表在 $\cos\varphi=1$，$I=I_b$ 时的误差根据式（9-2）得

$$\gamma=\frac{T-t}{t}\times100\%=\frac{124.7-124.2}{124.2}\times100\%=0.4\%$$

例 9-4 用三只规格均为 $U_n=100\text{V}$，$I_b=5\text{A}$，$C_0=1800\text{r}/(\text{kW}\cdot\text{h})$ 的单相标准电能表校验一只 DT_8 型三相四线有功电能表。DT_8 型表的铭牌数据为 3×380V/220V，3×40A，$C_x=60\text{r}/(\text{kW}\cdot\text{h})$。校表时取 $N=100\text{r}$，测得三只标准表的转盘转数分别为 5.71r、5.81r 和 5.68r。如不计标准表误差，求被校电能表误差。

解： 由题给条件可知，被校表为直接接入式，而标准电能表需经变比为 220/100 的电压互感器和 40/5 的电流互感器接入校验电路（接线参见图 9-9），由于被校表与标准表接线方式一致，故接线系数 $K_J=1$。标准表算定转数根据式（9-14）为

$$N_0=\frac{C_0N}{C_xK_L'K_Y'}=\frac{1800\times10}{60\times\dfrac{40}{5}\times\dfrac{220}{100}}\text{r}=17.045\text{r}$$

由于采用三只标准电能表作为核验基准，故实测转数应为三只单相标准电能表转盘转数的代数和，即

$$n=n_1+n_2+n_3=(5.71+5.81+5.68)\text{r}=17.20\text{r}$$

被校电能表的误差根据式（9-15）求得

$$\gamma=\frac{N_0-n}{n}\times100\%=\frac{17.045-17.20}{17.20}\times100\%=-0.9\%$$

9.4.3 电能表校验步骤及校验接线

1. 校验步骤及技术要求

（1）直观检查 直观检查就是检查者用肉眼或简单工具对电能表的外观及其内部结构部件所进行的检查。此项检查是十分必要的，如相位角调整装置的电阻丝是否虚焊，可经直观检查及时发现，及时处理。如果未进行直观检查，有可能在电能表运行一段时间后，电阻丝脱落，造成相位角误差增大而使电能表计量不准确。

（2）绝缘强度试验 绝缘强度试验的内容有：

1）冲击电压试验：此项试验应在环境温度为 15～25℃，相对湿度为 85%（A_1 组和 B_1 组）或 95%（A 组和 B 组）以下，大气压力为 860～1060MPa 的条件下进行。方法是由一个冲击波电压发生器产生一个波头为 1.2μs、波尾为 40μs、峰值为 6kV 的冲击波电压，加到电能表的所有线路对外壳金属外露部分及基架之间，在相同的极性下试验 10 次，不应出现电弧放电和击穿现象，也不应出现机械损伤。冲击电压试验应在工频交流耐压试验之前

进行。

2）工频交流耐压试验：该项试验条件同1），试验时，将被试电能表施加频率为50Hz的正弦波交流电压1min，不应出现电弧放电现象，也不应出现机械损伤。试验电压数值，电能表检验规程已做了具体规定。

3）测量绝缘电阻：一般要求用500V的绝缘电阻表测量其所有线路对金属外壳，或对绝缘材料的金属外露部分之间以及不同电气回路之间的绝缘电阻，其值应不低于2.5MΩ。

（3）起动试验　起动试验就是测量电能表的起动电流，它是在$U=U_n$、$f=f_n$和$\cos\varphi=1$（对有功电能表）或$\sin\varphi=1$（对无功电能表）的条件下，测量使转盘不停地转动的最小电流（即起动电流）值，此电流值应不超过规程的规定。做此项试验时，计数器同时进位的字轮应不超过两个。

（4）潜动试验　潜动试验应检查是否有电压潜动和电流潜动两种情况。对安装式电能表，当电流线路中无电流、电压线路加80%～110%的额定电压时，电能表转盘转动不应超过一整转；对便携式精密电能表，当电压线路不加电压、电流线路加以标定电流、计数器停止转动时，其示值在1min内应无明显变化；对经互感器接入式的电能表，必要时，可在$\cos\varphi$或$\sin\varphi=1$的条件下，将电流线路通以1/5的起动电流，以检查电能表是否因有外磁场影响产生感应电流，而引起无负载潜动。

应该指出，做潜动试验时的接线方式，应与电能表实际运行时的接线方式相一致，以防止接线方式不同，各元件之间电磁干扰不同对潜动试验的影响。

（5）测量基本误差　测量基本误差可采用瓦秒法或标准电能表法。无论采用哪种方法，都必须在检验规程中规定的条件下进行测量。对安装式电能表，一般应测量下列各负载点的误差：

1）$\cos\varphi=1$或$\sin\varphi=1$（感性或容性）时，测量10%、50%和100%标定电流下的误差，有的还需测量5%和150%标定电流下的误差。

2）$\cos\varphi=0.5$（感性）和$\cos\varphi=0.8$（容性）或$\sin\varphi=0.5$（感性或容性）时，应测量20%和100%标定电流下的误差。

（6）走字试验　走字试验是做完上述各项试验后最后一项试验，目的是使电能表在较长时间通电情况下，检查或校核以下内容：

1）检查测量的基本误差中是否有差错。

2）检查计数器的传动和进位是否正常。

3）核对电能表常数和计数器倍率是否正确。

走字试验的方法是：选一只与被试电能表规格相同而且性能稳定的电能表（可称其为领头表）作为标准电能表，将其与一批被试表接入同一试验电路，在相同的条件下运行一段时间，然后将每只被试表计数器的示数与领头表计数器的示数加以比较。为便于比较，在通电试验之前，可将被试电能表的计数器，除最末一位字轮外，其余字轮的示数均拨至9。

2. 校验有功电能表的接线

（1）校验单相有功电能表的接线　校验接线如图9-8所示。图中，kW·h为被校表，W_0代表单相标准电能表或监视功率的功率表。校验时，电流线路和电压线路是分别供电的，故称为虚负载法。图9-8a所示是将被校表电流、电压连接片拆开后接入校验电路，这种接线方式，被校表与标准表的接线位置可以互相对调。但由于连接片需拆开，在批量校验时会降低工作效率，而且校验后还需将连接片恢复才能供运行使用，因此容易发生连接片松动故障。为此，可采用连接片不拆开的接线方式，如图 9-8b 所示。采用这种方式应注意：接有连接片的端子一定要接于电源的进线端而不能接于电源的出线端，而且被校表与标准表的接线位置不能互相对调，目的是防止被校表电压线圈的励磁电流流经本表的电流线圈或流经标准表的电流线圈而造成误差。校验单相有功电能表时，误差的计算方法如前所述，其接线系数 $K_J=1$。

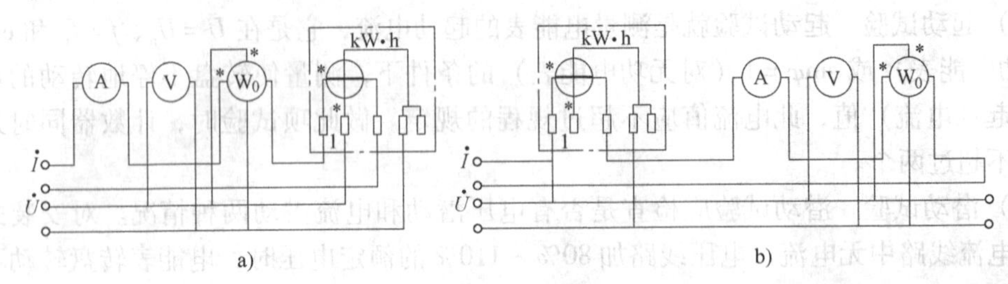

图 9-8　校验单相有功电能表的接线

a）连接片拆开方式　b）连接片不拆开方式

注：1 处为连接片位置。

（2）校验三相四线有功电能表的接线　校验接线如图 9-9 所示。图中，W_1、W_2、W_3 代表三只单相标准有功电能表，或三只监视功率的标准功率表或一只三相标准有功电能表的三组元件，它们是经标准电压互感器和标准电流互感器接入校验电路的。当采用三只单相标准电能表（或功率表）时，标准表的读数应为三只标准表读数的代数和。当被校表的误差需修正时，应以标准表的组合误差予以修正。组合误差等于三只（或三组元件）单相标准表误差的算术平均值。

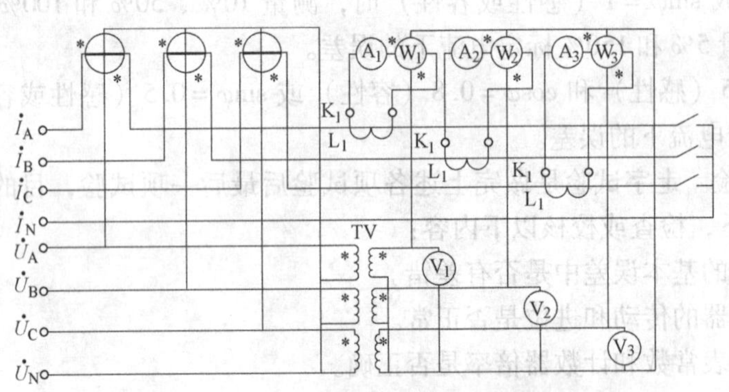

图 9-9　校验三相四线有功电能表的接线

TV—标准电压互感器

校验三相四线有功电能表时，误差的计算方法也同前所述，且其接线系数 $K_j=1$。不过应用误差公式时应注意：当采用瓦秒法时，各公式中的 P 值应为三只功率表读数的代数和；当采用标准电能表法时，各公式中的算定转数 N_0 和实测转数 n 均应为三只标准电能表算定转数的代数和及实测转数的代数和。

（3）校验三相三线有功电能表的接线　校验接线如图 9-10 所示。

图 9-10 中，W_1 和 W_3 分别代表一只单相标准电能表或一只标准功率表，或三相三线标准

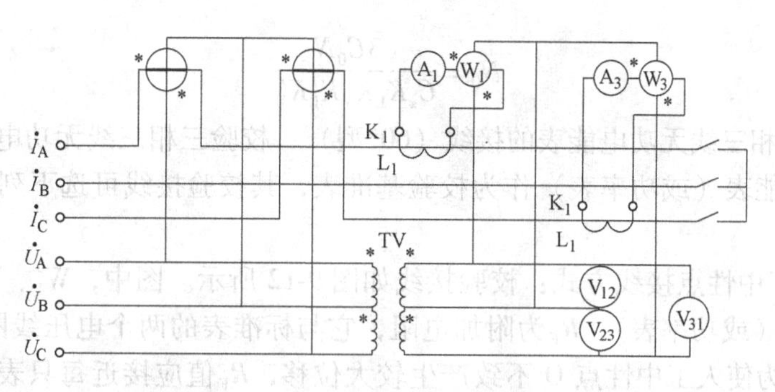

图 9-10　校验三相三线有功电能表的接线

电能表的一组元件，它们是经标准互感器接入校验电路的。当采用两只标准电能表（或两只功率表）时，标准表的读数应取两只表读数的代数和。当被校表误差需修正时，也是以标准表的组合误差予以修正，此时标准表的组合误差 $\gamma(\%)$ 应按式

$$\gamma=\frac{\gamma_1-\gamma_2}{2}+\frac{\gamma_2-\gamma_1}{2\sqrt{3}}\tan\varphi$$

计算，校验时的接线系数 $K_J=1$。计算误差时应注意：当采用瓦秒法时，各公式中的 P 值应为两只功率表读数的代数和；当采用标准电能表法时，各公式中的算定转数 N_0 和标准电能表的实测转数 n 均应为两只标准电能表算定转数的代数和及实测转数的代数和。

3. 校验无功电能表的接线

（1）校验三相四线无功电能表的接线　校验接线如图 9-11 所示。图中，W_1、W_2、W_3 代表三只单相标准有功电能表（或功率表），或一只三相四线标准有功电能表的三组元件。当采用三只单相标准表作为校验基准时，标准表的读数应为三只单相标准表读数的代数和。标准表的组合误差也为三只标准表（或三组元件）误差之算术平均值。按图 9-11 接线，其接线系数 $K_J=1/\sqrt{3}$。所以，当采用瓦秒法校验时，则算定时间的计算公式应为

$$T=\frac{\sqrt{3}\times3600\times1000N}{C_xP} \tag{9-16}$$

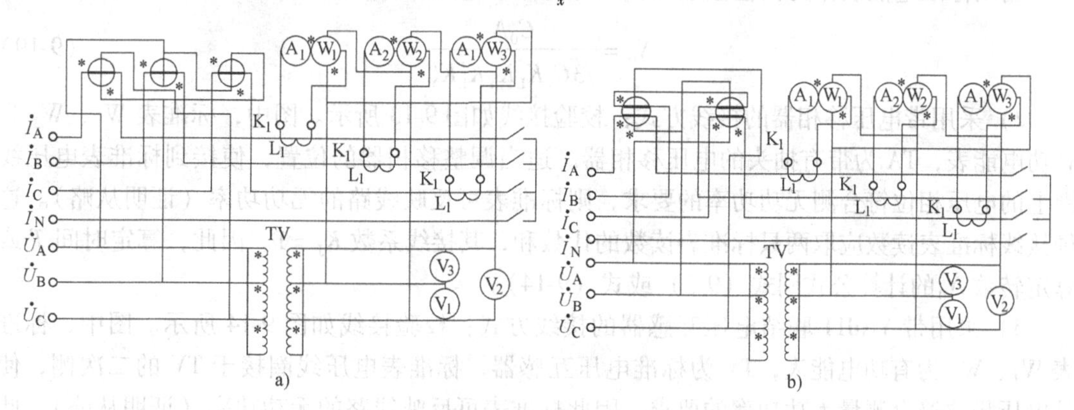

图 9-11　校验三相四线无功电能表的接线

a）三元件式　b）带附加电流线圈式

当采用标准电能表法时，则每只标准电能表的算定转数的计算公式应为

$$N_0 = \frac{\sqrt{3} C_0 N}{C_x K_L K_Y K_L' K_Y'} \tag{9-17}$$

（2）校验三相三线无功电能表的接线（60°型）　校验三相三线无功电能表是采用两只单相标准有功电能表（或功率表）作为校验基准表，其校验接线可选下列几种接线方式中的任何一种：

1）采用人工中性点接线方式：校验接线如图9-12所示。图中，W_1、W_3代表两只单相标准有功电能表（或功率表），R_F为附加电阻，它与标准表的两个电压线圈接成星形联结，其中性点为O。为使人工中性点O不致产生较大位移，R_F值应接近每只表电压线圈的电阻值，一般要求三个电阻值相互间之差应不大于0.2%。采用人工中性点接线方式，两只标准表反映的功率的代数和乘以$\sqrt{3}$才等于三相电路的无功功率（证明从略），因此，其接线系数$K_J=\sqrt{3}$。所以，当以标准功率表作为校验基准时，则算定时间的计算公式应为

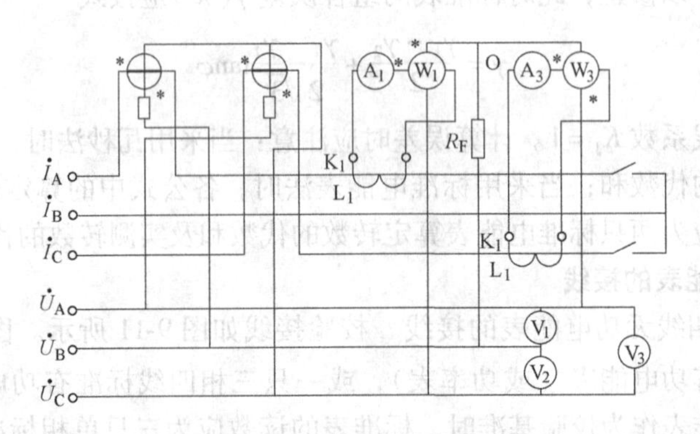

图9-12　具有人工中性点的校验接线

$$T = \frac{3600 \times 1000 N}{\sqrt{3} C_x P} \tag{9-18}$$

当以标准电能表作为校验基准时，则每只标准电能表的算定转数的计算公式应为

$$N_0 = \frac{C_0 N}{\sqrt{3} C_x K_L K_Y K_L' K_Y'} \tag{9-19}$$

2）采用带电压移相器的接线方式：校验接线如图9-13所示。图中，标准表W_1、W_3为有功电能表，TA为带有抽头的电压移相器。适当调整移相器的位置，使接到标准表电压线圈上的电压相位符合测无功功率的要求，则标准表可反映线路的无功功率（证明从略）。这种接线标准表读数应取两只标准表读数的代数和，其接线系数$K_J=1$。因此，算定时间T或算定转数N_0的计算公式同式（9-5）或式（9-14）。

3）采用带YNd11联结电压互感器的接线方式：校验接线如图9-14所示。图中，标准表W_1、W_3为有功电能表，TV为标准电压互感器，标准表电压线圈接于TV的二次侧，使其电压相位符合测量无功功率的要求，因此标准表可反映线路的无功功率（证明从略）。此种接线的标准表读数应为两只标准表读数的代数和，其接线系数$K_J=1$。所以，算定时间T或算定转数N_0的计算仍用式（9-5）或式（9-14）。

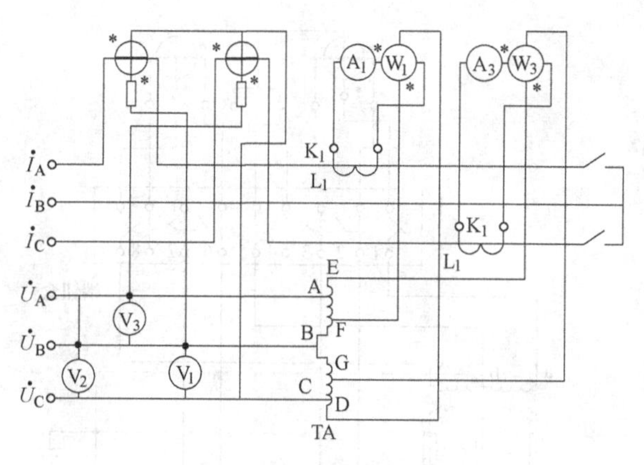

图 9-13　采用带电压移相器的接线

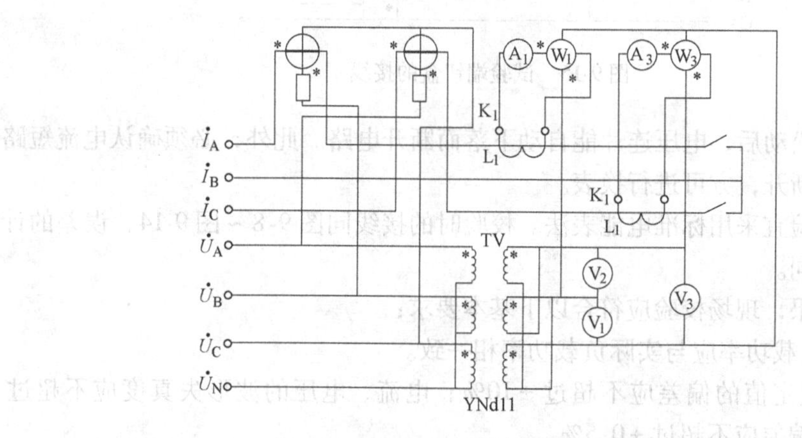

图 9-14　带 YNd11 联结电压互感器的接线

应当指出，对各类无功电能表的校验，当然还可用专门的标准无功电能表作为校验基准，但由于无功电能表的准确度难以做得很高，故仍采用标准有功电能表作为校验基准。

4. 电能表的现场校验

对于一些大电力用户的计费电能表和系统中计量发电量、供电量、损耗电量的电能表需进行现场校验。这些表的数量可能不到整个地区运行总表数的 10%，但它们所计量的电量却能达到 80% 以上。为便于现场校验，上述各类电能表均应安装专用的试验端钮盒（或称联合接线盒），其接线如图 9-15 所示。

现场校验时，可将标准电能表欲通电流 I_A 的线圈的两个端子接入端钮盒内的端子 $3_上$、$4_下$上，将欲通电流 I_C 的线圈的两个端子接入端钮盒内的端子 $7_上$、$8_下$上。然后断开端子 3、4 间及端子 7、8 间的短路片，于是标准表的电流回路接入被测电路，再将标准表电压回路通过端钮盒的端子 1、5、9 接入被测电路后，便可开始进行校验。按上述操作，被校表是无须停止运行的。

若旧电能表需定期撤换时，则可将端钮盒中的端子 2、3 间及 6、7 间的短路片接上，这样电流互感器二次侧被短接，再断开电能表的电压端钮连片便可换表了。当新表换好后，将电压连片接通，电流短路片断开，则新换上的电能表便投入运行。在进行换表操作时应注意：当观察到被换表转盘停止转动后，再断开其电压端钮的连片，且电压端钮在安装时就应

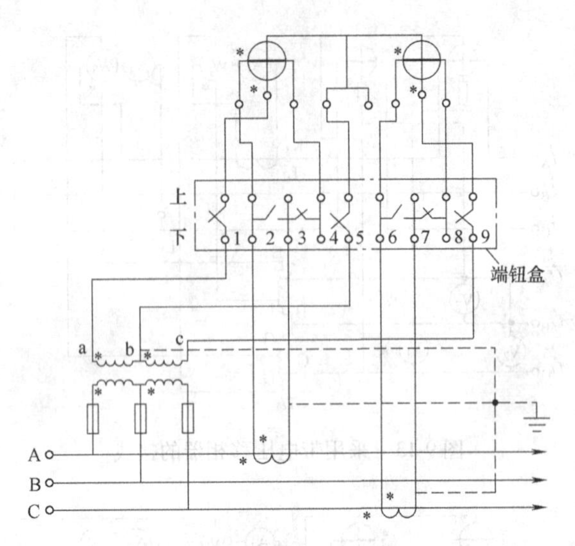

图 9-15　试验端钮盒的接线

保证当其固定螺钉松动后，电压连片能自动下落而断开电路。此外，必须确认电流短路片已接好，电压回路已断开，方可进行换表。

电能表现场校验宜采用标准电能表法。校验时的接线同图 9-8 ~ 图 9-14，误差的计算方法也与前述方法相同。

为保证校验效果，现场校验应符合以下基本要求：

1）校验时的负载功率应与实际负载功率相一致。

2）电压对其额定值的偏差应不超过 ±10%；电流、电压的波形失真度应不超过 5%；频率对其额定值的偏差应不超过 ±0.5%。

3）校验时的环境温度应在 0 ~ 35℃之间，且标准表接入被测电路的通电预热时间应达到规程规定的时间。

现场校验除测量基本误差外，还要检查电能表的接线、计量方式和计量差错等。

思　考　题

9-1　电压表、电流表的一般校验步骤有哪些？

9-2　什么是瓦秒法？瓦秒法运用的两种方法各有什么特点？

9-3　什么是标准电能表法？说明算定转数的物理意义。

9-4　校验电能表为什么要用移相器？有哪几种移相方式？它们各自的原理和优、缺点是什么？

9-5　在进行三相三线电能表相位角误差调整时，什么情况会出现转盘不转或反转？为什么？

9-6　校验无功电能表为什么可以采用标准有功电能表作为校验基准？

9-7　某单相电能表，常数为 3750r/（kW · h），$U_n = 100V$，$I_b = 10A$，当在额定负载、$\cos\varphi = 1$ 的条件下用瓦秒法校验时，转盘转 10r 用时 9.55s，求被校表误差。

9-8　用两只单相标准有功电能表校验 DX_1 型无功电能表。被校表铭牌数据为 $U_0 = 380V$，$I_b = 10A$，$C_x = 400r/(kW \cdot h)$。标准表铭牌数据为 $U_n = 100V$，$I_b = 1A$，$C_0 = 1800r/(kW \cdot h)$。校验时，被校表转盘转 10r，标准表转盘转数分别为 6.66r 和 6.67r，若两只标准表的平均误差为 +0.5%，求被校表误差。

参 考 文 献

[1] 周启龙，等. 电工仪表及测量 [M]. 北京：中国水利水电出版社，2008.
[2] 宗建华，等. 智能电能表 [M]. 北京：中国电力出版社，2010.
[3] 古天祥，等. 电子测量原理 [M]. 北京：机械工业出版社，2004.
[4] 孟凡利，等. 运行中电能计量装置错误接线检测与分析 [M]. 北京：中国电力出版社，2006.
[5] 陈立周. 数字万用表的原理、使用与维修 [M]. 北京：电子工业出版社，1998.
[6] 钱巨玺，等. 电工测量 [M]. 天津：天津大学出版社，1991.
[7] 陶时澍. 电气测量技术 [M]. 北京：中国计量出版社，1991.